"十四五"普通高等教育本科部委级规划教材

纺织品检测

肖琪 主 编

杨亚 谢凡 臧健 副主编

中国纺织出版社有限公司

内 容 提 要

本书从纺织品检测基础知识入手，以检测标准为依据，按照纺织品及服装生产流程的顺序依次对纤维、纱线、织物、成衣的质量检测进行了详细的分析和讨论。

本书既可以作为高等院校纺织、服装相关专业师生的教学用书，也可供从事纺织品检验与检测工作的人员学习参考。

图书在版编目（CIP）数据

纺织品检测 / 肖琪主编；杨亚，谢凡，臧健副主编. -- 北京 ：中国纺织出版社有限公司，2023. 12
“十四五”普通高等教育本科部委级规划教材
ISBN 978-7-5229-1245-5

Ⅰ. ①纺… Ⅱ. ①肖… ②杨… ③谢… ④臧… Ⅲ. ①纺织品－检测－高等学校－教材 Ⅳ. ①TS107

中国国家版本馆 CIP 数据核字(2023)第 237893 号

责任编辑：范雨昕 宗 静　　特约编辑：曹昌虹
责任校对：寇晨晨　　责任印制：王艳丽

中国纺织出版社有限公司出版发行
地址：北京市朝阳区百子湾东里 A407 号楼　邮政编码：100124
销售电话：010—67004422　传真：010—87155801
http://www.c-textilep.com
中国纺织出版社天猫旗舰店
官方微博 http://weibo.com/2119887771
三河市宏盛印务有限公司印刷　各地新华书店经销
2023 年 12 月第 1 版第 1 次印刷
开本：787×1092　1/16　印张：13.5
字数：300 千字　定价：58.00 元

凡购本书，如有缺页、倒页、脱页，由本社图书营销中心调换

前言

纺织品及服装的生产，在国民经济和人民生活中占有重要地位。近年来，广大消费者对纺织品及服装的要求不断提高，生产企业产品质量意识也不断增强。为适应行业发展的需求，培养具有纺织品检验能力的人才，笔者根据教学的实际需要和人才培养要求，同时兼顾企业技术人员，特别是实验室和质控人员的需求而编写了本书。

全书按纺织服装企业生产流程的顺序来编写，具体从纺织品检测基础知识，纺织检测标准，纤维、纱线、织物以及成衣质量检验等方面展开分析与讨论。在内容编写上，本书紧密结合生产岗位的实际要求，将纺织品检测中涉及的知识要素与工作岗位要求相结合，实用性和针对性强，为学生今后从事纺织品（包括非织造材料）的质量管理、质量检验以及产品开发与研究等工作奠定了基础。本书既可以作为纺织高等院校的纺织、服装相关专业师生的教学用书，又可作为国家相关工种考核的参考用书，也可供从事纺织品检验与检测工作的人员学习参考。

本书由肖琪担任主编，杨亚、谢凡、臧健担任副主编。全书第一、第五章由肖琪、臧健编写，第二、第六至第九章由肖琪编写，第三、第四章由肖琪、杨亚编写，全书由肖琪负责统稿和审校工作。

本书在编写过程中参考了相关书籍、资料和论文，在此谨对原作者表示衷心的感谢。全书在编写过程中承蒙中纺联检技术服务有限公司的大力支持，提供了诸多宝贵的高质量素材，常熟理工学院有关领导给予了指导、关心和支持，在此表示由衷的感谢！

由于作者水平有限，资料收集不甚全面，书中难免存在疏漏和不足之处，真诚地欢迎读者批评指正。

编　者

2023 年 7 月

教学内容及课时安排

章/课时	课程内容
第一章 （2课时）	**第一章　绪论**
	第一节　纺织品检验的研究对象与方法
	第二节　纺织品检验的基本要素
	第三节　纺织品检验在生产和贸易中的作用
第二章 （4课时）	**第二章　纺织品检测基础知识**
	第一节　纺织品的概念及其分类
	第二节　纺织品的质量管理
	第三节　纺织品检测方法的分类
	第四节　纺织品检测的大气条件
	第五节　纺织品检测的试样准备
	第六节　数据的采集及异常值的处理
	第七节　实验结果的数据处理
第三章 （2课时）	**第三章　纺织标准**
	第一节　纺织标准的概念及分类
	第二节　纺织标准的制定和内容
	第三节　纺织标准在纺织品检验中的作用
第四章 （2课时）	**第四章　国际标准**
	第一节　国际标准的概念及采用
	第二节　国际标准的制定流程
	第三节　获取国际标准的途径
第五章 （8课时）	**第五章　纺织纤维及纱线的质量检测**
	第一节　纺织纤维的质量检测
	第二节　纱线的质量检测
第六章 （2课时）	**第六章　测量不确定度**
	第一节　测量不确定度的适用条件与范围
	第二节　测量不确定的概念
	第三节　概率及数理统计基础知识
	第四节　测量不确定度的分类与评定
	第五节　测量不确定度的表示

续表

章/课时	课程内容
第七章 （8 课时）	**第七章　织物外观及结构分析**
	第一节　织物外观
	第二节　织物结构分析
第八章 （16 课时）	**第八章　织物内在质量检测**
	第一节　织物尺寸稳定性检测
	第二节　织物力学性能检测
	第三节　织物耐用性能检测
	第四节　织物色牢度性能检测
第九章 （4 课时）	**第九章　成品质量检测**
	第一节　成品类别及质量标准
	第二节　成品检测项目

注　各院校可根据自身的教学特点和教学计划对课程时数进行调整。

目录

第一章　绪论

第一节　纺织品检验的研究对象与方法

一、研究对象

纺织品，泛指经过纺织、印染或复制等加工，可供直接使用，或需进一步加工的纺织工业产品的总称，如纱、线、绳、织物、毛巾、床单、毯、袜子、台布等。

二、研究方法

综合运用了纺织材料学、纺织工艺学、质量管理学、质量检验学、标准与标准化以及测量技术等知识。通过本课程的学习，对于掌握纺织品质量检测理论、扩大知识面、提高专业技能等具有重要意义。

三、研究目的

（1）以最终用途和使用条件为基础，分析纺织品的质量属性，以及这些属性对纺织品质量的影响，为拟定纺织品的质量指标打下基础。

（2）确定纺织品质量指标和检验方法，对纺织品质量作出全面、客观、公正、科学的评价。

（3）研究纺织品检验的科学方法和条件。

（4）保护纺织品的使用价值。

（5）探讨提高纺织品质量的途径和方法，为生产部门提供相关科研成果与市场信息，指导生产与经营，提高纺织品竞争力。

第二节　纺织品检验的基本要素

事实上，纺织品检验是依据有关法律、行政法规、标准或其他规定，对纺织品质量进行检验和鉴定的工作。纺织品质量检验机构的检测结果或所出具证书的科学性、准确性、公正性是质量检验机构工作的根本宗旨，对所有产品进行合格检验，是法律赋予检测机构的权力。质量检测机构具有监督职能、指导职能、仲裁职能和技术职能，为了实现这一工作目标，必须对检验工作的各个要素进行有效控制，其检验要素包括以下几项。

一、定标

根据具体的纺织品检验对象，明确技术要求，执行质量标准，制定检验方法，在定标过程中不应出现模棱两可的情况。如图1-1所示为不同纺织品的质量标准。

GB/T 31888—2015《中小学生校服》

GB/T 2664—2017《男西服、大衣》

GB 31701—2015《婴幼儿及儿童纺织产品安全技术规范》

YY 0469—2011《医用外科口罩技术要求》

图1-1　不同纺织品的质量标准

二、抽样

大多数纺织品质量检验属于抽样检验，即采用抽样检验的方式进行检验，因此，抽样必须按标准规定进行，使样组具有充分代表性。全数检验则不存在抽样问题，图1-2所示为抽检操作原理示意图。

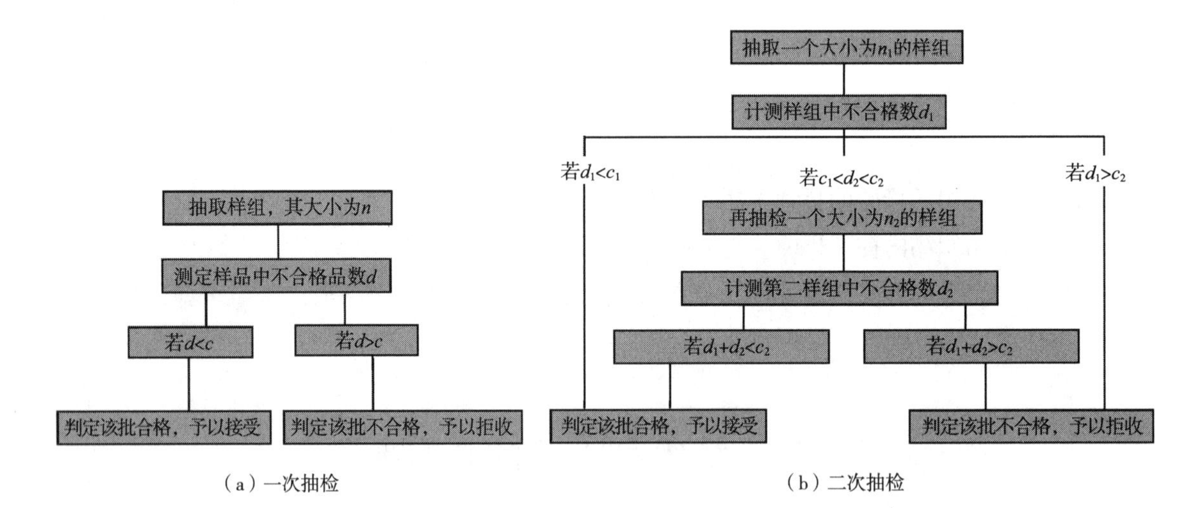

（a）一次抽检　　（b）二次抽检

图1-2　抽检操作原理示意图

三、度量

根据纺织品的质量属性，采用试验、测量、测试、化验、分析和官能检验等检测方法，度量纺织品的质量特性。表1-1为GB 18401—2010《国家纺织产品安全技术规范》。

表 1-1　GB 18401—2010《国家纺织产品安全技术规范》

<table>
<tr><th colspan="2">项目</th><th>A 类</th><th>B 类</th><th>C 类</th></tr>
<tr><td colspan="2">甲醛含量（mg/kg）　≤</td><td>20</td><td>75</td><td>300</td></tr>
<tr><td colspan="2">pH[a]</td><td>4.0~7.5</td><td>4.0~8.5</td><td>4.0~9.0</td></tr>
<tr><td rowspan="5">色牢度[b]
（级）</td><td>耐水（变色、沾色）</td><td>3~4</td><td>3</td><td>3</td></tr>
<tr><td>耐酸汗渍（变色、沾色）</td><td>3~4</td><td>3</td><td>3</td></tr>
<tr><td>耐碱汗渍（变色、沾色）</td><td>3~4</td><td>3</td><td>3</td></tr>
<tr><td>耐干摩擦</td><td>4</td><td>3</td><td>3</td></tr>
<tr><td>耐唾液（变色、沾色）</td><td>4</td><td>—</td><td>—</td></tr>
<tr><td colspan="2">异味</td><td colspan="3">无</td></tr>
<tr><td colspan="2">可分解芳香胺染料[c]</td><td colspan="3">禁用</td></tr>
</table>

a 后续加工工艺中必须要经过湿处理的非最终产品，pH 可放宽至 4.0~10.5。

b 对需经洗涤褪色工艺的非最终产品、本色及漂白产品不做要求；扎染、蜡染等传统的手工着色产品不要求；耐唾液色牢度仅考核婴幼儿纺织产品。

c 可分解致癌芳香胺，限量值≤20mg/kg。

四、比较

将纺织品质量属性的测试结果与规定的要求（如质量标准）进行比较，如图 1-3 所示。

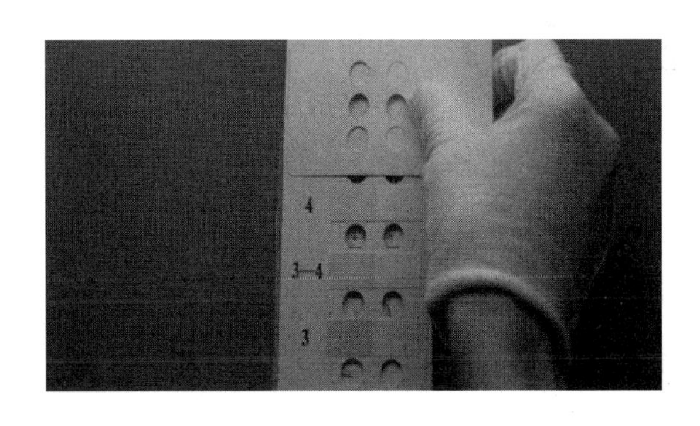

图 1-3　测试结果与标准质量要求进行比样

五、判定

根据比较的结果，判定纺织品各检验项目是否符合规定的要求，即符合性判定，如图 1-4 所示为评级房评级。

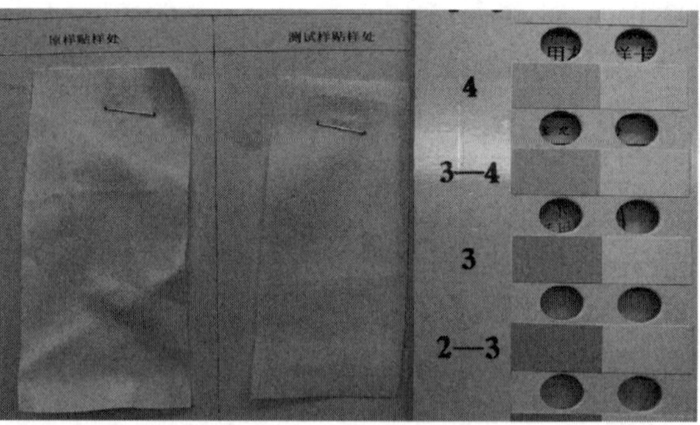

图 1-4　评级房评级

六、处理

对于不合格产品要作出明确的处理意见，其中包括适用性判定。适用性判定需要考虑的因素有：

（1）纺织品的使用对象、使用目的和使用场合。

（2）产品使用时是否会对人身健康安全造成不利影响。

（3）对企业和整个社会经济的影响程度。

（4）企业和商业的信誉。

（5）产品的市场供需情况。

（6）有无触犯有关产品责任方面的法律法规等。

对于合格的纺织品不必作适用性判定，因为在制定纺织标准时已经充分考虑到这些因素的影响力，但要考虑不同国家或地区对同类产品质量标准的差别。

七、记录

记录数据和检验结果，反馈质量信息，评价产品，改进工作，如图 1-5 所示。

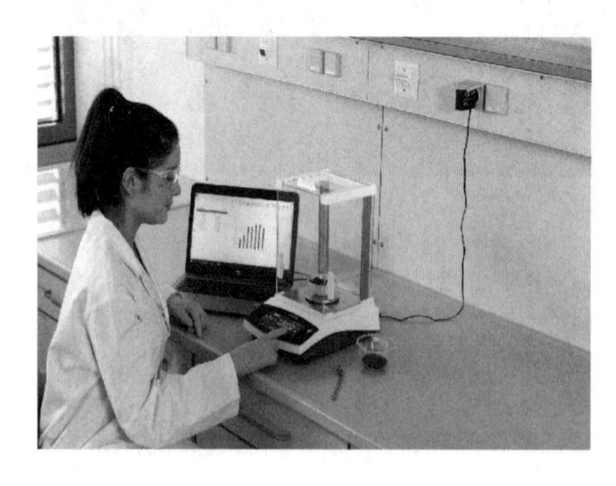
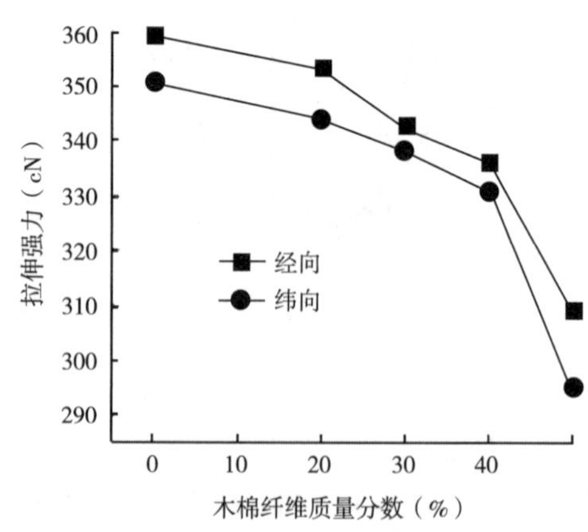

图 1-5　实验数据记录

第三节 纺织品检验在生产和贸易中的作用

纺织品检验是纺织品质量管理的重要手段。纺织品的质量是在纺织品的生产全过程中形成的，而不是被检验出来的，各生产要素对于纺织品质量的影响是不可忽视的，纺织品质量是企业各项工作的综合反映。一段时期以来，“产品质量不是被检验出来的，而是设计、制造出来的”说法，使纺织品检验工作在质量管理中的重要作用被忽视了。事实上，根据美国质量管理专家朱兰（J. M. Juran）的质量环理论，检验作为产品质量形成的一个重要环节，肩负着把关、监控和报告等重要职责。ISO 9000族标准的核心思想是质量形成于生产全过程。生产全过程既包括研制开发、生产制造，又包括检验试验、流通使用，这就是质量管理标准中提出的20个要素。因此，人们对纺织品实施各种形式的质量检验，其目的不仅是为了质量把关，防止质量低劣的纺织品流入市场，而更重要的是要建立一个完善的质量保证体系，充分发挥纺织品质量检验作用。纺织品检验是纺织品市场监管的重要手段。对于流通领域的纺织品，我国建立了专门的纺织品质量检验机构，对内贸、外贸纺织品实施质量监管，防止伪劣、残次产品流入市场，以维护纺织品生产部门、贸易部门及消费者的共同利益。纺织品检验的结果不仅能为纺织品生产企业和贸易企业提供可靠的质量信息，而且也是实行优质优价、按质论价的重要依据之一。

纺织品检验在质量公证中发挥着重要作用，质量公证是解决质量争议的有效方法。对于纺织品质量有争议的，可申请“质量公证”，即站在第三方立场，公正处理质量争议中的问题，实施对质量不法行为的仲裁。

课后思考题

1. 简述纺织品检验的基本要素。
2. 简述纺织品检验在生产和贸易中的作用。

第二章　纺织品检测基础知识

第一节　纺织品的概念及其分类

一、纺织品的基本概念

1. 检验

检验是对产品的一个或多个特性进行测量、检查、试验及计量，并将其结果与规定的要求进行比较，以确定每项特性的合格情况所进行的活动。

2. 检测

检测是按规定程序，由测试确定一种或多种特性或性能的技术操作。

3. 测量

测量是测定被测对象量值的过程。

4. 计量

计量是实现单位统一、量值准确可靠的活动。

5. 纺织产品

根据 GB/T 18401—2010《国家纺织产品基本安全技术规范》中的定义，以天然纤维或化学纤维为主要原料，经纺、织、染等加工工艺或再经缝制、复合等工艺制成的产品，如纱线、织物及其制成品。

广义上说纺织品从纺纱到织布再到制成品，包括很多种类，具体如下：

（1）天然纤维、化纤长短丝、弹力丝、金属丝、纱、线等纺织原材料。

（2）针织物、机织物、非织造织物、天然裘皮面料、塑胶布、工业用布（用于工业领域的纺织品，如篷盖布、枪炮过滤布、筛网、路基布等）、农业用布、医用纺织品等。

（3）服装、服装饰品、家用纺织品、装饰布艺制品、手套、帽子、袜子、箱包、毯子等等制成品。

（4）其他纺织品：布艺玩具、灯饰、工艺品、塑胶制品、手工钩编物、缂（kè）丝、腰带、绳子、带子、缝纫线绣花线等使用纱线的制品。

二、纺织品的分类

（一）按生产方式分类

1. 线类纺织品

纺织纤维经成纱工艺制成“纱”，两根或两根以上的纱经合并加捻制成“线”。线可以作为半成品供织造用，也可以作为成品直接进入市场，如缝纫线、绒线、绣花线、麻线等。

2. 绳类纺织品

绳类纺织品由多股纱线捻合而成，直径较粗；如果把两股以上的绳进一步复捻，则制成“索”，直径更粗的则称为“缆”。这类产品在日常生活、工业部门或其他行业有着十分广泛的用途，如拉灯绳、捆扎绳、降落伞绳、攀登绳、船舶缆绳、救生索等。

3. 带类纺织品

带类纺织品是指宽度为0.3~30cm的狭条状织物或管状织物。其产品有日常生活用的松紧带、罗纹带、花边、袜带、饰带、鞋带等，工业上用的商标带、色带、传送带、水龙带、安全带、背包带等，医学上用的人造韧带、血管、绷带等。

4. 机织物

机织物是指在织机上加工而成的织物，应用最为广泛。产品可经染整加工成为漂白布、染色布、印花布；用有色纱织造而成色织布；也可采用各种特殊整理而使织物具有各种特殊外观风格及特殊功能。

5. 针织物

针织物是指由针织机加工而成的织物。如羊毛衫、内衣、运动衣、棉毛衫等。加工方法又分为针织坯布和针织成型产品两类。针织坯布主要用来加工内衣、外衣、运动衫等；针织成型产品有袜类、手套、羊毛衫等。

6. 非织造织物

非织造织物俗称无纺布、不织布等，它是用机械、化学、物理的方法或这些方法的联合方法，将定向排列或随机排列的纤维网加固制成的纤维片、絮状或片状结构物。非织造织物作为一种新型的片状材料，它已部分替代了传统的机织和针织产品，形成了相对独立的市场。根据使用时间长短和耐用性的不同，非织造织物分为两大类型：一类是用即弃产品，即产品只使用一次或几次就不再继续使用的非织造物，如擦布、卫生和医疗用布、过滤布等；另一类是耐久型产品，这类产品要求维持一段较长的重复使用时间，如土工布、抛光布、服装衬里、地毯等。

7. 编结物

编结物是由纱线（短纤维纱线或长丝纱）编结而成的制品，编结物中的纱线相互交叉成“人”字形或“心”形，这类产品既可以手工编织，也可以用机器编织，常见的产品有网罟(gǔ)、花边、手提包、渔网等。

（二）按纺织品最终用途分类

1. 服用纺织品

服用纺织品包括制作服装的各种纺织面料，如外衣料（西服、大衣、运动衫、毛衫、裙类、坎肩等用料）和内衣料（衬衫、汗衫、紧身衣等用料），以及衬料、里料、垫料、填充料、花边、缝纫线、松紧带等纺织辅料，也包括针织成衣、手套、帽子、袜子等产品。服用纺织品必须具备实用、经济、美观、舒适安全、装饰等基本功能，以满足人们工作休息运动等多方面的需要，并能适应环境气候条件的变化。与服用纺织品有关的标准主要有：GB/T

26378—2011《粗梳毛织品》、GB/T 26382—2011《精梳毛织品》、GB/T 14311—2017《灯芯绒棉印染布》、GB/T 2662—2017《棉服装》、GB/T 2660—2017《衬衫》等。

2. 装饰用纺织品

装饰用纺织品在强调装饰性的同时，对功能性、安全性、经济性也有着不同程度的要求，如阻燃隔热、耐光、遮光等性能。随着人们生活水平的不断提高，对装饰用纺织品的性能要求越来越高，装饰用纺织品的应用领域也越来越广，如酒店、电影院、轮船、飞机等场合均要求配置美观、实用、经济、安全的纺织装饰用品。与装饰用纺织品有关的标准主要包括：GB/T 22843—2009《枕、垫类产品》、GB/T 22844—2009《配套床上用品》、GB/T 22796—2009《被、被套》、GB/T 22797—2009《床单》、GB/T 19817—2005《纺织品　装饰用织物》。

3. 产业用纺织品

各式各样的产业用纺织品所涉及的应用领域十分广泛，产业用纺织品以功能性为主，产品供其他工业部门专用（包括医用、军用），如保险带、枪炮衣、篷盖布、帐篷、土工布、复合材料基布船帆、滤布、筛网、渔网、轮胎帘子布、水龙带、麻袋、造纸毛毯、打字色带、商标、路标、人造器官等。与产业用纺织品有关的标准主要包括：GB/T 18887—2002《土工合成材料　机织/非织造复合土工布》、GB/T 8939—2018《卫生巾（护垫）》。

（三）按织物的纤维原料组成分类

机织物根据其纤维原料组成情况的不同而分为纯纺织物、混纺织物和交织织物。纯纺织物由同一种纯纺纱线交织而成（用同种纤维制成的纱线称为纯纺纱线），如纯棉织物、全毛织物、纯涤纶织物等；混纺织物由同种混纺纱线交织而成（用两种或两种以上不同纤维制成的纱线称混纺纱线），如涤/棉织物、毛/涤织物、棉/麻织物等；交织织物是由不同的经纱和纬纱交织而成，如棉线与黏纤交织而成的线绨被面。

针织物根据其纱线原料的使用特点，也可分为纯纺针织物、混纺针织物和交织针织物三个门类。纯纺针织物有纯棉针织物、纯毛针织物、纯麻针织物、纯涤纶针织物等；混纺针织物有涤/棉针织物、毛/腈针织物、腈/棉针织物等；交织针织物有棉纱与涤纶低弹丝交织物、丙纶丝与棉纱交织物等。

（四）根据纱线的成纱工艺特点分类

纯纺或混纺棉型纱线有精梳和普梳之分，以精梳棉型纱线织制的织物称精梳棉型织物，以普梳棉型纱线织制的织物称普梳棉型织物，这两种织物的品质差异十分明显，精梳棉织物的品质明显优于普梳棉织物。

纯纺或混纺毛型纱线有精纺和粗纺之分，这两种纱线的用途是不同的，精纺毛型纱线用以织制精纺毛织物，粗纺毛型纱线用以织制粗纺毛织物，这两种织物的风格、用途和品质差异也十分明显。

第二节　纺织品的质量管理

一、质量管理的概念

质量管理（quality management）指确定质量方针、目标和职责，并在质量体系中通过诸如质量策划、质量控制、质量保证和质量改进使其实施的全部管理职能的所有活动。

质量管理主要体现在建设一个有效运作的质量体系上，它并不等同于全面质量管理（total quality management），也不同于质量控制（quality control）。全面质量管理是指一个组织以质量为中心，以全员参与为基础，目的在于通过让顾客满意和本组织所有成员及社会受益而达到长期成功的管理途径。人们常将质量控制看作是质量管理，这是不确切的，质量控制主要是控制产品的各项特定性质，以求其符合设定的规格和技术条件。

二、实验室建立质量管理体系的目的

任何一个组织，无论他做什么工作都需要进行管理。中国有句俗语："没有规矩，就不成方圆。"对于实验室而言：保证检测结果的准确可靠是每一个检测机构/检测人员的根本。数能出，关键在于出具能经得起推敲、准确可靠的数据。按照实验室认可准则要求建立体系的目的是通过有效的管理，保证检测结果的准确可靠，以降低实验室的风险。

三、实验室认可的目的与适用范围

（一）实验室认可的目的

（1）实验室自我改进和参与检测市场竞争的需要。

（2）贸易发展的需要、政府管理部门和客户的需要、社会公证活动的需要、产品认证发展的需要。

（二）认可的适用范围

认可适用范围：所有从事检测和校准的组织，具体包括以下几类：

（1）第一方、第二方、第三方实验室。第一方实验室是指组织内的实验室，检测或校准自己生产的产品，或委托某实验室代表其检测或校准自己生产的产品，数据为我所用。目的是提高和控制产品质量，一般使用企业标准（供方）。第二方实验室是指组织内实验室或委托某实验室代表其检测或校准供方。提供的产品数据为我所用。目的是提高和控制供方产品质量，一般使用约定标准。（需方）第三方实验室是指独立于第一方实验室和第二方实验室，为社会提供检测或校准服务的实验室，数据为社会所用。目的是提高和控制社会产品质量。一般使用国家标准或国际标准。

（2）将检测和/或校准作为检查和产品认证工作一部分的实验室。

（3）无论实验室人员数量多少，或检测和/或校准范围大小。

（4）当实验室不从事本准则所包括的一种或多种活动时，可裁剪相关条款。

四、实验室认可的文件

CNAS-CL01：2018《检测和校准实验室能力认可准则》

ISO/IEC 17025：2017《实验室管理体系检测和校准实验室能力的一般要求》

CNAS-CL01-A002：2020《检测和校准实验室认可准则在化学检测领域的应用说明》

化学检测领域包括采用理化分析手段对化学成分进行的定性分析或定量检测。

CNAS-CL01-A010：2018《检测和校准实验室认可准则在纺织检测领域的应用说明》

RB/T 214—2017《检验检测机构资质认定能力评价》

五、实验室认可标识式样

（一）检测实验室认可标识式样

图 2-1 中，“L”代表实验室（laboratory）认可，“××××”为认可流水号。

图 2-1　检测实验室认可标识式样

（二）校准实验室认可标识式样

校准实验室认可标识，如图 2-2 所示。

图 2-2　校准实验室认可标识式样

ILAC-MRA/CNAS 标识由 ILAC-MRA 国际互认标志和 CNAS 认可标识并列组成（图 2-3）。

（1）CNAS-CL01：2018 检测和校准实验室能力认可准则中的技术记录非常重要，其主要内容如下：

①实验室应确保每一项实验室活动的技术记录包含结果、报告和足够的信息，以便在可能时识别影响测量结果及其测量不确定度的因素，并确保能在尽可能接近原条件的情况下重复该实验室活动。技术记录应包括每项实验室活动以及审查数据结果的日期和责任人。原始的观察结果、数据和计算应在观察或获得时予以记录，并应按特定任务予以识别。

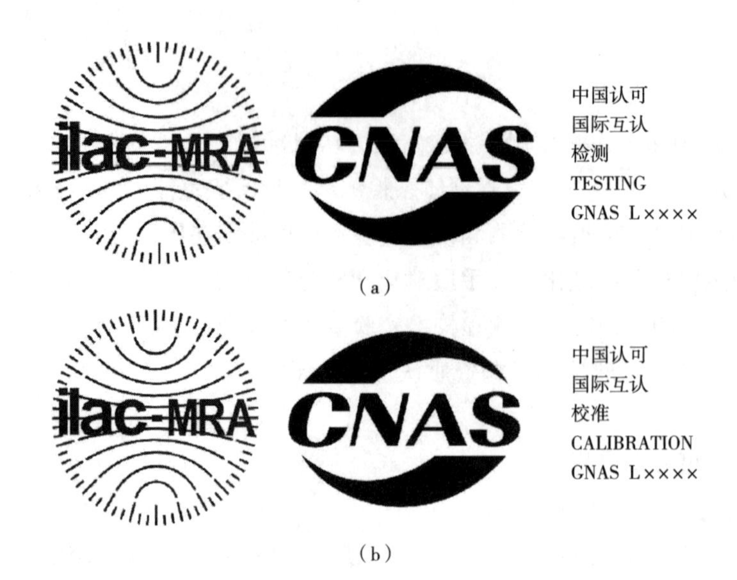

图 2-3 试样

②实验室应确保技术记录的修改可以追溯到前一个版本或原始观察结果。应保存原始的以及修改后的数据和文档，包括修改的日期、标识修改的内容和负责修改的人员。

（2）CNAS-CL01：2018 检测和校准实验室能力认可准则中对（检测、校准或抽样）报告的通用要求如下所示：

除非实验室有有效的理由，每份报告应至少包括下列信息，以最大限度地减少误解或误用的可能性。

①标题（如“检测报告”“校准证书”或“抽样报告”）。

②实验室名称和地址。

③实施实验室活动地点，包括客户设施、实验室固定设施以外的地点、相关的临时或移动设施。

④将报告中所有部分标记为完整报告一部分的唯一性标识，以及表明报告结束的清晰标识。

⑤客户的名称和联络信息。

⑥所用方法的识别。

⑦物品的描述、明确的标识以及必要时物品的状态。

⑧检测或校准物品的接收日期以及对结果的有效性和应用至关重要的抽样日期。

⑨实施实验室活动的日期。

⑩如与结果的有效性或应用相关，实验室或其他机构所用的抽样计划和抽样方法。

⑪结果仅对被检测、被校准或被抽样物品有关的声明。

⑫结果适当时，带有测量单位。

⑬对方法的补充、偏离或删减。

⑭报告批准人的识别。

⑮当结果来自外部供应商时，清晰标识。

注意：报告中声明除全文复制外，未经实验室批准不得部分复制报告，可以确保报告不被部分摘用。

（三）质量体系文件

质量体系文件的主要架构如图 2-4 所示，主要包括 4 层。其中第 1 层为纲领性文件，主要包括质量手册，对质量体系系统、概要和纲领性的阐述，能反映出实验室质量体系总的面貌。第 2 层和第 3 层为支持文件，第 2 层主要包括程序文件，为实施质量管理和技术活动的文件，属于程序性文件。第 3 层为作业指导书。具体操作的指导性文件，属于技术性文件，是指导开展检测的更详细的文件（设备操作规程、自校规程、标准操作作业指导书、期间核查指导书等）。第 4 层为证实性文件，主要包括记录类文件、质量体系有效运行的证实性记录、原始检验记录、检测报告等。

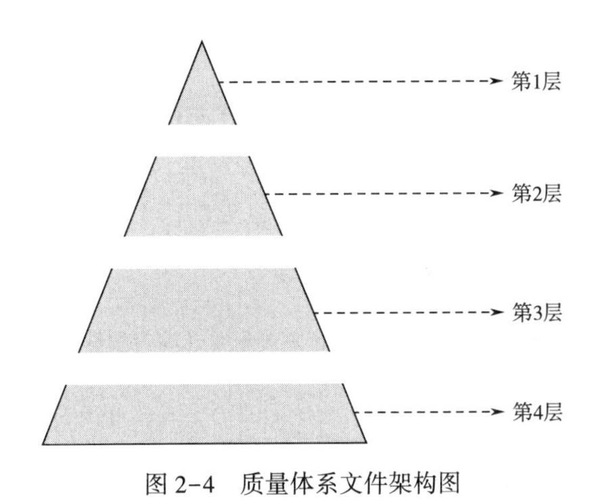

图 2-4　质量体系文件架构图

第三节　纺织品检测方法的分类

纺织品质量又称品质，它是用来评价纺织品优劣程度的多种有用属性的综合，是衡量纺织品使用价值的尺度。纺织品检验主要是运用各种检验手段，如感官检验、化学检验仪器分析、物理测试、微生物学检验等，对纺织品的品质、规格、等级等检验内容进行检验，确定其是否符合标准或贸易合同的规定。纺织品检验所涉及的范围很广，其检验方法的分类情况归纳如下。

一、按纺织品检验内容分类

纺织品检验按检验内容可分为品质检验、规格检验、数量检验、重量检验和包装检验等。

（一）品质检验

品质检验又分为外观质量检验和内在质量检验。

1. 外观质量检验

纺织品外观质量优劣程度不仅影响产品的外观美学特性，而且对纺织品内在质量也有一定程度的影响。纺织品外观质量特性主要通过各种形式的外观质量检验进行检验分析，主要包括以下几类。

（1）纱线的匀度、杂质、疵点、光泽、毛羽、手感、成形等。

（2）织物的经向疵点、纬向疵点、纬档、纬斜、厚薄段、破洞、裂伤、色泽等。

（3）机织服装：原材料、经纬纱向、对条对格、拼接、色差、外观疵点、缝制、规格、整烫外观等。

（4）针织服装：表面疵点、规格尺寸偏差、对称部位尺寸偏差、缝制规定等。

（5）床上用品：规格尺寸偏差率、纬斜、花斜、色花、色差、外观疵点、图案质量、缝针质量、缝纫质量、刺绣质量等。

2. 内在质量检验

纺织品内在质量优劣程度是决定其使用价值的一个重要因素，纺织品内在质量检验俗称理化检验，它是指借助仪器对物理量的测定和化学性质的分析。纺织品理化检验方法和手段很多，其详细分类见表2-1。随着科学技术的迅猛发展，用户对纺织品质量要求越来越高，纺织品检验的方法和手段不断增多，涉及的范围也更加广泛，尤其是在织物的色牢度、舒适性、卫生性、安全性方面的检验方法和标准问题日益受到人们的普遍重视。

表2-1 纺织品理化检验方法分类（内在质量检验）

类别	方法
生物检验	微生物检验、生理检验、生化检验等
仪器分析检验	比色分析、极谱分析、发射光谱分析等
	原子吸收分光光度法、气相色谱分析等
常规分析检验	定量分析检验如纤维含量测定、染料、浆料及其他助剂的成分分析等
	定性分析检验如纤维鉴别、染料、浆料及其他助剂的成分分析等
力学性能检验	热学性能检验如隔热、保暖、阻燃、抗熔融等
	光学性能检验如双折射、反光强度与分布等
	声学性能检验如声速模量、丝鸣等
	电学性能检验如比电阻、静电半衰期等
	机械性能检验如拉伸、压缩、弯曲、剪切、表面摩擦等
	物理量的测定如质量密度、回潮率、下密度、厚度、紧密度等

针对不同种类的纺织产品其常规考核指标也不同。如针织产品、机织产品、家用纺织品、毛织品均是先考核其内在质量，再考核其外观质量。针织产品考核的内在质量主要包括水洗尺寸变化率、耐皂洗色牢度、耐干洗色牢度、耐光色牢度、拼接互染、洗后扭曲、起球、顶破强力、纤维含量等；其外观质量主要考核表面疵点、尺寸偏差、缝制、整烫等。机织产品

考核的内在质量主要包括水洗尺寸变化率、耐皂洗色牢度、耐干洗色牢度、耐光色牢度、拼接互染、起球、撕破强力、断裂强力、接缝性能、纤维含量等；其外观质量主要考核经纬纱向、对条对格、色差、外观疵点、尺寸偏差、缝制等。家用纺织品考核的内在质量主要包括水洗尺寸变化率、耐皂洗色牢度、耐干洗色牢度、耐光色牢度、撕破强力、断裂强力、燃烧性能（帷幔）、耐磨性能（座椅类）、胀破强力等；其外观质量主要考核色差、规格尺寸偏差、外观疵点、工艺要求、缝制等。毛织品常规考核指标包括静态尺寸变化率、汽蒸尺寸变化率、落水变形、耐洗涤色牢度、耐熨烫色牢度、起球、撕破强力、断裂强力、纤维含量、可机洗（松弛尺寸变化率和总体尺寸变化率）等。

（二）规格检验

纺织品的规格一般是指按照各类纺织品的外形、尺寸（如织物的匹长、幅宽）、花色（如织物的组织、图案、配色）、式样（如服装造型、形态）和标准量（如织物单位面积质量）等属性划分的类别。纺织品的规格及其检验方法在有关的纺织产品标准或贸易合同中都有明确的规定，生产企业应当按照规定的规格要求组织生产，检验部门则根据规定的检验方法和要求对纺织品规格作全面检查，以确定纺织品的规格是否符合相关标准或贸易合同的规定，以此对纺织品质量进行考核。

（三）数量及重量检验

各种不同类型纺织品的计量方法和计量单位是不同的，机织物通常按长度计量，纺织纤维原料、纱线、针织坯布按重量计量，服装按数量（件数）计量。由于各国采用的度量衡制度上有差异，从而导致同一计量单位所表示的数量有差异，这在具体的检验工作中应注意区别。如果按长度计量，必须考虑到大气温湿度对纺织品长度的影响，检验时应加以修正。如果按重量计量，则必须要考虑到包装材料重量和水分等其他非纤维物质对重量的影响。

（四）包装检验

纺织品包装检验是根据贸易合同、标准或其他有关规定，对纺织品的外包装、内包装以及包装标志进行检验。纺织品包装检验的主要内容是：核对纺织品的商品标志运输包装（俗称大包装或外包装）和销售包装（俗称小包装或内包装）是否符合贸易合同、标准以及其他有关规定。正确的包装还应具有防伪识别功能。有些国家对服装包装有特殊要求，如日本不允许衬衫包装中使用钢针。

二、按纺织品生产工序分类

（一）预先检验

预先检验是指加工投产前对投入原料、坯料、半成品等进行的检验。例如，棉纺厂的原棉检验、单唛试纺、丝织厂的试化验和三级试样等。

（二）工序检验

工序检验又称中间检验，指在一道工序加工完毕，并准备做制品交接时进行的检验。例如，棉纺织厂纺部实验室对条子、粗纱等制品进行的质量检验属于工序检验。

（三）最后检验

最后检验又称成品检验，指对完工后的产品质量进行全面检查，以判定其合格与否或质量等级。成品检验是质量信息反馈的一个重要来源，检验时要对成品质量缺陷做全面记录，并加以分类整理，及时向有关部门汇报，对可以修复但又不影响使用价值的不合格产品，应及时交有关部门修复，同时也要防止具有严重缺陷的产品流入市场，做好产品质量把关工作。

（四）出厂检验

成品检验后立即出厂的产品检验，即出厂检验。对于经成品检验后尚需入库储存较长时间的产品，出厂前应对产品质量再进行一次全面检查，尤其要加强对纺织品色泽变化、虫蛀、霉变、强力方面的质量检验。

（五）库存检验

纺织品储存期间，由于热、湿、光照、鼠咬等外界因素的作用会使纺织品的质量发生变化，因此，对库存纺织品进行定期或不定期的检验，可以防止质量变异情况出现。

（六）监督检验

监督检验又称质量审查，一般由诊断人员负责诊断企业的产品质量、质量检验职能和质量保证体系的效能，或者由法定的质量检验机构对生产企业、流通领域的商品以及产品质量保证体系进行监督检验。

（七）第三方检验

由可以充分信任的第三方对产品质量进行检验，以证实产品质量是否符合标准或贸易合同的规定。纺织品生产企业为表明其产品质量符合规定的要求，可以申请第三方检验，以示公正。我国出入境检验检疫机构、纺织产品质量技术监督检验机构为第三方检验机构。近年来，提供测试、检验、认证服务的第三方检验机构在不断增多。

三、按纺织品检验的数量分类

从被检验产品的数量来看，纺织品检验又分为全数检验和抽样检验两种：全数检验是对批中的所有个体或材料进行全部检验；抽样检验则是按照规定的抽样方案，随机地从一批或一个过程中抽取少量的个体或材料进行检验，并以抽样检验的结果来推断总体的质量。在纺织品检验中，织物外观疵点一般采用全数检验方式，而纺织品内在质量检验大多采用抽样检验方式。

第四节　纺织品检测的大气条件

一、大气条件对纺织品检验结果的影响

纺织品检验用大气条件主要考虑温度、相对湿度和大气压力这三个参数。大气温度、相对湿度对纺织品的物理性能和机械性能有着十分显著的影响。例如，试验环境的相对湿度增高使纤维重量增大，纤维和纱线直径增粗，织物尺寸变小、厚度增大，纤维和纱线强力下降

（少数纤维如麻纤维的强力有所增大）、伸长率增大，纺织品静电现象减弱等。因此，大气条件的变化将对纺织品检验结果的准确性、重现性、可比性造成不利影响。

纺织品大多具有一定的吸湿性，其吸湿量的大小主要取决于纤维的内部结构，如亲水性基团的极性与数量、无定形区的比例、孔洞缝隙的多少、伴生物杂质等，而大气条件（温度、相对湿度、大气压力）对吸湿量也有一定影响。即使纤维的品种相同，但大气条件的波动引起吸湿量的增减也会使纤维的力学性能产生变化，如重量、强力、伸长、刚度、电学性质、表面摩擦性等性质。为了使测得的纺织品性能具有可比性，必须统一规定测试时的大气条件，即标准大气条件。标准大气条件是指相对湿度和温度受到控制的环境，纺织品在此温度和湿度下进行调湿和试验。

此外，由于纺织品的吸湿或放湿平衡需要一定时间，而且同样的纤维由吸湿达到的平衡回潮率往往小于由放湿达到平衡的回潮率，这种因吸湿滞后现象带来的平衡回潮率误差，同样会影响纺织品性能的测试结果。因此，不仅要规定纺织品测试时的标准大气条件，而且要规定在测试之前，试样必须在标准大气下放置一定时间，使其由吸湿达到平衡回潮率，这个过程称为调湿处理。

二、纺织品检验标准大气条件

我国国家标准 GB/T 6529—2008《纺织品　调湿和试验用标准大气》（参照采用国际标准 ISO 139）对纺织品检验用的标准大气状态作出明确规定。纺织品检验一般采用标准大气条件（表 2-2），可选标准大气（含特定标准大气与热带标准大气）仅在各方同意的情况下使用。

表 2-2　纺织品检验用标准大气状态

标准大气状态	标准温度（℃）	允差（℃）	相对标准湿度（%）	允差（%）
标准大气	20.0	±2.0	65.0	±4.0
特定标准大气	23.0	±2.0	50.0	±4.0
热带标准大气	27.0	±2.0	65.0	±4.0

三、纺织品检验环境条件

纺织品检验环境主要包括三种情况，分别为常规测试环境、静电测试环境以及医卫用和鞋革轻工产品测试环境。常规测试环境的条件为标准大气（温度：20℃，湿度：65%）；静电测试环境的条件是指温度为 20℃，湿度为 35%；医卫用和鞋革轻工产品测试环境的条件是指温度为 20℃，湿度为 50%。

另外，纺织品实验室的大气条件应在不同位置进行监控，且监测装置的位置也有一定的要求，具体如下。

（一）监控不同位置的大气

要周期性监控实验室内不同点大气条件的变化，监测点在 $50m^2$ 内不少于 1 个。不同位置大气变化不符合容差的，应检查实验室内的空气流动情况。

（二）连续监测装置的放置

温度和相对湿度的变化可能存在于整个工作区，选择的监测位置宜靠近主要工作区。在监测位置确定之后，可确定适当的监测点。

第五节　纺织品检测的试样准备

纺织品检测的试样准备是指在接到测试样品后，按照相关标准对相应项目进行抽样准备和检测环境准备等。

一、抽样方法

对于纺织品的各种检验，实际上只能限于全部产品中的极小一部分。一般情况下，被测对象的总体总是比较大的，且大多数是破坏性的，不可能对它的全部进行检验。因此，通常是从被测对象总体中抽取子样进行检验。

在纺织产品中，总体单位产品之间或多或少总存在质量差异，试样量越大，即试样中所含个体数量越多，所测结果越接近总体的结果（真值）。试样量多大才能达到检验结果所需的可信程度，可以用统计方法确定。但不管所取试样量有多大，所用仪器如何准确，如果取样方法本身缺乏代表性，其检验结果也是不可信的。要保证试样对总体的代表性，就要采用合理的抽样方法，既要尽量避免抽样的系统误差，即排除倾向性抽样，又要尽量减小随机误差。为此，应采用随机抽样方法。具体来说，抽样方法主要有四种。

（一）简单随机抽样

简单随机抽样又称纯随机抽样，它是指从总体中抽取若干个样品（子样），使总体中每个单位产品被抽到的机会相等。简单随机抽样对总体不经过任何分组排队，完全凭偶然的机会从中抽取。从理论上讲，纯随机取样最符合取样的随机原则，因此，它是取样的基本形式。简单随机取样在理论上虽然最符合随机原则，但在实际上则有很大的偶然性，尤其是当总体的变异较大时，简单随机取样的代表性就不如经过分组再抽样的代表性强。

举例：

（1）批量 $N=100$，把 100 个产品分别编号为 1～100。

（2）样本量 $n=5$。

（3）得到随机数，如 3，32，38，39，17。

（4）从 100 个产品中，找到 3 号、32 号、38 号、89 号、17 号产品，构成该批样本。

随机数产生方法：掷骰子法；查表法，如随机数表；利用随机发生器，如有奖储蓄、有奖销售中用来确定获奖号码的随机发生器等。

（二）系统抽样

系统抽样又称等距抽样、规律性抽样。系统抽样是先把总体按一定的标志排队，然后按相等的距离抽取。系统取样相对于简单随机取样而言，可使子样较均匀地分配在总体之中，可以使子样具有较好的代表性。但是，如果产品质量有规律地波动，并与系统取样重合，则会产生系统误差。

举例：

（1）确定抽样间隔：$N=100$，$n=6$，则抽样间隔为 17。

（2）确定随机数：由［1，17］查随机数表得 9。

（3）得到抽取样品号码：9，26，43，60，77，94。

（三）分层抽样

分层抽样又称为代表性抽样，它是运用统计分组法，把总体划分成若干个代表性类型组，然后在组内用简单随机取样或系统取样，分别从各组中取样，再把各部分子样合并成一个子样。在分层取样时，可按以下方法确定各组取样数目：以各组内的变异程度确定，变异大的组多取一点，变异小的组少取一些，没有统一的比例；或以各部分占总体的比例来确定各组应取的数目。

（四）阶段性抽样

阶段性抽样又称为阶段性随机抽样，它是从总体中取出一部分子样，再从这部分子样中抽取试样。从一批货物中取得试样可分为批样、样品、试样三个阶段。

1. 批样

批样是指从要检验的整批货物中取得一定数量的包数（或箱数）。

2. 样品

样品是指从批样中用适当方法缩小成实验室用的样品。

3. 试样

试样是指从试验室样品中，按一定的方法取得做各项力学性能、化学性能检验的样品。

进行相关检测的纺织品，首先要取成批样或试验室样品，进而再制成试样。例如细绒棉检验抽样方法（按批检验）。

（1）成包皮棉每 10 包抽 1 包，不足 10 包按 10 包计。从每个取样棉包抽取检验样品约 300g，形成品质检验批样；抽取回潮率检验样品约 100g，形成回潮率检验批样。

（2）从批样中多部位随机取出少量原棉（150~200g），形成实验室样品。

（3）将实验室样品稍加扯松混合均匀后平铺在工作台上，形成厚薄均匀、面积约为 $0.25m^2$ 的棉层，用多点取样法从两面抽取试验样品。

以上四种抽样方法的抽样误差大小一般是：阶段性抽样≥简单随机抽样≥系统出样≥分层抽样。在实际抽样过程中，常将两种或几种抽样方法结合使用，进行多阶段抽样。

二、试样准备

（一）预调湿

为了保证在调湿期间试样是由吸湿状态达到平衡的，对于含水较高和回潮率影响较大的试样还需要预调湿（即干燥）。所谓预调湿就是将试样放置在相对湿度为 10%~25%、温度不超过50℃的大气中让其放湿。一般预调湿4h便可达到要求。注意，有些纺织品因其表面含有树脂、表面活性剂、浆料等，应该将试样前处理后进行预调湿和调湿。

（二）调湿

纺织材料的吸湿或放湿平衡需要一定时间。同样条件下，由放湿达到平衡较由吸湿达到平衡时的平衡回潮率要高，这种因吸湿滞后现象带来的平衡回潮率误差，会影响纺织材料性能的测试结果。因此，在测定纺织品的物理机械性能之前，检验样品必须在标准大气条件下放置一定时间，并使其由吸湿达到平衡回潮率，这个过程称为调湿处理。

验证达到调湿平衡的通常办法是：将进行调湿处理的纺织品，每隔2h连续称重，其质量递变（递增）率不大于0.25%，或每隔30min连续称重，其质量递变（递增）率不大于0.1%，则可视为达到平衡状态。若不按上述办法验证，通常，一般纺织材料调湿24h以上即可，合成纤维调湿4h以上即可。但必须注意，调湿期间应使空气能畅通地通过需调湿的纺织品，调湿过程不能间断，若被迫间断必须重新按规定调湿。

（三）试样的剪取

对于织物来说，试样剪取是否有代表性，关系到检验结果的准确程度。试验室样品的剪取应避开布端（匹头），一般要求在距布端2m以上的部位取样（如果是开匹可以不受此限），所取样品应平整、无皱、无明显疵点，其长度和花型能保证试样的合理排列。

在样品上剪取试样时，试样距布边应在1/10幅宽以上，幅宽超过100cm时，距布边10cm以上即可。为了在有限的样品上取得尽可能多的信息，通常试样的排列要呈阶梯形，即经向或纬向的各试样均不含有相同的经纬纱线，至少保证其试验方向不得含有相同经纬纱线而非试验方向不含完全相同的经纬纱线。在试验要求不太高的情况下，也要保证试验方向不含相同经纬纱线，而另一方向可以相同，这称为平行排列法。但试样横向为试验方向时（如单舌撕破强力），不能采用竖向的平行排列法。

由于吸湿会导致纱线变粗、织物变形，为了保证试样的尺寸精度，只有在织物调湿平衡后才能剪取试样。

第六节　数据的采集及异常值的处理

一、数据的采集

（一）按标准规定进行采集

在检测中，首先要认真解读标准，按标准要求进行操作。

（二）使用正确的方法进行采集

如读取滴定管或移液管液面读数时，试验员的视线应与指针正对平视；读取数值的时间，如天平数值的稳定等；读取数值的精度，在一般情况下，应读到比最小分度值多一位等。

二、异常值的处理

（一）异常值的处理方式

在试验结果数据中，有时会发现个别数据比其他数据明显过大或过小，这种数据称为异常值。异常值的出现可能是被检测总体固有随机变异性的极端表现，它属于总体的一部分；也可能是由于试验条件和试验方法的偏离所产生的后果；或是由于观测、计算、记录中的失误而造成的，它不属于总体。

异常值的处理应按国家标准 GB/T 4883—2008《数据的统计处理和解释　正态样本离群值的判断和处理》、GB/T 6379.2—2004《测量方法与结果的准确度（正确度与精密度）　第2部分：确定标准测量方法重复性与再现性的基本方法》等来进行，一般有以下几种处理方式：

（1）异常值保留在样本中，参加其后的数据分析。

（2）剔除异常值，即把异常值从样本中排除。

（3）剔除异常值，并追加适宜的测试值计入。

（4）找到实际原因后修正异常值。

（二）异常值的判断

判断异常值首先应从技术上寻找原因，如技术条件、观测、运算是否有误，试样是否异常，如果确信是不正常原因造成的，应舍弃或修正，否则可以用统计方法判断。对于检出的高度异常值应舍弃，一般检出异常值可根据问题的性质决定取舍。

判断一般检出异常值和高度异常值要依据检出水平 α 和剔除水平 α^*。检出水平是指作为检出异常值的统计检验显著性水平；剔除水平是指作为判断异常值为高度异常的统计检验显著性水平。除特殊情况外，剔除水平一般采用1%或更小，而不宜采用大于5%的值。在选用剔除水平的情况下，检出水平可取5%或再大些。

目前国际上通用的异常值检验方法有奈尔（Nair）检验法、格拉布斯（Grubbs）检验法、狄克逊（Dixon）检验法等，这些方法都是常态分布样本异常值的判断方法。检验步骤一般如下：

（1）判别前先将测量值由小到大排列为 x_1，x_2，…，x_{n-1}，x_n，其中 x_1 为最小值，x_n 为最大值。

（2）选择检验方法，按上侧、下侧或双侧情形计算统计量的值。根据以往经验，异常值均为高端值的选择上侧情形，均为低端值的选择下侧情形，在两端均可能出现的选择双侧情形。上侧情形和下侧情形统称为单侧情形。

（3）根据检出水平查表得临界值，将统计量的值与临界值进行比较，由此判断最大值或最小值是否为异常值；再根据剔除水平查表得临界值，进一步判断该异常值是否为高度异常。

样本中检出异常值的个数上限应做规定，当超过这个上限时，此样本的代表性应进行慎重研究和处理。在允许检出异常值个数大于1的情况下，可重复使用判断异常值的规则，即将检出的异常值剔除后，余下的测量值可继续检验，直到不能检出异常值，或检出的异常值个数超过上限为止。

1. 奈尔（Nair）检验法

奈尔检验法适用于经过长期经验积累，已知试样总体标准差 σ 的情况。本法可重复使用，剔除 1 个以上的异常值。

（1）上侧情形。计算统计量：

$$R_n = \frac{x_n - \bar{x}}{\sigma} \tag{2-1}$$

式中：$\bar{x}$ 为试样平均值；x_n为最大值；σ 为总体标准差。

确定检出水平 α^*，由表 2-3 查出 n 和 α^* 所对应的 $R_{1-\alpha^*}$ 值。若 $R_n > R_{1-\alpha^*}$，则判断 x_n 为高度异常。

（2）下侧情形。计算统计量：

$$R'_n = \frac{\bar{x} - x_1}{\sigma} \tag{2-2}$$

式中：$\bar{x}$为试样平均值；x_1为最小值；σ 为总体标准差。

与上侧情形相似，以 R'_n 代替 R_n 值，确定检出水平 α，由表 2-3 查出 n 和 $\alpha/2$ 所对应的 $R_{1-\alpha/2}$值。当 $R_n > R'_n$，且 $R_n > R_{1-\alpha/2}$时，判断 x_n为异常值；当 $R'_n > R_n$，且 $R'_n > R_{1-\alpha/2}$时，判断 x_1 为异常值。

在给出剔除水平 α^* 的情况下，用同法判断 x_n或 x_1是否为高度异常。

表 2-3　奈尔检验法的临界值 $R_{1-\alpha/2}$

n	90%	95%	97.5%	99%	99.5%	n	90%	95%	97.5%	99%	99.5%
3	1.497	1.738	1.955	2.215	2.396	17	2.434	2.668	2.883	3.147	3.334
4	1.696	1.941	2.163	2.431	2.618	18	2.458	2.691	2.905	3.168	3.355
5	1.835	2.080	2.304	2.574	2.764	19	2.480	2.712	2.926	3.188	3.374
6	1.939	2.184	2.408	2.679	2.870	20	2.500	2.732	2.945	3.207	3.392
7	2.022	2.267	2.490	2.761	2.952	21	2.519	2.750	2.963	3.224	3.409
8	2.091	2.334	2.557	2.828	3.019	22	2.538	2.768	2.980	3.240	3.425
9	2.150	2.392	2.613	2.884	3.074	23	2.555	2.784	2.996	3.256	3.440
10	2.200	2.441	2.662	2.931	3.122	24	2.571	2.800	3.011	3.270	3.455
11	2.245	2.484	2.704	2.973	3.163	25	2.587	2.815	3.026	3.284	3.468
12	2.284	2.523	2.742	3.010	3.199	26	2.602	2.829	3.039	3.298	3.481
13	2.320	2.557	2.776	3.043	3.232	27	2.616	2.843	3.053	3.310	3.493
14	2.352	2.589	2.806	3.072	3.261	28	2.630	2.856	3.065	3.322	3.505
15	2.382	2.617	2.834	3.099	3.287	29	2.643	2.869	3.077	3.334	3.516
16	2.409	2.644	2.860	3.124	3.312	30	2.656	2.881	3.089	3.345	3.527

续表

n	90%	95%	97.5%	99%	99.5%	n	90%	95%	97.5%	99%	99.5%
31	2.679	2.903	3.111	3.366	3.543	46	2.808	3.026	3.229	3.479	3.657
32	2.679	2.903	3.111	3.366	3.543	47	2.815	3.033	3.235	3.485	3.663
33	2.690	2.914	3.121	3.376	3.557	48	2.822	3.040	3.242	3.491	3.669
34	2.701	2.924	3.131	3.385	3.566	49	2.829	3.047	3.249	3.498	3.675
35	2.712	2.934	3.140	3.394	3.575	50	2.836	3.053	3.255	3.504	3.681
36	2.722	2.944	3.150	3.403	3.584	55	2.868	3.084	3.284	3.532	3.708
37	2.732	2.953	3.159	3.412	3.592	60	2.897	3.112	3.311	3.557	3.733
38	2.741	2.962	3.167	3.420	3.600	65	2.924	3.137	3.335	3.580	3.755
39	2.750	2.971	3.176	3.428	3.608	70	2.948	3.160	3.357	3.601	3.775
40	2.759	2.980	3.184	3.436	3.616	75	2.970	3.181	3.377	3.620	3.794
41	2.768	2.988	3.192	3.444	3.623	80	2.991	3.201	3.396	3.638	3.812
42	2.776	2.996	3.200	3.451	3.630	85	3.010	3.219	3.414	3.655	3.828
43	2.781	3.001	3.207	3.458	3.637	90	3.028	3.236	3.430	3.671	3.843
44	2.792	3.011	3.215	3.465	3.644	95	3.045	3.253	3.446	3.635	3.857
45	2.800	3.019	3.222	3.472	3.651	100	3.061	3.268	3.460	3.699	3.871

2. 格拉布斯（Grubbs）检验法

格拉布斯检验法适用于未知总体标准差，检出异常值的个数不超过 1 的情形。

（1）上侧情形。计算统计量：

$$G_n = \frac{x_n - \bar{x}}{S} \tag{2-3}$$

式中：$\bar{x}$ 和 S 分别为样本的平均值和标准差；x_n 为最大值。

确定检出水平 α，由表 2-3 查出 n 和 α 所对应的 $G_{1-\alpha}$ 值。若 $G_n > G_{1-\alpha}$，判断 x_n 为异常值。

在给出剔除水平 α^* 的情况下，由表 2-3 查出 n 和 α^* 所对应的 $G_{1-\alpha^*}$ 值。若 $G_n > G_{1-\alpha^*}$，则判断 x_n 为高度异常。

（2）下侧情形。计算统计量：

$$G'_n = \frac{\bar{x} - x_1}{S} \tag{2-4}$$

式中：$\bar{x}$ 和 S 分别为样本的平均值和标准差；x_1 为最小值。

与上侧情形相似，以 G'_n 代替 G_n 值，确定检出水平 α，由表 2-4 查出 n 和 $\alpha/2$ 所对应的 $G_{1-\alpha/2}$ 值。当 $G_n > G'_n$，且 $G_n > G_{1-\alpha/2}$ 时，判断 x_n 为异常值；当 $G'_n > G_n$，且 $G'_n > G_{1-\alpha/2}$ 时，判断 x_1 为异常值。

在给出剔除水平 α^* 的情况下，用同法判断 x_n 或 x_1 是否为高度异常。

表 2-4　格拉布斯检验法的临界值

n	90%	95%	97.5%	99%	99.5%	n	90%	95%	97.5%	99%	99.5%
3	1.148	1.153	1.155	1.155	1.155	32	2.591	2.773	2.938	3.135	3.270
4	1.425	1.463	1.481	1.492	1.496	33	2.604	2.786	2.952	3.150	3.286
5	1.602	1.672	1.715	1.749	1.764	34	2.626	2.799	2.965	3.164	3.301
6	1.729	1.822	1.887	1.944	1.973	35	2.628	2.811	2.979	3.178	3.316
7	1.828	1.938	2.020	2.097	2.139	36	2.639	2.823	2.991	3.191	3.330
8	1.909	2.032	2.126	2.221	2.274	37	2.650	2.835	3.003	3.204	3.343
9	1.977	2.110	2.215	2.323	2.387	38	2.661	2.846	3.014	3.216	3.356
10	2.036	2.176	2.290	2.410	2.482	39	2.671	2.857	3.025	3.228	3.369
11	2.088	2.234	2.355	2.485	2.564	40	2.682	2.866	3.036	3.240	3.381
12	2.134	2.285	2.412	2.550	2.636	41	2.692	2.877	3.046	3.251	3.393
13	2.175	2.331	2.462	2.607	2.699	42	2.700	2.887	3.057	3.261	3.404
14	2.213	2.371	2.507	2.659	2.755	43	2.710	2.896	3.067	3.271	3.415
15	2.247	2.409	2.549	2.705	2.806	44	2.719	2.905	3.075	3.282	3.425
16	2.279	2.443	2.585	2.747	2.852	45	2.727	2.914	3.085	3.292	3.435
17	2.309	2.475	2.620	2.785	2.894	46	2.736	2.923	3.094	3.302	3.445
18	2.335	2.504	2.651	2.821	2.932	47	2.744	2.931	3.103	3.310	3.455
19	2.361	2.532	2.681	2.854	2.968	48	2.753	2.940	3.111	3.319	3.464
20	2.385	2.557	2.709	2.884	3.001	49	2.760	2.948	3.120	3.329	3.474
21	2.408	2.580	2.733	2.912	3.031	50	2.768	2.956	3.128	3.336	3.483
22	2.429	2.603	2.758	2.939	3.060	55	2.804	2.992	3.166	3.376	3.524
23	2.448	2.624	2.781	2.963	3.087	60	2.837	3.025	3.199	3.411	3.560
24	2.467	2.644	2.802	2.987	3.112	65	2.866	3.055	3.230	3.442	3.592
25	2.486	2.663	2.822	3.009	3.135	70	2.893	3.082	3.257	3.471	3.622
26	2.502	2.681	2.841	3.029	3.157	75	2.917	3.107	3.282	3.496	3.648
27	2.519	2.698	2.859	3.049	3.178	80	2.940	3.130	3.305	3.521	3.673
28	2.534	2.714	2.876	3.068	3.199	85	2.961	3.151	3.327	3.543	3.695
29	2.549	2.730	2.893	3.085	3.218	90	2.981	3.171	3.347	3.563	3.716
30	2.563	2.745	2.908	3.103	3.236	95	3.000	3.189	3.336	3.582	3.736
31	2.577	2.759	2.924	3.119	3.253	100	3.017	3.207	3.383	3.600	3.754

3. 迪克逊（Dixon）检验法

迪克逊检验法可以重复使用，检出 1 个以上异常值。

（1）单侧情形。计算统计量 D 和 D'，计算公式与样本数 n 有关。

$n=3\sim7$：

$$D=\frac{x_n-x_{n-1}}{x_n-x_1},\quad D'=\frac{x_2-x_1}{x_n-x_1} \tag{2-5}$$

$n=8\sim10$：

$$D=\frac{x_n-x_{n-1}}{x_n-x_2},\quad D'=\frac{x_2-x_1}{x_{n-1}-x_1} \tag{2-6}$$

$n=11\sim13$：

$$D=\frac{x_n-x_{n-2}}{x_n-x_2},\quad D'=\frac{x_3-x_1}{x_{n-1}-x_1} \tag{2-7}$$

$n>13$：

$$D=\frac{x_n-x_{n-2}}{x_n-x_3},\quad D'=\frac{x_3-x_1}{x_{n-2}-x_1} \tag{2-8}$$

确定检出水平 α，由表 2-5 查出 n 和 α 所对应的 $D_{1-\alpha}$ 值。检出高端时，若 $D>D_{1-\alpha}$，判断 x_n 为异常值；检出低端时，若 $D'>D_{1-\alpha}$，则判断 x_1 为异常值。

在给出剔除水平 α^* 的情况下，用同法判断 x_n 或 x_1 是否为高度异常。

表 2-5　迪克逊检验法的临界值

n	90%	95%	99%	99.5%	n	90%	95%	99%	99.5%
3	0.886	0.941	0.988	0.994	17	0.438	0.490	0.577	0.605
4	0.679	0.765	0.889	0.926	18	0.424	0.475	0.561	0.589
5	0.557	0.642	0.780	0821	19	0.412	0.462	0.547	0.575
6	0.482	0.560	0.698	0.740	20	0.401	0.450	0.535	0.562
7	0.434	0.507	0.637	0.680	21	0.391	0.440	0.524	0.551
8	0.479	0.554	0.683	0.725	22	0.382	0.430	0.514	0.541
9	0.441	0.512	0.635	0.677	23	0.374	0.421	0.505	0.532
10	0.409	0.477	0.597	0.639	24	0.367	0.413	0.497	0.524
11	0.517	0.576	0.679	0.713	25	0.360	0.406	0.489	0.516
12	0.490	0.546	0.642	0.675	26	0.354	0.399	0.486	0.508
13	0.467	0.521	0.615	0.649	27	0.348	0.393	0.475	0.501
14	0.492	0.546	0.641	0.674	28	0.342	0.387	0.469	0.495
15	0.472	0.525	0.616	0.647	29	0.337	0.381	0.463	0.489
16	0.454	0.507	0.595	0.624	30	0.332	0.376	0.457	0.483

（2）双侧情形。分别计算上述 D 与 D' 值，确定检出水平 α，由表 2-6 查出 n 和 α 所对应的 $\widetilde{D}_{1-\alpha}$ 值。当 $D>D'$，且 $D>\widetilde{D}_{1-\alpha}$ 时，判断 x_n 为异常值，当 $D'>D$，$D'>\widetilde{D}_{1-\alpha}$ 时，判断 x_1 为异常值。

在给出剔除水平 α^* 的情况下，用同法判断 x_n 或 x_1 是否为高度异常。

表 2-6　双侧狄克逊检验法的临界值

n	95%	99%	n	95%	99%
3	0.970	0.994	17	0.529	0.610
4	0.829	0.926	18	0.514	0.594
5	0.710	0.821	19	0.501	0.580
6	0.628	0.740	20	0.489	0.567
7	0.569	0.680	21	0.478	0.555
8	0.608	0.717	22	0.468	0.554
9	0.564	0.672	23	0.459	0.535
10	0.530	0.635	24	0.451	0.526
11	0.619	0.709	25	0.443	0.517
12	0.583	0.660	26	0.436	0.510
13	0.557	0.638	27	0.429	0.502
14	0.586	0.670	28	0.423	0.495
15	0.565	0.647	29	0.417	0.489
16	0.546	0.627	30	0.412	0.483

第七节　实验结果的数据处理

一、基本概念

（一）数值修约

数值修约是指通过省略原数值的最后若干数字，调整所保留的末位数字，使最后所得到的值最接近原数值的过程，经数值修约后的数值成为原数值的修约值。

（二）修约间隔

修约间隔是指修约值的最小数据单位，修约间隔的数值一经确定，修约值即为该数值的整数倍。如：指定修约间隔为 0.1，修约值应在 0.1 的整数倍中选取，相当于将数值修约到一位小数；指定修约间隔为 100，修约值应在 100 的整数倍中选取，相当于将数值修约到一位百数。

修约间隔的表达方式多种多样，常见的有：

（1）修约到小数点后的第 n 位。

（2）保留到小数点后的第 n 位。

（3）保留 n 位有效数字。

（4）保留小数点后的几位数字。

（5）修约到百分位。

（6）修约到个位。

二、数值修约原则

在数据处理中，当有效数字位数确定后，对有效数字位数之后的数字要进行修约数值，修约的依据按国家标准 GB/T 8170—2008《数值修约规则与极限数值的表示和判定》。

（一）数值的修约规则

（1）拟舍弃数字的最左一位数字小于 5，则舍去，保留其余各位数字不变；拟舍弃数字的最左一位数字大于 5，则进一，即保留数字的末位数字加 1。

例：将 14.3498 修约到个位数，得 14；修约到一位小数，得 14.3；修约到两位小数，得 14.35。

（2）拟舍弃数字的最左一位数字为 5，且其后有非“0”数字时进一，即保留数字的末位数字加 1；拟舍弃数字的最左一位数字为 5，且其后无数字或皆为“0”时，所保留的末位数字为奇数则进 1，为偶数则舍弃。

例：将 14.3598 修约到一位小数，得 14.4；将 14.350 修约到一位小数，得 14.4；将 14.25 修约到一位小数，得 14.2。

（3）负数修约时，先将它的绝对值按上述规则进行修约，然后在所得值前面加上负号。

（4）不允许连续修约。应根据拟舍弃数字中最左一位数字的大小，按上述规则一次修约完成。如将 17.4748 修约为两位有效数字，则应修约成 17，而不能修约成 18。

数值修约规则可总结如下：“四舍六入五考虑，五后非零应进一，五后接零视前位，五前为偶应舍去，五前为奇则进一，负数修约原则同，不要连续做修约。”

（二）适用于所有修约间隔的修约方法

（1）如果为修约间隔整数倍的一系列数中，只有一个数最接近拟修约数，则该数就是修约数。

例如，将 1.150001 按 0.1 修约间隔进行修约。此时，与拟修约数 1.150001 邻近的为修约间隔整数倍的数有 1.1 和 1.2（分别为修约间隔 0.1 的 11 倍和 12 倍），然而只有 1.2 最接近拟修约数，因此 1.2 就是修约数。

又如，要求将 1.015 修约至十分位的 0.2 个单位。此时，修约间隔为 0.02，与拟修约数 1.015 邻近的为修约间隔整数倍的数有 1.00 和 1.02（分别为修约间隔 0.02 的 50 倍和 51 倍），然而只有 1.02 最接近拟修约数，因此 1.02 就是修约数。

同理，若要求将 1. 2505 按“5”间隔修约至十分位。此时，修约间隔为 0. 5。1. 2505 只能修约成 1. 5 而不能修约成 1. 0，因为只有 1. 5 最接近拟修约数 1. 2505。

（2）如果为修约间隔整数倍的一系列数中，有连续的两个数同等地接近拟修约数，则这两个数中，只有为修约间隔偶数倍的那个数才是修约数。

例如，要求将 1150 按 100 修约间隔修约。此时，有两个连续的为修约间隔整数倍的数 1. 1×10 和 1. 2×10，同等地接近 1150，因为 1. 1×10 是修约间隔 100 的奇数倍（11 倍），只有 1. 2×10 是修约间隔 100 的偶数倍（12 倍），因而 1. 2×10 是修约数。

又如，要求将 1. 500 按 0. 2 修约间隔修约。此时，有两个连续的为修约间隔整数倍的数 1. 4 和 1. 6，同等地接近拟修约数 1. 500，因为 1. 4 是修约间隔 0. 2 的奇数倍（7 倍），所以不是修约数，而只有 1. 6 是修约间隔 0. 2 的偶数倍（8 倍），因而 1. 6 才是修约数。

同理，1. 025 按“5”间隔修约到 3 位有效数字时，不能修约成 1. 05，而应修约成 1. 00。因为 1. 05 是修约间隔 0. 05 的奇数倍（21 倍），而 1. 00 是修约间隔 0. 05 的偶数倍（20 倍）。

（3）注意事项。

①不要多次连续修约。例如：12. 251—12. 25—12. 2，因为多次连续修约会产生累积不确定度。此外，在有些特别规定的情况（如考虑安全需要等）下，最好只按一个方向修约。

②负数修约时，先将它的绝对值按规定方法进行修约，然后在修约值前面加上负号，即负号不影响修约结果。

课后思考题

1. 名词解释：标准大气、相对湿度。
2. 简述纺织品分类方法：按生产方式可分为哪几类？按最终用途可分为哪几类？
3. 简述纺织品检验的主要内容。
4. 举例说明大气条件对纺织品检验结果准确性的影响。
5. 混纺织物和交织织物有什么不同？
6. 纺织品物理检验主要用的标准大气环境是什么？

第三章　纺织标准

第一节　纺织标准的概念及分类

一、纺织标准的基本概念

从专业角度看，纺织标准是以纺织科学技术和纺织生产实践为基础制定的、由公认机构发布的关于纺织生产技术的各项统一规定。纺织标准是企业组织生产、质量管理、贸易（交货）和技术交流的重要依据，同时也是实施产品质量仲裁、质量监督检查的依据。对于纺织品技术规格、性能要求的具体内容和达到的质量水平以及这些技术规格和性能的检验、测试方法，都是根据有关标准确定的，或者是由贸易双方按协议规定的。

纺织标准作为纺织品检验的依据，应具有合理性和科学性，是工贸双方都可以接受的。首先，纺织产品标准是对纺织品的品种、规格、品质、等级、运输和包装以及安全性、卫生性等技术要求的统一规定。其次，纺织方法标准是对各项技术要求的检验方法、验收规则的统一规定。准确运用纺织标准，可以对纺织品的质量属性作出全面、客观、公正、科学的判定。

二、纺织标准的分类

纺织标准可以根据标准的级别、性质、表现形式和执行方式进行分类。

（一）按纺织标准的级别分类

根据标准制定和发布机构的级别以及标准适用的范围，纺织标准可分为国际标准、区域标准、国家标准、行业标准、地方标准和企业标准等不同级别。

1. 国际标准

国际标准是由众多具有共同利益的独立主权国组成的世界性标准化组织，通过有组织的合作和协商而制定、发布的标准。例如，国际标准化组织（ISO）制定发布的标准，国际电工委员会（IEC）制定发布的标准，以及国际标准化组织为促进关税及贸易总协定（GATT）《技术性贸易壁垒的协定（草案）》即标准守则的贯彻实施而出版的《国际标准题内关键词索引》中收录的27个国际组织制定、发布的标准。

通常说的国际标准是指ISO发布的标准，包括除电气、电子专业以外的其他专业和领域中的国际标准，称为ISO标准。IEC标准是由国际电工委员会发布的电气、电子方面的国际标准。

对于各国来说，国际标准可以自愿采用。但因为国际标准集中了一些先进工业国家的技术经验，加之各国考虑外贸上的利益，往往积极采用国际标准。

简单来说，国际标准是由国际标准化组织通过的标准，也包括参与标准化活动的国际团体通过的标准，其目的是便于成员国之间进行贸易和情报交流。

2. 区域标准

区域标准泛指世界某一区域标准化团体所通过的标准，是由区域性国家集团或标准化团体为其共同利益而制定、发布的标准。

历史上，一些国家由于其独特的地理位置或是民族、政治、经济因素而联系在一起，组成了区域性的标准化组织，以协调区域内的标准化工作。例如：欧洲标准委员会（CEN）、欧洲电工标准化委员会（CENELEC）、太平洋地区标准会议（PASC）、泛美技术标准委员会（COPANT）、经济互助委员会（CMEA）、亚洲标准咨询委员会（ASAC）、非洲地区标准化组织（ARSO）等。其中，有一部分区域标准也被收录为国际标准。我国的地方标准也可以认为是一种区域标准，在某个省、自治区、直辖市范围内统一执行。

3. 国家标准

国家标准是由合法的国家标准化组织（官方的或被授权的非官方或半官方的），经过法定程序制定、发布的标准，在该国范围内适用。例如：中国国家标准（GB）、美国国家标准（ANSI）、英国国家标准（BS）、德国国家标准（DIN）、法国国家标准（NF）、日本工业标准（JIS）、澳大利亚国家标准（AS）等。

就世界范围来看，英国、法国、德国、日本、美国等国家的工业化发展较早，标准化历史较长，这些国家的标准化组织制定并发布的国家标准比较先进。

4. 行业标准

行业标准是指全国性的各行业范围内统一的标准，它由行业标准化组织制定发布。全国纺织品标准化技术委员会技术归口单位，是纺织工业标准化研究所，设立基础、丝绸、毛纺、针织、家用纺织品、纺织机械与附件、服装、纤维制品、染料等分技术委员会或专业技术委员会，负责制定或修订全国纺织工业各专业范围内统一执行的标准。对那些需要制定国家标准，但条件尚不具备的，可以先制定行业标准进行过渡，条件成熟之后再升格为国家标准。

5. 地方标准

地方标准是由地方标准化组织制定、发布的标准，它在该地方范围内适用。我国地方标准是指在某个省、自治区、直辖市范围内需要统一的标准。我国制定地方标准的对象应具备三个条件：第一，没有相应的国家或行业标准；第二，需要在省、自治区、直辖市范围内统一的事或物；第三，工业产品的安全卫生要求。

6. 企业标准

企业标准是指企业制定的产品标准和为企业内需要协调统一的技术要求和管理、工作要求所制定的标准。由企业自行制定、审批和发布的标准在企业内部适用，它是企业组织生产经营活动的依据。

企业标准又可分为生产型标准和贸易型标准两类。生产型标准又称为内控标准，是企业为达到或超过上级标准，而对产品质量指标制定高于现行上级标准的内部控制标准，一般不对外，目的在于促进提高产品质量。贸易型标准是经备案可以向客户公开，作为供、需双方交货时验收依据的技术性文件。

企业标准的主要特点：第一，企业标准由企业自行制定、审批和发布，产品标准必须报当地政府标准化主管部门和有关行政主管部门备案；第二，对于已有国家标准或行业标准的产品，企业标准要严于有关的国家标准或行业标准；第三，对于没有国家标准或行业标准的产品，企业应当制定标准，作为组织生产的依据；第四，企业标准能在本企业内部适用，由于企业标准具有一定的专有性和保密性，故不宜公开；第五，企业标准不能直接作为合法的交货依据，只有在供需双方经过磋商并订入买卖合同时，企业标准才可以作为交货依据。

（二）按纺织标准的性质分类

根据标准的性质，纺织标准可分为三大类：技术标准、管理标准和工作标准。

1. 技术标准

技术标准是对标准化领域中需要协调统一的技术事项所制定的标准。纺织标准大多为技术标准，根据内容可以分为三类：基础性技术标准、产品标准、检测和试验方法标准。

（1）基础性技术标准。基础性技术标准是对一定范围内的标准化对象的共性因素，例如概念、数系、通则，所作的统一规定。它在一定范围内作为制订其他技术标准的依据和基础，并普遍使用，具有广泛的指导意义。纺织基础标准的范围包括各类纺织品及纺织制品的有关名词术语、图形、符号、代号及通用性法则等内容。例如：GB/T 8685—2008《纺织品　维护标签规范　符号法》，GB/T 9994—2008《纺织材料公定回潮率》等。我国纺织标准中，基础性技术标准的数量还较少，多数为产品标准和检测、试验方法标准。

（2）产品标准。产品标准是对产品的结构、规格、性能、质量和检验方所作的技术规定。产品标准是产品生产、检验、验收、使用、维修和洽谈贸易的技术依据。为了保证产品的适用性，必须对产品要达到的某些或全部要求作出技术性的规定。我国纺织产品标准主要涉及纺织产品的品种、规格、技术性能、试验方法、检验规则、包装、储藏、运输等各项技术规定。例如：GB/T 15551—2016《桑蚕丝织物》国家标准规定了桑蚕丝织物的技术要求、产品包装和标志，适用于评定各类服装用的练白、染色（色织）、印花纯桑蚕丝织物、桑蚕丝与其他长丝、纱线交织丝织物的品质等。

（3）检测和试验方法标准。检测和试验方法标准是对产品性能、质量的检测和试验方法所作的规定，其内容包括：检测和试验的类别、原理、抽样、取样、操作、精度要求等方面的规定；对使用的仪器、设备、条件、方法、步骤、数据分析、结果的计算、评定、合格标准、复验规则等所作的规定。例如：GB/T 4666—2009《纺织品　织物长度和幅宽的测定》，GB/T 4802. 2—2008《纺织品　织物起毛起球性能的测定　第 2 部分：改型马丁代尔法》等。检测和试验方法标准可专门单列为一项标准，也可包含在产品标准中作为技术内容的一部分。

2. 管理标准

管理标准是对标准化领域中需要协调统一的管理事项所制定的标准，包括管理基础标准、技术管理标准、经济管理标准、行政管理标准、生产经营管理标准等。管理标准一般是规定一些原则性的定性要求，具有指导性。目的是利用管理标准来规范企业的质量管理行为、环境管理行为以及职业健康安全管理行为，从而持续改进企业的管理，促进企业的发展。

3. 工作标准

工作标准是对工作的责任、权利、范围、质量要求、程序、效果、检查方法、考核办法等所制定的标准。工作标准一般包括部门工作标准和岗位（个人）工作标准。企业组织经营管理的主要战略是不断提高质量，要实现这一战略目标必须以工作标准的实施来保障。

（三）按纺织标准的表现形式分类

根据标准的表现形式，纺织标准主要分为两种：文字标准和实物标准。

1. 文字标准

文字标准是用文字或图表对标准化对象作出的统一规定，即“标准文件”。文字标准是标准的基本形态。

2. 实物标准

实物标准是标准化对象的某些特性难以用文字准确描述出来时，可制成实物标准，并附有文字说明的标准，即“标准样品”。标准样品是由指定机构，按一定技术要求制作的实物样品或样照，简称“标样”。例如：棉花分级标样、羊毛标样、蓝色羊毛标准、织物起毛起球评级样照、色牢度评定用变色和沾色分级卡等都是评定纺织品质量的客观标准，是重要的检验依据。

标准样品同样是重要的纺织品质量检测依据，可供检测外观、规格等对照、判别之用，其结果与检验员的经验、综合技术素质关系密切，随着检测技术的进步，某些用目光检验、对照“标样”评定其优劣的方法，已逐渐向先进的计算机视觉检验的方向发展。

（四）按纺织标准的执行方式分类

标准的实施就是要将标准所规定的各项要求，通过一系列措施，贯彻到生产实践中去，这也是标准化活动的一项中心任务。由于标准的对象和内容不同，标准的实施对于生产、管理贸易等产生的影响和作用会造成较大差别，因此，标准的实施是一项十分复杂的工作，有时很难采用统一的方法。《中华人民共和国标准化法》规定：“国家标准、行业标准分为强制性标准和推荐性标准。”因此，标准按执行方式分为强制性标准和推荐性标准。

1. 强制性标准

强制性标准是国家在保障人体健康、人身财产安全、环境保护等方面对全国或一定区域内统一技术要求而制定的标准，以法律、行政法规规定强制执行的标准。在国家标准中，以GB 开头的属于强制性标准。

国家制定强制性标准是为了起到控制和保障的作用，因此强制性标准必须执行，不得擅自更改或降低强制性标准所规定的各项要求。对于违反强制性标准规定的，要由法律、行政法规规定的行政主管部门或工商行政管理部门依法处理。

2. 推荐性标准

推荐性标准是指除强制性标准外的其他标准。在国家标准中，以 GB/T 开头的属于推荐性标准。计划体制下单一的强制性标准体系并不能适应当代市场机制的发展和需求，因为市场需求是广大消费者需求的综合，这种需求是多样化、多层次的，并在不断发展变化之中。设立推荐性标准可使生产企业在标准的选择、采用上拥有较大的自主权，为企业适应市场需求、开发产品拓展广阔空间。

推荐性标准的实施，从形式上看是由有关各方自愿采用的标准，国家一般也不作强制执行要求。但是，作为全国、全行业范围内共同遵守的准则，国家标准和行业标准一般都等同或等效采用了国际标准，从标准的先进性和科学性看，它们都积极地采用了已标准化的各项成果，积极采用推荐性标准，有利于提高产品质量，有利于提高产品的国内外市场竞争能力。

我国、俄罗斯和东欧等国家的标准几乎是强制性的，美国、英国、日本以及加拿大、瑞士等国家的标准大多是自愿性的。但国家市场和牵涉安全保护、环境卫生等国家标准则要强制执行，而且强制执行的范围有逐步扩大的趋势。

第二节　纺织标准的制定和内容

一、纺织标准的制定与修订

纺织标准的制定与修订是相伴而生的，其过程大致包括预阶段（准备阶段）、立项阶段、起草阶段、征求意见阶段、审查阶段、批准阶段、出版（使用）阶段、复审阶段、废止或申请修订阶段。

（一）确定标准内容的原则

我国制定技术标准的组织形式包括全国专业标准化技术委员会和全国专业标准化技术归口单位（包括归口组织）。全国专业标准化技术委员会是在一定专业领域内，从事全国性标准化工作的技术工作组织，负责本专业技术领域的标准化技术归口工作，其主要任务是组织本专业国家标准、行业标准的起草、技术审查、宣讲、咨询等技术服务工作。全国专业标准化技术归口单位是按照全面规划、分工负责的原则，由国务院标准化行政主管部门，会同有关部门按专业在有关科研、设计、生产等单位指定的负责本专业全国性标准化技术归口工作的组织。我国制定技术标准的原则如下。

（1）认真贯彻国家有关政策和法令法规，标准的有关规定不得与国家有关政策和法令法规相悖。

（2）积极采用国际标准和国外先进标准，这是促进对外开放、实现与国际接轨的一项重大技术措施。

（3）必须充分考虑我国的资源状况，合理利用国家资源。

（4）充分考虑用户的使用要求，包括技术事项适用的环境条件和有利于保障安全、保障身体健康、保护消费者利益、保护环境等方面的内容。

（5）正确实行产品的简化、优选和通用互换，其技术应保持先进性、经济合理性，并注意与有关标准的协调配套，内容编排合理。

（6）充分调动各方面的积极性，广泛听取生产、使用、质量监督、科研设计、高等院校等方面专家的意见，发扬技术民主。

（7）必须适时，过早或过迟制定技术标准都不利于标准的贯彻执行。

（8）根据科学技术发展和经济建设的需要，适时进行复审，以确定现行技术标准继续有效或予以修订、废止，技术标准复审时间为3~5年。

（二）编写标准的方法

编写标准可按照GB/T 1.1—2020《标准化工作导则　第1部分：标准化文件的结构和起草规则》的规定进行自主研制，也可以采用国际标准。

1. 自主研制标准

根据科学技术研究及实践经验的综合结果进行标准的编写。首先确定标准对象、制定标准的目的，然后确定标准中的核心部分即规范性技术要素和一般要素，最后编写标准中的资料性要素。

2. 采用国际标准

以国际标准为蓝本进行标准的编写，标准章的文本结构框架、技术指标等是以某个国际标准为基础而形成的。首先准备一份与国际标准原文一致的译文，再结合我国国情进行适用性的调查和研究，再确定一致性程度后，以译文为蓝本，按照GB/T 1.1—2020和GB/T 20000.2—2009《标准化工作指南　第2部分：采用国际标准》的规定，编写与该国际标准等同的我国标准。

二、纺织标准的编号

纺织标准的编号有国际、国外标准代号及编号和中国国家标准代号及编号两种。

（一）国际、国外标准代号及标准编号

国际及国外标准号形式各异，但基本结构为：标准代号+专业类号+顺序号+年代号。

其中，标准代号大多采用缩写字母，如IEC代表国际电工委员会（International Electrotechnical Commission）、API代表美国石油协会（American Petroleum Institute）、ASTM代表美国材料与实验协会（American Society for Testing and Materials）等；专业类号因其所用的分类方法不同而各异，有字母、数字、字母数字混合式三种形式；标准号中的顺序号及年号的形式与我国基本相同。国际标准ISO代号及混合格式为ISO+标准号+［杠+分标准号］+冒号+发布年号（方括号中内容可有可无），例如，ISO 8402：1987和ISO 9000-1：1994分别是ISO标准的编号。

（二）中国国家标准代号及编号

中国标准的编号由标准代号、标准发布顺序号和标准发布年代号构成。国家标准的代号由大写汉字拼音字母构成，强制性国家标准代号为GB，推荐性国家标准的代号为GB/T。

行业标准代号由汉语拼音大写字母组成，再加上“/T”组成推荐性行业标准，如××/T。行业标准代号由国务院各有关行政主管部门提出其所管理的行业标准范围的申请报告，国务院标准化行政主管部门审查确定并正式公布该行业标准代号。已经正式发布的行业代号有FZ

（纺织）、QJ（航天）、SJ（电子）、JB（金融系统）等。

地方标准代号由大写汉语拼音 DB 加上省、自治区、直辖市行政区划代码的前面两位数字（北京市 11、天津市 12、上海市 13 等），再加上“/T”组成推荐性地方标准（DB ×××/T），不加“/T”为强制性地方标准（DB ×××）。

企业标准的代号由汉字大写拼音字母 Q 加斜线再加企业代号组成（Q/×××），企业代号可用大写拼音字母或阿拉伯数字或者两者兼用所组成。

例：中国国家标准编号为：

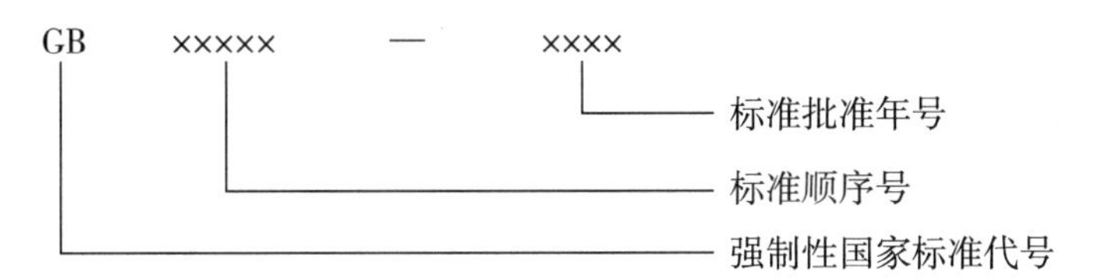

纺织行业标准编号为：

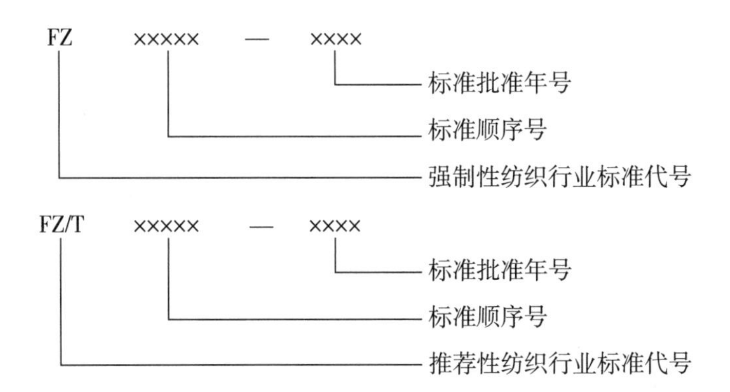

三、纺织标准的内容

任何一项标准所包括的内容都是根据标准化对象和制定标准的目的来确定的。纺织标准主要由四部分组成：概述部分、一般部分、技术部分和补充部分，其中一般部分和技术部分合称主体部分，见表 3-1。

表 3-1 纺织标准的组成

组成部分		要素
概述部分		封面和首页
		目次
		前言
		引言
主体部分	一般部分	技术标准的名称
		技术标准的范围
		引用标准

续表

组成部分		要素
主体部分	技术部分	定义
		符号和缩略语
		要求
		抽样
		试验方法
		分类与命名
		标志、包装、运输、储存
		标准的附录
补充部分		提示的附录
		脚注
		正文中的注释表注和图注

（一）标准的概述部分

国家标准和行业标准的封面和首页应包括：编号、名称、批准和发布部门、批准和发布及实施日期内容，其编写格式应符合 GB/T 1.2—2020《标准化工作导则　第 2 部分：以 ISO/IEC 标准化文件为基础的标准化文件起草规则》的具体规定，其余标准号照此执行。当标准的内容较长、结构较复杂、条文较多时，应编写目次，写出条文主要划分单元和附录的编号、标题和所在页码。

前言是每项技术标准都应编写的内容，包括：

（1）基本部分。主要提供有关该项技术标准的一般信息。

（2）专用部分。说明采用国际标准的程度，废除和代替的其他文件，重要技术内容的有关情况，与其他文件的关系，实施过渡期的要求以及附录的性质等。

引言主要用于提供有关技术标准内容和制定原因的特殊信息或说明，它不包括任何具体要求。

（二）标准的一般部分

这一部分主要对技术标准的内容作一般性介绍，它包括：标准的名称、范围、引用标准等内容。

技术标准的名称应简短而明确地反映出标准化对象的主题，但又能与其他标准相区别。因此，技术标准的名称一般由标准化对象的名称和所规定的技术特征两部分组成，如果这两部分比较简短，连起来也通顺时，可以写成一行，如“纺织品白度的仪器评定方法”，如果连起来写不通顺时，可在两者之间空一个字，如“纺织品耐光色牢度试验方法　日光”，在封面和首页可将它们写成两行。

技术标准的范围用于说明一项技术标准的对象与主题、内容范围和适用的领域，其中不包括任何要求，也不要与名称重复，但它与名称和技术标准的内容是一致的。

引用标准则主要列出一项技术标准正文中所引用的其他标准文件的编号和名称。凡列入这一部分的文件，其中被引用的章条，由于引用而构成了该项技术标准的一个组成部分，在实施中具有同等约束力，必须同时执行，并且要以注明年号的版本为准。

（三）标准的技术部分

标准的技术部分是标准的主体，是标准要规定的实质性内容。主要包括：定义、符号和缩略语、要求、抽样、试验方法、分类与命名、标志、包装、运输、储存、标志附录等。

1. 定义

技术标准中采用的名词、术语尚无统一规定时，应在该标准中作出定义和说明。名词、术语也可以单独制定标准，如 FZ/T 80003—2006《纺织品与服装　缝纫型式　分类和术语》。

2. 符号和缩略语

技术标准中的某些符号和缩略语，可以列出它们的一览表，并对所列符号和缩略语的功能、意义、具体使用场合给出必要的说明，便于读者理解。

3. 要求

产品的技术要求主要是为了满足使用要求而必须具备的技术性能、指标、表面处理等质量要求。纺织标准所规定的技术要求必须是可以测定和鉴定的，其主要内容包括：质量等级、物理性能、机械性能、化学性能、使用特性、稳定性，表面质量和内在质量，关于防护、卫生和安全的要求，工艺要求，质量保证以及其他必须规定的要求（如对某些化学物质含量的规定）。

4. 抽样

这部分内容可以放在试验方法部分的开头，而不单列。抽样内容用于规定进行抽样的条件、抽样的方法、样品的保存方法等必须列示的内容。

5. 试验方法

试验方法主要给出测定特性值或检查是否符合规定要求以及保证所测定结果再现性的各种程序细则。必要时，还应明确所做试验是型式（定型或鉴定）试验、常规试验，还是抽样检验（可根据产品要求规定来确定）。试验方法的内容主要包括：试验原理，试样的采取或制备，试剂或试样，试验用仪器和设备，试验条件，试验步骤，试验结果的计算，分析和评定，试验记录和试验报告的内容等。试验方法也可以单独立为一项标准，即方法标准。

6. 分类与命名

分类与命名这部分可以与要求部分合在一起。分类与命名部分是为符合所规定特性要求的产品、加工或服务而制定一个分类、命名或编号的规则。对产品而言，就是要对有关产品总体安排的种类、型式、尺寸或参数系列等作出统一规定，并给出产品分类后具体产品的表示方法。

7. 标志、包装、运输及储存

在纺织产品标准中，可以对产品的标志、包装、运输和储存作出统一规定，以使产品从出厂到交付使用过程中产品质量能得到充分保证，符合规定的贸易条件，这部分内容可以单独制定标准。

（1）标志。包括在产品及其包装上标志的位置、制作标志的方法、标志的内容等。标志又分产品标志和产品外包装标志两种：产品标志包括产品名称、制造厂名称、产品的型式和代号、产品等级、产品标准号、出厂日期、批号、检验员印章等内容以及标志的位置及制作方法（如挂金属、塑料或纸牌、打钢印、铸型；侵蚀和盖章铅封、烫匹头印等）；产品外包装标志包括制造厂商、产品名称、型号、数量、净重、等级、毛重以及储运指示标志（如“轻放”“不许倒置”“勿受潮湿”和“危险品”标志等）。

（2）包装。它是对纺织品包装方面提出的要求和规定，最大限度地保证纺织品质量在储运过程中不受损失，主要内容包括包装材料、包装方式和包装的技术要求（如纺织品的防霉、防蛀、防潮、防水、防晒等方面的要求）以及包装的检验方法、随同产品供应的技术文件（如装箱清单、产品质量合格证和产品使用说明书等）。

（3）运输。纺织产品标准对运输方面的技术规定包括运输工具、运输条件以及其他运输过程中应注意的事项（如运输工具的清洁状况，温度、湿度方面的要求，不得随意抛弃，小心轻放、不得倒置等）。

（4）储存。这部分内容主要对产品储存地点、储存条件和储存期限以及长期储存中应检验的项目等技术要求作出规定。

8. 标准的附录

标准中的附录包括标准的附录和提示的附录两种不同性质的附录。标准的附录是标准不可分割的一部分，它与标准正文一样，具有同等效力，为使用方便而放在技术部分的最后。采用这一形式的目的是为了保证正文主题突出，避免个别条文的臃肿，但尽可能少用，而是将有关内容编入正文之中。

（四）标准的补充部分

标志的补充部分主要由四部分组成：提示的附录、脚注、正文中的注释、表注和图注。

1. 提示的附录

提示的附录是指用来给出附加信息，帮助理解标准内容，以便正确掌握和使用标准的可供参考的附录。它不是标准正文的组成部分，不包含任何要求，也不具有标准正文的效力。提示的附录只提供理解标准内容的信息，帮助读者正确掌握和使用标准。

2. 脚注

脚注可提供理解条纹所必要的附加信息和资料，不包含任何要求，而不是正式规定。它的使用应控制在最低限度。

3. 正文中的注释

正文中的注释用来提供理解条文所必要的附加信息和资料，它不包含任何要求。

4. 表注和图注

表注和图注属于标准正文的内容，它与脚注和正文中的注释不同，是可以包含要求的。

第三节　纺织标准在纺织品检验中的作用

纺织标准是企业组织生产、质量管理、贸易（交货）和技术交流的重要依据，同时也是实施产品质量仲裁、质量监督检查的依据。对于纺织品技术规格、性能要求的具体内容和达到的质量水平，以及这些技术规格和性能的检验、测试方法都是根据有关标准确定的，或是由贸易双方按协议规定的。纺织标准作为纺织品检验的依据，应具有合理性和科学性，是工贸双方都可以接受的。首先，纺织产品标准是对纺织品的品种、规格、品质、等级、运输和包装以及安全性、卫生性等技术要求的统一规定。其次，纺织方法标准是对各项技术要求的检验方法、验收规则的统一规定。准确运用纺织标准可以对纺织品的质量属性作出全面、客观、公正、科学的判定。

课后思考题

1. 按纺织标准的制定主体、约束力、性质如何分类？

2. 名词解释：国际标准、区域标准、国家标准、地方标准、团体标准、行业标准、企业标准。

3. 简述我国标准体系构成及标准之间的关系。

4. 简述纺织标准的组成部分以及各部分具体内容。

5. 说明纺织标准在纺织品检验中的作用。

第四章　国际标准

第一节　国际标准的概念及采用

一、国际标准的概念及作用

国际标准化组织（ISO）/国际电工委员会（IEC）公布的国际标准定义是：国际标准是由国际标准化机构所制定的标准，国际标准化机构是由ISO、IEC以及由ISO公布的其他国际标准化组织构成。目前，国际电信联盟（ITU）制定的标准，以及国际标准化组织确认并公布的其他国际组织制定的标准也属于国际标准范畴。

（一）国际标准化机构

国际标准化组织（ISO）和国际电工委员会（IEC）是两个最大的国际标准化机构。国际标准化组织（ISO）正式成立于1947年2月，我国是创始成员国之一，由于历史原因，我国于1978年成为正式成员。ISO是世界上最大的和最具权威的标准化机构，它是一个非政府性的国际组织，总部设在日内瓦。国际标准化组织的主要任务是：制定国际标准，协调世界范围内的标准化工作，组织各成员国和技术委员会进行信息交流。ISO的工作领域很广泛，除电工、电子以外涉及其他所有学科，ISO的技术工作由各技术组织承担，按专业性质设立技术委员会（TC），各技术委员会又可以根据需要设立若干分技术委员会（SC），TC和SC的成员分参加成员（P成员）和观察成员（O成员）两种。在ISO下设的167各技术委员会中，明确活动范围属于纺织服装行业的有3个。国际电工委员会（IEC）发布的主要是电工、电子领域的国际标准。ISO和IEC共同担负着推进国际标准化活动、制定国际标准的任务。

1. 国际标准化组织（ISO）

在ISO下设的167个技术委员会中，明确活动范围属于纺织行业的有3个。

（1）ISO/TC 38纺织品技术委员会　创建于1947年，截至1993年底拥有32个参加成员（P成员）和37个观察成员（成员）。长期以来，ISO/TC 38的秘书处工作一直由英国标准协会（BSI）负责。2007年9月，经ISO批准，由阳光集团代表中国承担了ISO/TC 38国际秘书处工作，中国纺织科学研究院有限公司标准所是ISO/TC 38国际秘书处的技术支撑单位。

ISO/TC 38的工作范围：制定纤维、纱线、绳索、织物及其他纺织材料、纺织产品的试验方法标准及有关术语和定义；制定纺织产品标准；不包括现有的或即将成立的ISO其他技术委员会工作范围以及纺织加工及测试所使用的原料、辅助材料、化学药品的标准化。

ISO/TC 38 现有 10 个分技术委员会（SC），下属 52 个工作组（WG）。部分分技术委员会和直属工作组的名称分别是：SC1 有色纺织品和染料试验，SC2 清洁、整理和防水试验，SC5 纱线试验，SC6 纤维试验，SC11 纺织品和服装的保管标记，SC12 纺织地板覆盖物；SC19 纺织品和纺织制品的燃烧性能，SC20 织物名称，SC21 土工布，SC22 产品规格，WG9 非织造布，WG12 帐篷用织物，WG13 试验用标准大气和调湿，WG14 化学纤维的一般术语，WG15 起毛起球，WG16 耐磨性和接缝滑移，WG17 纺织品的生理特性，WG18 服装用机织物的低应力、机械和物理性能。

（2）ISO/TC 72 纺织机械及附件技术委员会，秘书国是瑞士。我国是 ISO/TC 72 及 7 个分技术委员会的参加成员，有权利和义务对其管理的所有国际标准阶段文件进行投票表决，并由中国纺织机械（集团）有限公司负责 ISO/TC 72 的技术归口工作。

ISO/TC 72 的工作范围：制定纺织机械及有关设备器材配件等纺织附件的有关标准。ISO/TC 72 下设四个分委员会：SC1 前纺、精纺及捻线机械，SC2 卷绕及织造准备机械，SC3 织造机械，SC4 染整机械及有关机械和附件。

目前，ISO/TC 72 国际标准主要由发达国家提出并负责起草制定，没有整机标准，以器材、零部件标准为主，包括术语、定义标准，为提高零部件互换性的产品尺寸标准（器材占多数）；为方便不同机器间物料传送的产品结构标准（如条筒、筒管、经轴等）；保护人与机器之间交流和安全的安全要求、图形符号；统一鉴别产品优劣的方法标准（如噪声测试规范、经轴盘片分等、加工油剂对机器零部件的防腐性能测定）等。

（3）ISO/TC 133 服装的尺寸系列和代号技术委员会，秘书处工作由南非国家标准局（SABS）负责。我国服装标准化技术委员会秘书处设在上海市服装研究所，承担 ISO/TC 133 的国内技术归口工作。

ISO/TC 133 的工作范围：在人体测量的基础上，通过规定一种或多种服装尺寸系列，实现服装尺寸的标准化。服装号型系列是按人体体型规律设置分档号型系列的标准，为服装设计提供了科学依据，有利于成衣的生产和销售，依据这一标准设计、生产的服装，称为“号型服装”。标志方法是“号/型”、“号”表示人体总高度，“型”表示净体胸围或腰围，都以厘米数表示，我国现行的服装号型标准与国际标准基本接近。

2. 国际电工委员会（IEC）

1906 年 6 月，在英国伦敦正式成立了国际电工委员会（IEC），是世界上成立最早的国际标准化组织，总部设在日内瓦。我国于 1957 年 8 月正式加入 IEC。

IEC 的宗旨是促进电气、电子工程领域中标准化及有关方面问题的国际合作，增进国际了解。工作领域主要包括电力、电子、电信和原子能方面电工技术等，主要成果是制定 IEC 国际标准和出版多种出版物。

目前，IEC 已经成立了 83 个技术委员会、1 个无线电干扰特别委员会（CISPR）、1 个 IEC/ISO 联合技术委员会（JTCI）、118 个分技术委员会和 700 个工作组。

（二）国际标准的作用

国际标准的作用主要体现在三个方面：一是有利于消除国际贸易中的技术壁垒，促进贸易自由化；二是有利于促进科学技术进步，提高产品质量和效益；三是有利于促进国际技术交流与合作。国际标准在世界范围内统一使用，这些国际组织制定的标准化文献主要包括国际标准、国际建议、国际公约、国际公约的技术附录和国际代码，以及经各国政府认可的强制性要求。国际标准对国际贸易和信息交流具有重要影响。

二、国际标准的采用

（一）采用国际标准的意义

1. 发展国际贸易和技术交往的需要

进入 21 世纪后，国际贸易发展迅猛，市场竞争十分激烈，阻碍国际贸易发展的因素不单纯是关税壁垒和贸易管制措施，而转为规格标准、安全标准、环境标准、质量认证等技术"壁垒"。积极采用国际标准，有利于消除国际贸易中的技术壁垒，扩大出口，促进国际贸易的发展。

1979 年 GATT 通过的《标准守则》规定：参加国应保证技术规程和标准的拟定、采用和应用，不是为了在国际贸易中制造障碍。采用国际标准可以减少乃至消除因各国标准上的差异而形成技术性的贸易壁垒。另外，国际科技交流与合作也日益频繁，标准作为技术的桥梁和合作手段，也日益受到人们高度重视。积极采用国际标准已成为世界各国标准化发展的总趋势。

2. 有利于促进技术进步，提高产品质量

标准往往是各种复杂技术的综合，包含着大量的科技成果和先进经验，是国际先进技术的缩影。国际标准能够反映出某一时期世界范围内某一领域的科技先进水平，代表了世界工业发达国家的一般水平。积极采用国际标准，可以引进先进的技术和科研成果，这对于我国纺织工业的技术创新、技术升级和新产品开发都具有积极意义，同时也有利于提高我国产品质量档次，争创国际品牌，与国际市场接轨，促进我国纺织工业技术的全面进步。

3. 有利于提高我国标准的技术水平

国际标准的科学性、先进性和权威性是被公认的，国际标准具有普遍的推广应用价值。对于国际标准必须要"认真研究、积极采用、区别对待"，从国内实际情况出发，根据实际需要和实施的可能性，积极采用国际标准，在弥补我国标准某些不足的同时，进一步提高我国标准的技术水平，健全我国的标准体系。

（二）采用程度和表示方法

根据我国《采用国际标准和国外先进标准管理办法》第三章第十一条规定：我国标准采用国际标准或国外先进标准的程度，分为等同采用、等效采用和非等效采用。

等同采用指技术内容相同，没有或仅有编辑性修改，编写方法完全相对应。符号"≡"，缩写字母 idt 或 IDT。等效采用指主要技术内容相同，技术上只有很小差异，编写方法不完全相对应。符号"="，缩写字母 eqv 或 EQV。非等效采用指技术内容有重大差异。符号"≠"，缩写字母 neq 或 NEQ。具体的程度差别见表 4-1。

表 4-1 国家标准化文件与 ISO/IEC 标准化文件一致性程度差别

采用程度	等同	等效	非等效
说明	文本结构相同、技术内容相同、最小限度的编辑性改动	结构调整，并且清楚地说明了这些调整；或技术差异，并且清楚地说明了这些差异及其产生的原因，可包含编辑性改动	结构调整，并且没有清楚地说明这些调整；或技术差异，并且没有清楚地说明这些差异及其产生的原因；或只保留了数量较少或重要性较小的 ISO/IEC 标准化文件
标识	IDT	EQV	NEQ
双编号	国家标准文件编号/对应的 ISO/IEC 标准化文件编号	禁止使用	禁止使用

（三）我国实施采用国际标准标志产品

为了加快我国的产品标准化步伐，与国际标准化发展趋势相适应，提高我国产品在国际市场上的竞争能力，国家技术监督局分三批公布了《实施采用国际标准标志产品及相应标准目录》，纺织部分已有棉、毛、丝、麻、针织、化纤、巾被、线带、服装 9 大类 72 项被列入其中。

中共中央、国务院印发了《国家标准化发展纲要》，并发出通知，要求各地区各部门结合实际认真贯彻落实。到 2025 年，实现标准供给由政府主导向政府与市场并重转变，标准运用由产业与贸易为主向经济社会全域转变，标准化工作由国内驱动向国内国际相互促进转变，标准化发展由数量规模型向质量效益型转变。标准化更加有效推动国家综合竞争力提升，促进经济社会高质量发展，在构建新发展格局中发挥更大作用。随着标准化国际合作深入拓展，互利共赢的国际标准化合作伙伴关系更加密切，标准化人员往来和技术合作日益加强，标准信息更大范围实现互联共享，我国标准制定透明度和国际化环境持续优化，国家标准与国际标准关键技术指标的一致性程度大幅提升，国际标准转化率达到 85%以上。

第二节 国际标准的制定流程

ISO 和 IEC 标准的制定程序十分严格和复杂，从 1990 年起，根据 ISO 和 IEC 统一的导则，包括“技术工作程序”“标准制定方法”和“标准的起草与表述规则”，按统一的程序和方法制定国际标准。必要时，为了加快国际标准的制定速度，还规定了变通的程序。国际标准的制定程序见表 4-2。制定国际标准的正常程序分为五个阶段：即建议阶段、准备阶段、委员会阶段、批准阶段和出版阶段。

一、建议阶段

建议阶段即为确定新工作项目（NWI）阶段。

二、准备阶段

准备阶段即为工作组（WG）起草工作草案（WD）阶段，确定项目负责人，由 WG 起草并通过 WD 之后转入下一阶段。

三、委员会阶段

委员会阶段即为在 TC 或 SC 中进行讨论阶段。

四、批准阶段

转入此阶段的委员会草案 CD 由 ISO 中央秘书处或 IEC 中央办公厅以国际标准草案（DIS）名义，分发给全体成员国，在 6 个月内投票表决。各成员国投票时，必须表明是赞成、反对或弃权。投赞成票者，可附编辑性意见；投反对票者必须说明技术性理由。

五、出版阶段

批准的 ISO 和 IEC 标准正式出版。

国际标准制定程序见表 4-2。

表 4-2　国际标准制定程序

阶段	正常程序	提建议时附有草案	采用现成标准	省略委员会阶段	省略批准阶段
建议阶段	接受建议	接受建议	接受建议	接受建议	接受建议
准备阶段	准备 WD			准备供批准备草案	准备草案
委员会阶段	制定和接受 CD	制定和接受 CD			制定和接受 CD
批准阶段	批准 DIS	批准 DIS	批准 DIS	批准 DIS	
出版阶段	出版国际标准	出版国际标准	出版国际标准	出版技术发展趋向文件	出版技术报告

第三节　获取国际标准的途径

一、ISO 标准

（一）ISO 标准的手工检索

《国际标准目录》每年出版一次，由每年 2 月出版，报道上一年 12 月底为止的全部现行标准。目录的正文部分是分类目录，其分类号均冠以“TC”字母代号。每条标准的著录项目包括标准号、版页数、英文篇名和法文篇名，检索途径：主题途径检索、标准号途径检索以及分类途径检索。此外，该目录还有中译本，由中国标准出版社翻译出版，其著录项目有标准号和标准名称。《国际标准草案目录》（*ISO Draft International Standards*）主要用于检索标准草案。

（二）ISO 标准的网络检索

ISO 的网址为 http://www. iso. ch。该主页提供以下主要超链接：ISO 介绍，ISO 各国成员，ISO 技术工作，标准和世界贸易，ISO 分类，ISO 9000 和 ISO 14000，新闻，世界标准服务网络，ISO 服务等。仅能看摘要信息，全文收费。具体操作方法如图 4-1 所示。

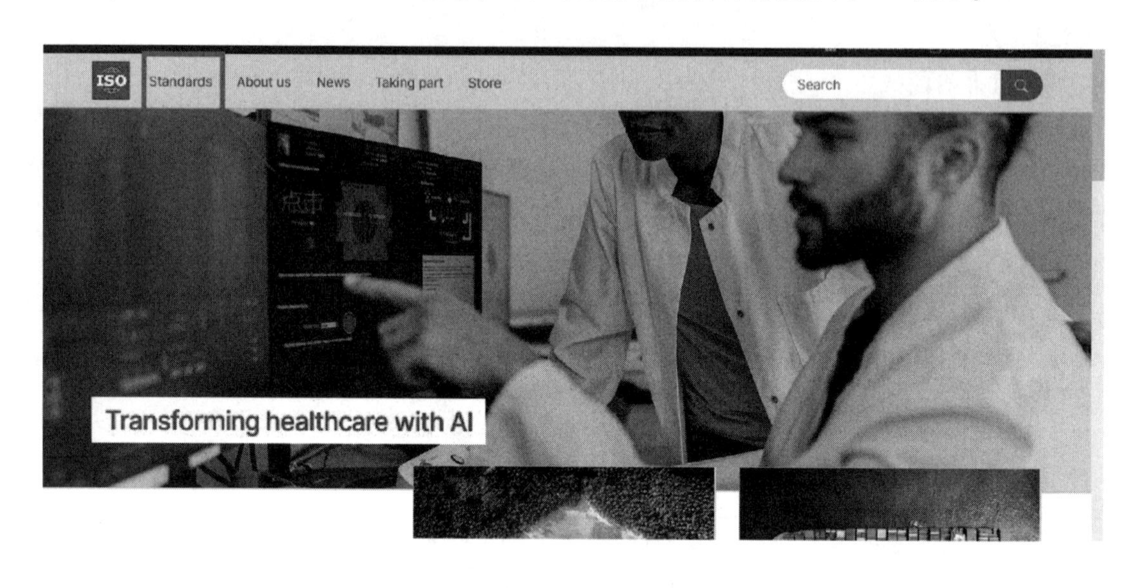

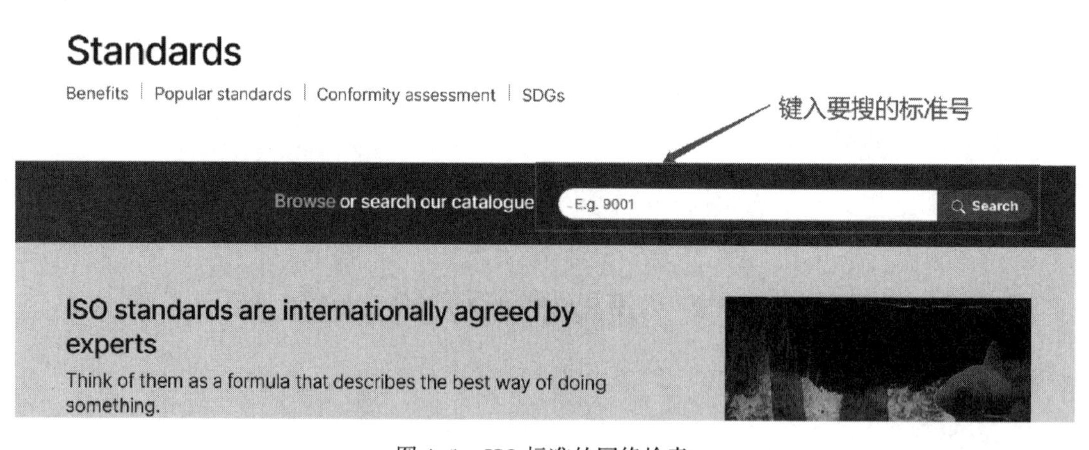

图 4-1　ISO 标准的网络检索

二、IEC 标准

（一）IEC 标准的手工检索

《国际电工委员会出版物目录》（*Catalogue of IEC Publications*），该目录的正文部分是

“IEC 出版物序号表”（Numerical List of IEC Publications），按 IEC 出版物序号编排，每条标准均列出 IEC 标准序号、标准名称、所属技术委员会的 TC 号和内容简介。正文后附有主题索引。

《国际电工委员会年鉴》（*IEC Yearbook*），该年鉴实际上是 IEC 标准的分类目录，按 TC 号大小顺序排列，每条标准著录标准号、制（修）定年份和标准名称，无内容简介。

（二）IEC 标准的网络检索

IEC 标准网站网址为 http://www. iec. ch。

三、常见各国/地方标准

常见各国/地方标准见表 4-3。

表 4-3　常见各国/地方标准

代码	各国/地方标准	代码	各国/地方标准
GB	中国国家标准	FZ	中国纺织行业标准
QB	中国轻工行业标准	HG	中国化工行业标准
JJF	中国国家计量技术规范	CNS	中国台湾地区标准
ISO	国际标准化组织标准	EN	欧洲标准（含欧洲协调标准与欧洲指令）
JIS	日本工业标准	ASTM	美国材料与试验协会标准
AATCC	美国纺织化学家与印染家协会标准	DIN	德国国家标准学会标准
BS	英国标准学会标准	AS	澳大利亚国家标准
CAN	加拿大国家标准	KS	韩国标准

课后思考题

1. 简述国际标准的定义和范围。
2. 说明国际标准制定的流程。

第五章　纺织纤维及纱线的质量检测

第一节　纺织纤维的质量检测

一、纺织纤维的定义及分类

纺织纤维是构成纺织品的基本单元，纤维的来源、形态与结构直接影响纤维本身的实用价值和商业价值以及纱线和织物等纤维集合体的性能。以细而长为特征，直径为几微米或几十微米，长度比直径大得多（约 103 倍以上）的物质，称为纤维。用于纺织加工且具有一定的物理、化学、生物特性并能满足纺织加工和人类使用需求的纤维为纺织纤维。

纺织纤维的分类方法很多，可按来源、化学组成、纤维形态、纤维性能特征等进行。分类方法不同，纤维名称类别不同。

（一）按纤维来源和化学组成分类

按纤维来源和化学组成，纺织纤维可分为天然纤维与化学纤维两大类，见表 5-1。英美习惯分为天然纤维、人造纤维和合成纤维三大类。

表 5-1　纺织纤维的分类

<table>
<tr><td rowspan="7">天然纤维</td><td rowspan="4">植物纤维</td><td>种子纤维：棉、木棉、彩色棉等</td></tr>
<tr><td>果实纤维：椰壳纤维</td></tr>
<tr><td>韧皮（茎）纤维：苎麻、亚麻、大麻、荨麻、罗布麻等</td></tr>
<tr><td>叶纤维：剑麻、蕉麻、菠萝麻、马尼拉麻等</td></tr>
<tr><td rowspan="2">动物纤维</td><td>毛发纤维：绵羊毛、山羊绒、马海毛、兔毛、牦牛绒、羊驼毛等</td></tr>
<tr><td>丝（腺分泌物）纤维：桑蚕丝、柞蚕丝等</td></tr>
<tr><td>矿物纤维</td><td>石棉等</td></tr>
<tr><td rowspan="4">化学纤维</td><td rowspan="2">再生纤维</td><td>再生纤维素纤维：黏胶纤维、铜氨纤维、天丝（Tencel）、莫代尔（Modal）、竹浆纤维、醋酯纤维等</td></tr>
<tr><td>再生蛋白质纤维：酪素（牛奶）纤维、大豆纤维、花生纤维、仿蜘蛛丝纤维等</td></tr>
<tr><td>合成纤维</td><td>聚酯纤维、聚酰胺纤维（锦纶）、聚丙烯腈纤维（腈纶）、聚乙烯缩甲醛纤维（维纶）、聚丙烯纤维（丙纶）、聚氨酯纤维（氨纶）等</td></tr>
<tr><td>无机纤维</td><td>玻璃纤维、金属纤维、岩石纤维、矿渣纤维等</td></tr>
</table>

1. 天然纤维

（1）植物纤维。植物纤维是从植物中取得的纤维的总称，其主要化学组成为纤维素，又称为天然纤维素纤维。根据纤维在植物上的生长部位不同，分为种子纤维、茎纤维、叶纤维和果实纤维四种。

（2）动物纤维。动物纤维是从动物身上的毛发或分泌物中取得的纤维，其主要组成物质为蛋白质，又称其为天然蛋白质纤维。

（3）矿物纤维。矿物纤维是从纤维状结构的矿物岩石中取得的纤维，主要组成物质是各种氧化物，如二氧化硅、氧化铝、氧化镁等，是无机物，属天然无机纤维，如石棉。

2. 化学纤维

以天然的、合成的高聚物以及无机物为原料，经人工的机械、物理和化学方法制成的纤维称为化学纤维。按原料、加工方法和组成成分不同，可分为再生（人造）纤维、合成纤维和无机纤维。

（1）再生纤维。再生纤维是以天然高聚物为原料、以化学和机械方法制成的、化学组成与原高聚物基本相同的化学纤维。根据其原料成分，分为再生纤维素纤维和再生蛋白质纤维。再生纤维素纤维是以木材、棉短绒、甘蔗渣等纤维素为原料制成的再生纤维。再生蛋白质纤维是以酪素、大豆、花生、牛奶等天然蛋白质为原料制成的再生纤维，它们的物理、化学性能与天然蛋白质纤维类似，主要有大豆纤维和牛奶纤维。

（2）合成纤维。合成纤维是以石油、煤、天然气及一些农副产品等低分子化合物为原料，经人工合成高聚物再纺丝而制成的化学纤维。

（3）无机纤维。无机纤维是以无机物为原料制成的化学纤维。

（二）按纤维形态分类

1. 按纤维长短分类

按纤维长短可分为短纤维和长丝。

（1）短纤维。短纤维是指长度为几十毫米到几百毫米的纤维，如天然纤维中的棉、麻、毛和化学纤维中的切断纤维。

（2）长丝。长丝是指长度很长（几百米到几千米）的纤维，不需要纺纱即可形成纱线，如天然纤维中的蚕丝、化学纤维中未切断的长丝。

2. 按纤维横向形态分类

（1）薄膜纤维。薄膜纤维是由高聚物薄膜经纵向拉伸、撕裂、原纤化或切割后拉伸而制成的化学纤维。

（2）异形纤维。异形纤维是通过非圆形的喷丝孔加工的，具有非圆形横截面形状的化学纤维。

（3）中空纤维。中空纤维是通过特殊喷丝孔加工的在纤维轴向中心具有连续管状空腔的化学纤维。

（4）复合纤维。复合纤维是由两种及两种以上聚合物或具有不同性质的同一类聚合物经复合纺丝法制成的化学纤维。

(5) 超细纤维。超细纤维是指比常规纤维细度细得多(0.4dtex以下)的化学纤维。

(三) 按纤维性能特征分类

1. 普通纤维

普通纤维是应用历史悠久的天然纤维和常用的化学纤维的统称，在性能表现、用途范围上为大众所熟知，且价格便宜。

2. 差别化纤维

差别化纤维属于化学纤维，在性能和形态上区别于普通纤维，是通过物理或化学的改性处理，使其性能得以增强或改善的纤维，主要表现在对织物手感、服用性能、外观保持性、舒适性及化纤仿真等方面的改善。如阳离子可染涤纶，超细、异形、异收缩纤维，高吸湿、抗静电纤维，抗起球纤维等。

3. 功能性纤维

功能性纤维指在某一或某些性能上表现突出的纤维，主要指具有热、光、电的阻隔与传导功能以及过滤、渗透、离子交换、吸附、安全、卫生、舒适等特殊功能及特殊应用的纤维。需要说明的是，随着生产技术和商品需求的不断发展，差别化纤维和功能性纤维出现了复合与交叠的现象，界限渐渐模糊。

4. 高性能纤维(特种功能纤维)

高性能纤维是用特殊工艺加工的具有特殊或特别优异性能的纤维。如超高强度、超高模量以及耐高温、耐腐蚀、高阻燃。对位或间位的芳纶、碳纤维、聚四氟乙烯纤维、陶瓷纤维、碳化硅纤维、聚苯并咪唑纤维、高强聚乙烯纤维、金属(金、银、铜、镍、不锈钢等)纤维等均属此类。

5. 环保纤维(生态纤维)

环保纤维是一种新概念的纤维类属。笼统来讲，就是天然纤维、再生纤维和可降解纤维的统称。传统的天然纤维属于此类，但是更强调纺织加工中对化学处理的要求，如天然彩色棉花、彩色羊毛、彩色蚕丝制品无须染色；对再生纤维，则主要指以纺丝加工时对环境污染的降低以及对天然资源的有效利用为特征的纤维，如天丝纤维、莫代尔纤维、大豆纤维、甲壳素纤维等。

二、纤维的定性鉴别

纺织纤维品种众多，性状各异，认识纤维是更好地鉴别纤维和使用纤维的基础。纤维的鉴别就是要根据纤维外观形态(长度、细度及其离散度，纤维的纵、横向形态特征等)、色泽、含杂及化学组成的不同，通过手感目测、显微放大观察、在火焰中的燃烧特征及对某些化学试剂的溶解特性等来识别纺织工业中各种常用的纤维。

(一) 手感目测法

手感目测法主要是通过眼看、手摸、耳听来鉴别纤维的一种方法。原理是根据各种纤维的外观形态、颜色、光泽、长短、粗细、强力、刚柔性、弹性、冷暖感和含杂等情况，依靠人的感觉器官来定性地鉴别纺织纤维。此法适用于鉴别呈离散纤维状态的单一品种的纺织原料，特别适合于鉴别各类天然纤维。这是最简单、快捷且成本最低的纤维鉴别方法之一，不受场地和条件的影响，但需要检验者有一定的实际经验。各种纺织纤维的感官特征可参见表 5-2。

表 5-2　各种纺织纤维的感官特征

纤维种类		感官特征
天然纤维	棉	纤维短而细，有天然转曲，无光泽，有棉结和杂质，手感柔软，弹性较差，湿水后的强度高于干燥时的强度，伸长度较小
	麻	纤维较粗硬，常因存在胶质而呈小束状（非单纤维状），纤维比棉长，但比羊毛短，长度差异大于棉，略有天然丝般光泽，纤维较平直，弹性较差，伸长度较小
	羊毛	纤维长度较棉和麻长，有明显的天然卷曲，光泽柔和，手感柔软，温暖、蓬松，极富弹性，强度较低，伸长度较大
	羊绒	纤维极细软，长度较羊毛短，纤维轻柔、温暖，强度、弹性、伸长度优于羊毛，光泽柔和
	兔毛	纤维长，轻、软、净、蓬松、温暖，表面光滑，卷曲少，强度较低
	马海毛	纤维长而硬，光泽明亮，表面光滑，卷曲不明显，强度高
	蚕丝	天然纤维中唯一的长丝，光泽明亮，纤维纤细、光滑、平直，手感柔软，富有弹性，有凉爽感，强度较高，伸长度适中
化学纤维	黏胶纤维	纤维柔软但缺乏弹性，有长丝和短纤维之分，短纤维长度整齐，色泽明亮，稍有刺目感，消光后光泽较柔和，纤维外观有平直光滑的，也有卷曲蓬松的，强度较低，特别是润湿后强度下降明显，伸长度适中
	合成纤维	纤维的长度、细度、光泽及曲直等可人为设定，一般强度高，弹性较好，但不够柔软，伸长度适中，弹力丝的伸长度较大，短纤维的整齐度高，纤维端部切取平齐。锦纶的强度最高，弹性较好；腈纶蓬松、温暖，似羊毛；维纶的外观近似棉，但不如棉柔软；丙纶的强度较高，手感生硬；氨纶的弹性和伸长度最大

（二）显微镜观察法

显微镜观察法是纤维鉴别中广泛采用的方法之一，由于纤维直径通常为几微米至几十微米，用肉眼无法辨别纤维表面结构，利用显微镜放大原理，观察各种纤维的纵向和横截面形态特征，有效地区分纺织纤维种类。显微镜法适合于鉴别单一成分且有特殊形态结构的纤维，也可用于鉴别多种形态纤维混合而成的混纺产品。

显微镜有光学显微镜和电子显微镜两类，光学显微镜下只能清楚地观察大于 0.2μm 的结构，小于 0.2μm 的结构称为亚纤维结构或超微结构，要想看清这些更为细微的结构，就必须选择分辨率更高的电子显微镜，其分辨率目前可达 0.2nm，放大倍数可达 80 万倍。纺织材料鉴别中常用光学显微镜，放大 100~400 倍就能看清纤维的形态特征（纳米纤维除外）。

在显微镜下观察纤维的纵面和截面形态特征，首先要制作纵面和截面形态标本。纵面形态标本的制作比较容易，将纤维徒手整理后平直均匀地铺放在载玻片上，滴上一滴石蜡油或蒸馏水即可。截面形态标本的制作需借助切片器，切取厚度与纤维直径相当的一薄片纤维，难度较大，不易制取。表 5-3 中是各种纤维的纵横向形态特征。

表 5-3 各种纤维的纵横向形态特征

纤维名称	纵向形态特征	横截面形态特征
棉	扁平带状，稍有天然转曲	有中腔，呈不规则腰圆形
丝光棉	近似圆柱状，有光泽和缝隙	有中腔，近似圆形或不规则腰圆形
苎麻	纤维较粗，有长形条纹及竹状横节	腰圆形，有中腔，胞壁有裂纹
亚麻	纤维较细，有竹状横节	多边形，有中腔
汉麻（大麻）	纤维形态及直径差异很大，横节不明显	多边形、扁圆形、腰圆形等，有中腔
罗布麻	有光泽，横节不明显	多边形，腰圆形等
黄麻	有长形条纹，横节不明显	多边形，有中腔
竹纤维	纤维粗细不匀，有长形条纹及竹状横节	腰圆形，有中腔
桑蚕丝	有光泽，纤维直径及形态有差异	不规则三角形或多边形，角是圆的
柞蚕丝	扁平带状，有微细条纹	细长三角形，内部有毛细孔
羊毛	表面粗糙，鳞片大多呈环状或瓦状	圆形或近似圆形（椭圆形）
白羊绒	表面光滑，鳞片较薄且包覆较完整，鳞片大多呈环状，边缘光滑，间距较大，张角较小	圆形或近似圆形
紫羊绒	除具有白羊绒的形态特征外，有色斑	圆形或近似圆形，有色斑
兔毛	鳞片较小，与纤维纵向呈倾斜状，髓腔有单列、双列和多列	圆形、近似圆形或不规则四边形，有毛髓，有一个中腔；粗毛为腰圆形，有多个中腔
羊驼毛	鳞片有光泽，有些有通体或间断髓腔	圆形或近似圆形，有髓腔
马海毛	鳞片较大有光泽，直径较粗，有的有斑痕	圆形或近似圆形，有的有髓腔
驼绒	鳞片与纤维纵向呈倾斜状，有色斑	圆形或近似圆形，有色斑
牦牛绒	表面有光泽，鳞片较薄，有条纹及褐色色斑	椭圆形或近似圆形，有色斑
黏胶纤维	表面平滑，有清晰条纹	锯齿形，有皮芯结构
富强纤维	表面光滑	较少锯齿，圆形、椭圆形
莫代尔纤维	表面平滑，有沟槽	哑铃形
莱赛尔纤维	表面光滑，有光泽	圆形或近似圆形
铜氨纤维	表面光滑，有光泽	圆形或近似圆形
醋酯纤维	表面光滑，有沟槽	三叶形或不规则锯齿形

续表

纤维名称	纵向形态特征	横截面形态特征
牛奶蛋白改性聚丙烯腈纤维	表面光滑，有沟槽或微细条纹	圆形
大豆蛋白纤维	扁平带状，有沟槽或疤痕	腰子形（或哑铃形）
聚乳酸纤维	表面平滑，有的有小黑点	圆形或近似圆形
涤纶	表面平滑，有的有小黑点	圆形或近似圆形及各种异形截面
腈纶	表面平滑，有沟槽或条纹	圆形、哑铃形或叶状
变形腈纶	表面有条纹	不规则哑铃形、蚕茧形、土豆形等
锦纶	表面平滑，有的有小黑点	圆形或近似圆形及各种异形截面
维纶	扁平带状，有沟槽或疤痕	腰子形（或哑铃形）
氯纶	表面光滑，或有 1~2 条沟槽	圆形、蚕茧形
偏氯纶	表面光滑	圆形或近似圆形及各种异形截面
氨纶	表面光滑，有些呈骨形条纹	圆形或近似圆形
芳纶 1414	表面光滑，有的带疤痕	圆形或近似圆形

（三）燃烧法

燃烧法是根据纺织纤维在燃烧时因化学组成不同而显现出的火焰色泽、易燃程度、燃烧灰迹等的不同特征来定性区分纤维大类的简便方法。但此法难于区别同一化学组成的不同纤维，只适用于单一化学成分的纤维或纯纺纱线和织物。对于经防火、阻燃处理的纤维或混纺产品，不能用此法鉴别，微量纤维的燃烧现象也较难观察到。常见纤维的燃烧特征见表 5–4。

表 5–4　常见纤维的燃烧特征

纤维种类	燃烧状态			燃烧时的气味	残留物特征
	靠近火焰时	接触火焰时	离开火焰时		
棉	不熔不缩	立即燃烧	迅速燃烧	烧纸味	呈细而软的灰黑絮状
麻	不熔不缩	立即燃烧	迅速燃烧	烧纸味	呈细而软的灰白絮状
蚕丝	熔融卷曲	卷曲，熔融燃烧	燃烧缓慢，有时自灭	烧毛发味	呈细而软的灰黑絮状
动物毛（绒）	熔融卷曲	卷曲，熔融燃烧	燃烧缓慢，有时自灭	烧毛发味	呈细而软的灰黑絮状
竹纤维	不熔不缩	立即燃烧	迅速燃烧	烧纸味	呈细而软的灰黑絮状
黏胶纤维、铜氨纤维	不熔不缩	立即燃烧	迅速燃烧	烧纸味	呈少许灰白色灰烬
莱赛尔纤维、莫代尔纤维	不熔不缩	立即燃烧	迅速燃烧	烧纸味	呈细而软的灰黑絮状

续表

纤维种类	燃烧状态			燃烧时的气味	残留物特征
	靠近火焰时	接触火焰时	离开火焰时		
醋酯纤维	熔缩	熔融燃烧	熔融燃烧	醋味	呈硬而脆的不规则黑块
大豆蛋白纤维	熔缩	缓慢燃烧	继续燃烧	特异气味	呈黑色焦炭状硬块
牛奶蛋白改性纤维、聚丙烯腈纤维	熔缩	缓慢燃烧	继续燃烧，有时熄灭	烧毛发味	呈黑色焦炭状，易碎
聚乳酸纤维	熔融	熔融，缓慢燃烧	继续燃烧	特异气味	呈硬而黑的圆珠状
涤纶	熔缩	熔融燃烧，冒黑烟	继续燃烧，有时熄灭	有甜味	呈硬而黑的圆珠状
腈纶	熔缩	熔融燃烧	继续燃烧，冒黑烟	辛辣味	呈黑色不规则小珠，易碎
锦纶	熔缩	熔融燃烧	自灭	氨臭味	呈硬淡棕色透明圆珠状
维纶	熔缩	收缩燃烧	继续燃烧，冒黑烟	特有气味	呈不规则焦茶色硬块
氯纶	熔缩	熔融燃烧，冒黑烟	自灭	刺鼻气味	呈淡棕色硬块
偏氯纶	熔缩	熔融燃烧，冒烟	自灭	刺鼻药味	呈松而脆的黑色焦炭状
氨纶	熔缩	熔融燃烧	开始燃烧，后冒黑烟	特异气味	呈白色胶状
芳纶 1414	不熔不缩	燃烧，冒黑烟	自灭	特异气味	呈黑色絮状
乙纶	熔融	熔融燃烧	熔融燃烧，液态下落	石蜡味	呈灰白色蜡片状
丙纶	熔融	熔融燃烧	熔融燃烧，液态下落	石蜡味	呈灰色蜡片状
聚苯乙烯纤维	熔融	收缩燃烧	继续燃烧，冒黑烟	略有芳香味	呈黑而硬的小球状
碳纤维	不熔不缩	像铁丝一样发红	不燃烧	略有辛辣味	呈原有形状
金属纤维	不熔不缩	在火焰中燃烧，并发光	自灭	无味	呈硬块状
石棉纤维	不熔不缩	在火焰中发光，不燃烧	不燃烧，不变形	无味	不变形，纤维略变深
玻璃纤维	不熔不缩	变软，变红光	变硬，不燃烧	无味	变形，呈硬球状
酚醛纤维	不熔不缩	像铁丝一样发红	不燃烧	稍有刺激性焦味	呈黑色絮状
聚砜酰胺纤维	不熔不缩	卷曲燃烧	自灭	带有浆料味	呈不规则硬而脆的絮状

（四）化学溶解法

化学溶解法是利用各种纤维在不同化学溶剂中的溶解性能不同来鉴别纤维的方法，适用于各种纺织纤维，包括染色纤维或混合成分的纤维、纱线与织物。此外，化学溶解法广泛运用于分析混纺产品中的纤维含量。

由于溶剂的浓度和加热温度不同，纤维的溶解性能表现不一，因此使用化学溶解法鉴别纤维时，应严格控制溶剂的浓度和加热温度，同时要注意纤维在溶剂中的溶解速度。

化学溶解法鉴别的关键是要找到合适的化学溶剂，即不易挥发、无毒性、溶解时无剧烈放热，最好在常温或低于80℃时溶解纤维。常用纤维的溶解性能见表5-5。

表5-5　常用纤维的溶解性能

纤维类别	20%盐酸	37%盐酸	75%硫酸	5%氢氧化钠（煮沸）	1mol/L次氯酸钠	85%甲酸	间甲酚	二甲基甲酰胺
棉	I	I	S	I	I	I	I	I
麻	I	I	S	I	I	I	I	I
莱赛尔纤维	I	S	S	I	I	I	I	I
莫代尔纤维	I	S	S	I	I	I	I	I
黏胶纤维	I	S	S	I	I	I	I	I
羊毛	I	I	I	S_0	S	I	I	I
蚕丝	I	P	S_0	S_0	S	I	I	I
大豆蛋白纤维	P（沸S）	P（沸S）	P（沸S）	I	I（沸S）	I（沸S）	I	I
醋酯纤维	I	S	S_0	I	I	S_0	S	S
涤纶	I	I	I	I	I	I	S（加热）	I
锦纶	S	S_0	S	I	I	S_0	S（加热）	I
腈纶	I	I	I	I	I	I	I	S/P
丙纶	I	I	I	I	I	I	I	I
氨纶	I	I	S	I	I	I	S	I（沸S）
甲壳素纤维	I	P（沸S）	P（沸S）	I	I	I	I	I
牛奶蛋白纤维	I	I	S	I	I	I	I	I
聚乳酸纤维	I	I	P（沸S）	I	I	I	I	I
聚对苯二甲酸丙二醇酯纤维	I	I	P（沸S）	I	I	I	I	I

注　S_0—立即溶解；S—溶解；I—不溶解；P—部分溶解。

化学溶解法可与显微镜观察法、燃烧法综合运用，完成纺织纤维的定性鉴别。对于单一成分纤维，鉴别时可将少量试样放入试管中，滴入某种溶剂，摇动试管，观察纤维在试管中的溶解情况；对于某些纤维，需控制溶剂温度来观察其溶解状况。对于混合成分的纤维或很少数量的纤维，可在显微镜的载物台上放上具有凹面的载玻片，在凹面处放入试样，滴上某种溶剂，盖上盖玻片，在显微镜下直接观察其溶解状况，以判别纤维类别。

（五）着色法

着色法是根据纤维对某种化学药品着色性能的差异来迅速鉴别纤维的方法，适用于未染色的纤维、纯纺纱线和织物。国家标准规定的着色剂为 HI-1 号纤维着色剂，其他常用的还有碘—碘化钾（I_2-KI）饱和溶液和锡莱着色剂 A。

采用 HI-1 号纤维着色剂时，将 1g HI-1 号着色剂溶于 10mL 正丁醇和 90mL 蒸馏水中配成溶液，将试样浸入着色剂中沸染 1min，在冷水中清洗至无浮色，晾干观察着色特征。

采用碘—碘化钾饱和溶液作着色剂时，将 20g 碘溶解于 10mL 碘化钾饱和溶液中配制成碘—碘化钾饱和溶液，将试样浸入溶液中 30~60s，取出后在冷水中清洗至不变色，观察着色特征，判别纤维种类。

中华人民共和国出入境检验检疫行业标准 SN/T 1901—2014《进出口纺织品　纤维鉴别方法　聚酯类纤维（聚乳酸、聚对苯二甲酸丙二醇酯、聚对苯二甲酸丁二醇酯）》对莱赛尔纤维、竹浆纤维、大豆蛋白纤维、甲壳素纤维、牛奶蛋白复合纤维、聚乳酸纤维、聚对苯二甲酸丙二醇酯七种纤维的着色试验做了规定，用着色法鉴别此类纤维可参照该标准进行。几种纺织纤维的着色反应见表 5-6。

表 5-6　常见纤维的着色反应

纤维	HI-1 号纤维着色剂着色	碘—碘化钾饱和溶液	纤维	HI-1 号纤维着色剂着色	碘—碘化钾饱和溶液
棉	灰	不染色	涤纶	黄	不染色
毛	桃红	淡黄	锦纶	深棕	黑褐
蚕丝	紫	淡黄	腈纶	艳桃红	褐
麻	深紫	不染色	丙纶	嫩黄	不染色
黏胶纤维	绿	黑蓝青	维纶	桃红	蓝灰
醋酯纤维	艳橙	黄褐	氨纶	红棕	—
铜氨纤维	—	黑蓝青	氯纶	—	不染色

（六）熔点法

合成纤维在高温作用下，大分子间键接结构产生变化，由固态转变为液态。通过目测和光电检测从外观形态的变化测出纤维的熔融温度即熔点。不同种类的合成纤维具有不同的熔点，依此可以鉴别纤维的类别。

（七）密度梯度法

各种纤维的密度不同，根据所测定的未知纤维密度并将其与已知纤维密度对比来鉴别未知纤维的类别。将两种密度不同而能互相混溶的液体，经过混合然后按一定流速连续注入梯度管内，由于液体分子的扩散作用，液体最终形成一个密度自上而下递增并呈连续性分布的梯度密度液柱。

用标准密度玻璃小球标定液柱的密度梯度，并作出小球密度—液柱高度的关系曲线（应符合线性分布)。随后将被测纤维小球投入密度梯度管内，待其平衡静止后，根据其所在高度查密度—高度曲线图即可求得纤维的密度，从而可以确定纤维的种类。

（八）红外吸收光谱鉴别法

当一束红外光照射到被测试样上时，该物质分子将吸收一部分光能并转化为分子的振动能和转动能。借助于仪器将吸收值与相应的波数作图，即可获得该试样的红外吸收光谱，光谱中每个特征吸收谱带都包含了试样分子中基团和键的信息。

不同物质有不同的红外光谱图。纤维鉴别就是利用这种原理，将未知纤维与已知纤维的标准红外光谱进行比较来确定纤维的类别。

（九）双折射率测定法

由于纤维具有双折射性质，利用偏振光显微镜可分别测得平面偏光振动方向的平行于纤维长轴方向的折射率和垂直于纤维长轴方向的折射率，两者相减即可得双折射率，由于不同纤维的双折射率不同，因此可以用双折射率大小来鉴别纤维。

三、常见纤维的形态及品质特征

（一）棉纤维的形态及品质特征

棉纤维的纵横向形态特征如图 5-1 所示，棉纤维的形态及品质特征见表 5-7。

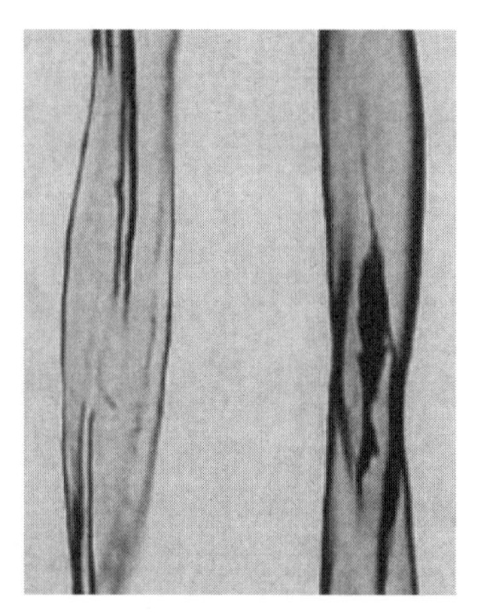
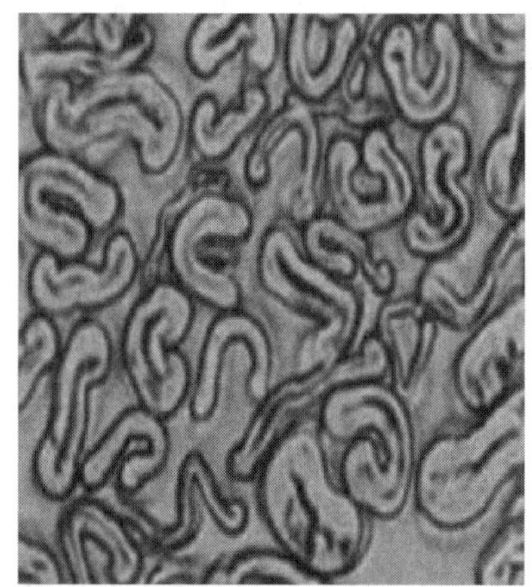

图 5-1　棉纤维的纵横向形态特征

表 5-7　棉纤维的形态及品质特征

品种	耐化学试剂	燃烧特征	形态结构
棉	耐碱不耐酸，可溶于 75% 以上的硫酸	燃烧速度快，烧纸味，留下灰烬少，呈灰黑色	纵向呈扁平带状，有天然扭曲（转曲），横截面呈腰圆形，有中腔

（二）黏胶纤维的形态及品质特征

黏胶纤维的纵横向形态特征如图 5-2 所示，黏胶纤维的形态及品质特征见表 5-8。

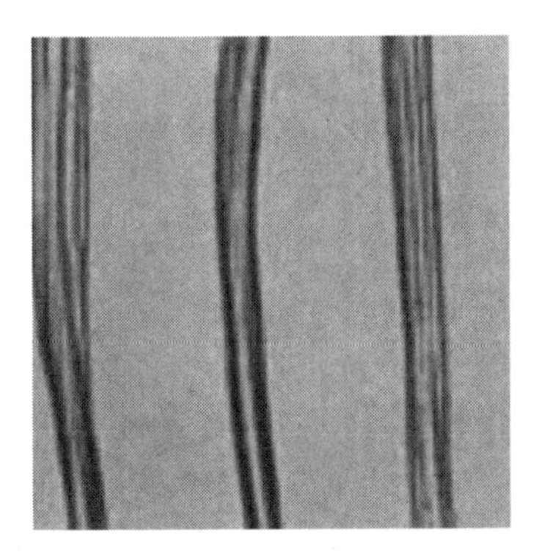
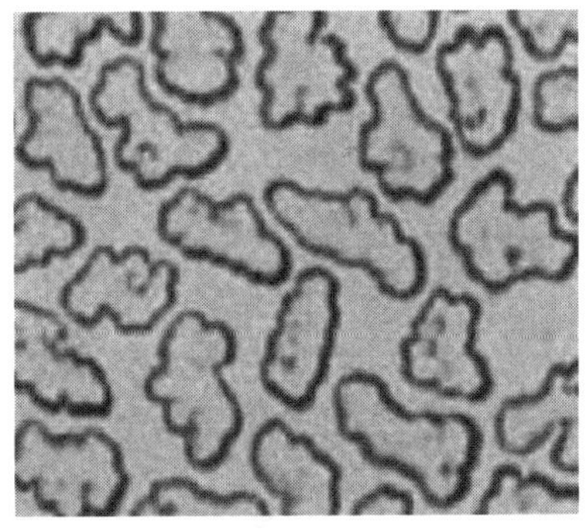

图 5-2　黏胶纤维的纵横向形态特征

表 5-8　黏胶纤维的形态及品质特征

品种	耐化学试剂	燃烧特征	形态结构
黏胶纤维	耐碱不耐酸，可溶于 60% 的硫酸及浓盐酸	容易燃烧，燃烧特性同棉	纵向表面光滑，有清晰条纹；横截面呈锯齿形，有皮芯结构

(三) 羊毛纤维的形态及品质特征

羊毛纤维的纵横向形态特征如图 5-3 所示，羊毛纤维的形态及品质特征见表 5-9。

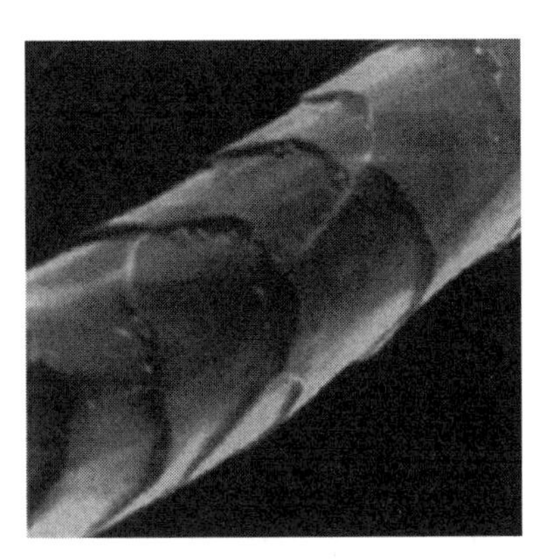
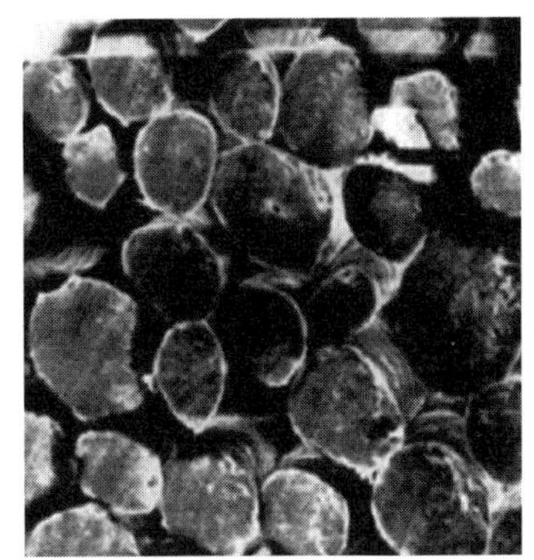

图 5-3　羊毛纤维的纵横向形态特征

表 5-9　羊毛纤维的形态及品质特征

品种	耐化学试剂	燃烧特征	形态结构
羊毛	耐酸不耐碱，可溶于 5% 烧碱溶液中	燃烧缓慢，边熔融卷曲边炭化，烧毛发味，灰烬灰黑色松脆，能捏碎	纵向表面有鳞片，横截面圆形或近似圆形（椭圆形）

(四) 丝的形态及品质特征

丝的纵横向形态特征如图 5-4 所示，丝的形态及品质特征见表 5-10。

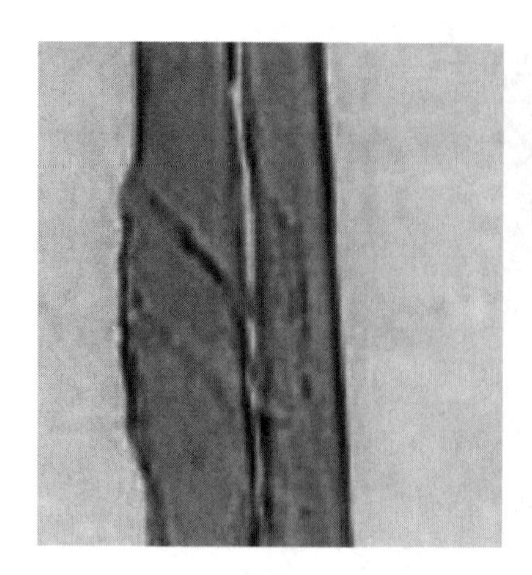
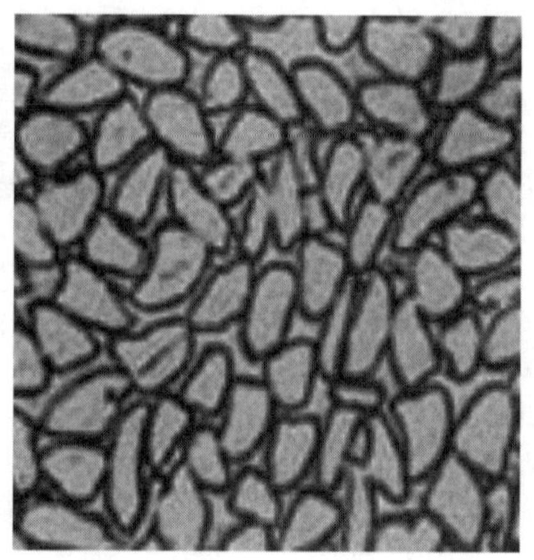

图 5-4　丝的纵横向形态特征

表 5-10　丝的形态及品质特征

品种	耐化学试剂	燃烧特征	形态结构
蚕丝	耐酸不耐碱，但耐酸性小于羊毛，可溶于 70% 以上的硫酸和盐酸，耐碱性稍强于羊毛	同羊毛	纵向平直，有光泽，横截面不规则三角形或多边形，角是圆的

(五) 涤纶的形态及品质特征

涤纶的纵横向形态特征如图 5-5 所示，涤纶的形态及品质特征见表 5-11。

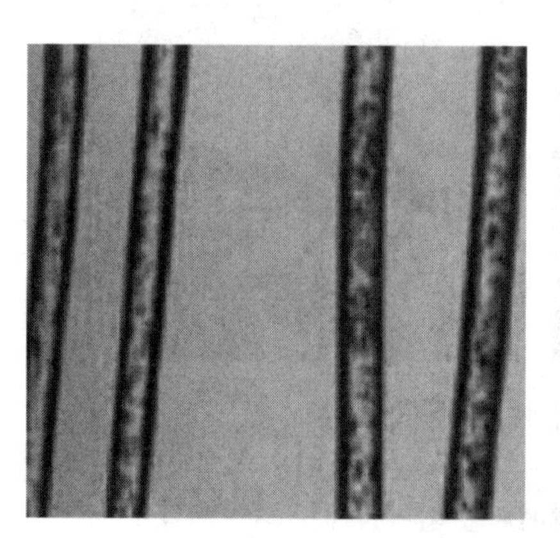
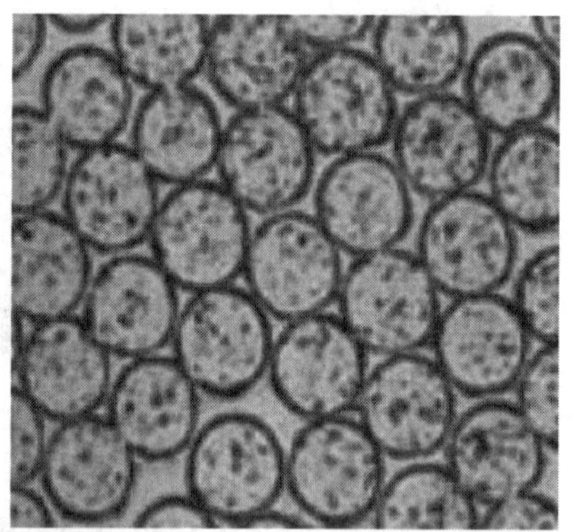

图 5-5　涤纶的纵横向形态特征

表 5-11　涤纶的形态及品质特征

品种	耐化学试剂	燃烧特征	形态结构
涤纶	耐酸不耐碱，35% 盐酸、75% 硫酸、60% 硝酸对其无影响	燃烧时收缩熔融，有滴落拉丝现象，有甜味，灰烬呈黑褐色，不易碎	纵向平直光滑，横截面圆形，可根据需要做成异形截面

（六）锦纶的形态及品质特征

锦纶的纵横向形态特征如图 5-6 所示，锦纶的形态及品质特征见表 5-12。

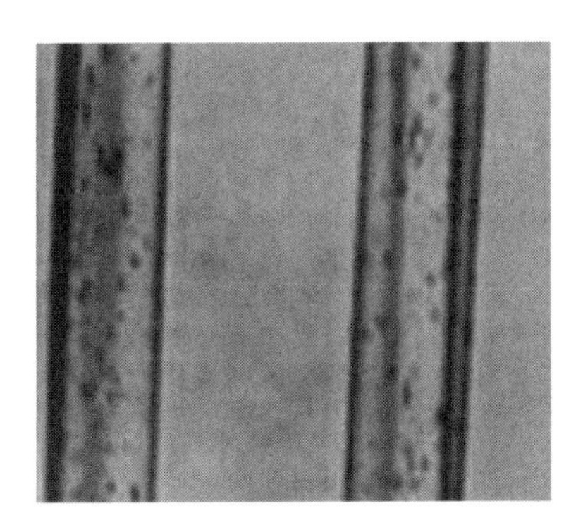
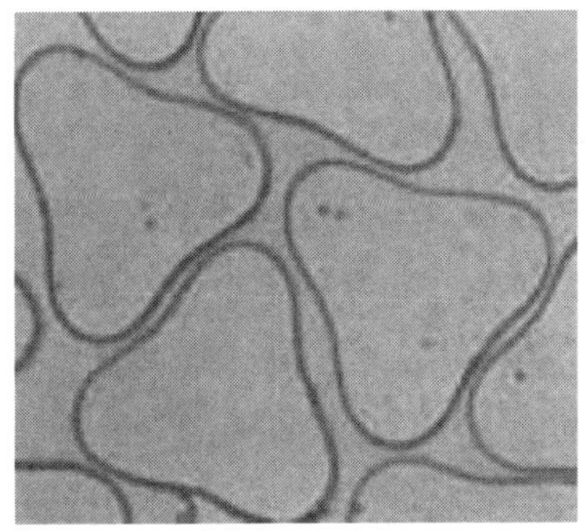

图 5-6　锦纶的纵横向形态特征

表 5-12　锦纶的形态及品质特征

品种	耐化学试剂	燃烧特征	形态结构
聚酰胺纤维（锦纶）	耐碱不耐酸，溶于 20% 以上盐酸、40% 以上硫酸、65%～68%硝酸	燃烧现象同涤纶，有氨臭味，灰烬呈淡棕色硬球，不易捏碎	与涤纶相似

（七）腈纶的形态及品质特征

腈纶的纵横向形态特征如图 5-7 所示，腈纶的形态及品质特征见表 5-13。

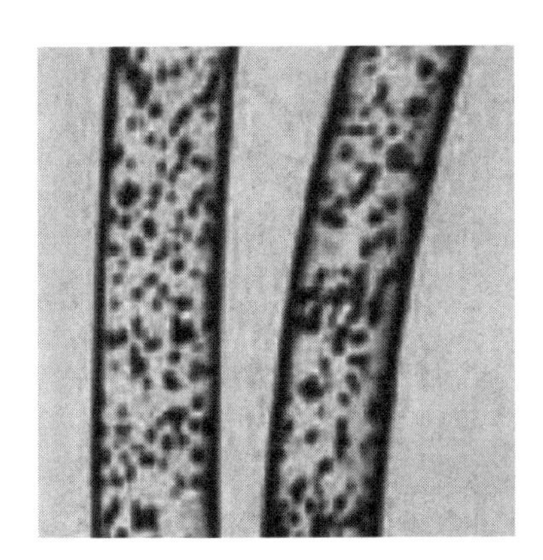
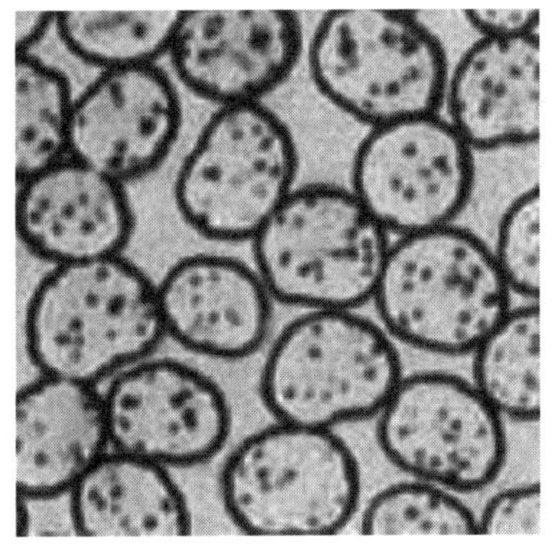

图 5-7　腈纶的纵横向形态特征

表 5-13　腈纶的形态及品质特征

品种	耐化学试剂	燃烧特征	形态结构
腈纶	耐酸碱性适中，能溶于 95%～98%硫酸和 65%～68%硝酸及二甲基甲酰胺溶液	燃烧火焰明亮，冒黑烟，边收缩边焦化，有辛辣味，残留物为黑色硬物，能捏碎	纵向成平滑，有少许沟槽或条纹，横截面有哑铃形，也可制成圆形或异形

四、常见纤维的质量指标及测试方法

（一）棉的质量指标及测试方法

原棉是纺织工业的重要原料之一，它的品质直接影响纺织产品的品牌、质量及纺纱加工工艺参数的确定。因此原棉检验是纺织工业生产的基础，是进出口棉花的技术依据，并且对合理利用原棉、优化资源配置起到指导作用。

原棉检验主要是对原棉产品的检验，检验指标包括：品级检验、长度检验、马克隆值检验、断裂比强度检验、异性纤维检验、公量检验，其中，公量检验包括：含杂率检验、回潮率检验、籽棉公定衣分率检验、成包皮棉公量检验等。

由于棉花检验无论在纺织工业生产中还是在棉花流通中都起着至关重要的作用，我国于1998年对GB 1103—1972《棉花细绒棉》标准进行了修订，并于1999年实施了新的标准，2006年对GB 1103—1999《棉花细绒棉》又进行了修订，2007年棉花细绒棉新标准对下列概念给予了明确的定义。棉花品质检验指标及执行标准见表5-14。

表5-14　棉花品质检验指标及执行标准

<table>
<tr><th>项目</th><th>指标</th><th>标准</th></tr>
<tr><td rowspan="3">品级检验</td><td>抽样</td><td rowspan="3">GB 1103. 1—2012、GB 1103. 2—2012、GB 1103. 3—2005</td></tr>
<tr><td>评级</td></tr>
<tr><td>主体品级</td></tr>
<tr><td rowspan="3">长度检验</td><td>手扯长度</td><td>GB/T 19617—2017</td></tr>
<tr><td>HVI检验长度</td><td>GB/T 20392—2006</td></tr>
<tr><td>长度级</td><td rowspan="2">GB 1103. 1—2012、GB 1103. 2—2012、GB 1103. 3—2005</td></tr>
<tr><td rowspan="3">马克隆值检验</td><td>抽样</td></tr>
<tr><td>马克隆值</td><td>GB/T 6498—20087</td></tr>
<tr><td>主体马克隆值</td><td rowspan="3">GB 1103. 1—2012、GB 1103. 2—2012、GB 1103. 3—2005</td></tr>
<tr><td rowspan="2">异性纤维含量检验</td><td>取样</td></tr>
<tr><td>异性纤维含量</td></tr>
<tr><td>断裂比强度检验</td><td>断裂比强度</td><td rowspan="3">GB/T 20392—2006</td></tr>
<tr><td>长度齐整指数检验</td><td>长度齐整度指数</td></tr>
<tr><td>反射率、黄色深度和色特征级检验</td><td>反射率、黄色深度和色特征级</td></tr>
<tr><td>含杂率检验</td><td>含杂率</td><td>GB/T 6499—2008</td></tr>
<tr><td>回潮率检验</td><td>回潮率</td><td>GB/T 6102. 1—2006、GB/T 6102. 2—2012</td></tr>
</table>

续表

项目	指标	标准
籽棉公定衣分率检验	籽棉准重衣分率	GB 1103．1—2012、GB 1103．2—2012、GB 1103．3—2005
	籽棉公定衣分率	
	籽棉折合皮棉公定重量	
	取样	
成包皮棉公量检验	每批棉花净重	
	每批棉花公定重量	
	数值修约规则	GB/T 8170—2008
重金属离子检验	重金属离子	GB/T 17593．1—2006、GB/T 17593．2—2007、GB/T 17593．3—2006、GB/T 17593．14—2006
棉花包装	棉花包装	GB/T 6975—2013
进出口棉花检验规程	—	SW/T 0775—1999

注　主体品级：含有相邻品级的一批棉花中，所占比例 80%及以上的品级。

毛重：棉花及包装物重量之和。

净重：毛重扣减包装物重量后的重量。

公定重量：准重按棉花标准含杂率折算后的重量。

准重：净重按棉花标准含杂率折算后的重量。

籽棉准重衣分率：从籽棉上轧出的皮棉准重占相应籽棉重量的百分率。

危害性物质：混入棉花中的对棉花加工、使用和棉花质量有严重影响的硬杂物，如金属砖石及化学纤维、丝、麻、毛发、塑料绳、布块等异性纤维或色纤维等。

（二）羊毛的质量指标及测试方法

羊毛品质的物理试验主要包括线密度试验、长度试验、回潮率试验、含土杂率试验、粗腔毛率试验等，化学试验包括含油脂率试验、残碱含量试验等。本节主要介绍羊毛品质检验的测试方法。

1. 羊毛细度试验

羊毛细度是衡量羊毛质量优劣的一项重要质量指标，它是决定羊毛品质及其使用价值的重要依据。在国际贸易中，买卖双方在签订购货合同中都必须规定羊毛的细度指标。因此羊毛细度检验是一项重要的检测项目。目前，国际贸易对羊毛细度的检验均采用气流仪法，而我国除重点口岸的商检机构和纤检部门及少数重点大型毛纺企业对进口羊毛的细度检验采用气流仪法外，多数采用纤维镜投影仪法测定。表示羊毛细度的指标习惯采用平均直径和品质支数。品质支数是毛纺行业长期沿用下来的一个指标，它是 19 世纪末一次国际会议上，根据当时纺纱设备和纺纱技术水平以及毛纱品质的要求，把各种细度羊毛实际可能纺得的英制精梳毛纱支数称作为“品质支数”。长期以来，在商业贸易和毛纺工业中的分级、制定制条工艺，主要以品质支数作为重要的参考依据。由于现代毛纺工业的设备和技术水平有了很大的进步，人们对毛纺织品的要求也不断提高，故羊毛品质支数已逐步失去它原有的意义，它仅表示平均直径在某一范围内的羊毛细度指标。羊毛品质支数与平均直径的关系见表 5-15。

表 5-15 羊毛品质支数与平均直径的关系

品质支数	平均直径（μm）	品质支数	平均直径（μm）
70	181~200	48	311~340
66	201~215	46	341~370
64	216~230	44	371~400
60	231~250	40	401~430
58	251~270	36	431~550
56	271~290	32	551~670
50	291~310	—	—

羊毛平均细度均方差和离散系数计算方法如下：

$$M = A + \frac{\sum (F \times D) \times L}{\sum F} \tag{5-1}$$

$$S = \sqrt{\frac{\sum (F \times D^2)}{\sum F} - \left[\frac{\sum (F \times D)}{\sum F}\right]^2} \times L \tag{5-2}$$

$$C = \frac{S}{M} \times 100\% \tag{5-3}$$

式中：M 为平均直径（μm）；S 为均方差（μm）；C 为离散系数（%）；A 为假定平均数；F 为每组纤维根数；D 为差异；I 为组距。

2. 粗腔毛率的试验

粗腔毛率试验仍采用显微镜投影仪法，试验方法与羊毛线密度试验相似。粗毛规定为：凡细度等于或超过 52.5μm 的纤维。腔毛规定为：凡连续空腔长度在 50μm 以上和宽度的一处等于或超过 1/3 纤维直径的纤维。

粗腔毛率的计算公式为：

$$粗腔毛率 = \frac{测得粗腔毛总根数 \times 100\%}{1000} \tag{5-4}$$

3. 羊毛长度试验

（1）毛丛长度试验。毛丛长度指毛丛处于平直状态时，从毛丛根部到毛丛尖部（不含虚头）的长度。试验时，从工业分级毛的毛丛试样中抽取完整毛丛 100 个，逐一测量毛丛的自然长度。在测量每个毛丛时，不能拉伸或破坏试样的自然卷曲形态，将毛丛平直地放在工作台上，用米尺测量毛丛根部到毛丛尖部的长度。

（2）毛条加权平均长度试验。毛条加权平均长度以及长度离散系数和短毛率指标可用梳片式长度仪测得，各项长度指标的计算方法如下：

$$M = A + \frac{\sum (F \times D) \times L}{\sum F} \tag{5-5}$$

$$S = \sqrt{\frac{\sum (F \times D^2)}{\sum F} - \left[\frac{\sum (F \times D^2)}{\sum F}\right]^2} \times L \tag{5-6}$$

$$C = \frac{S}{M} \times 100\% \tag{5-7}$$

$$\mu = \frac{G_2}{G_1} \times 100\% \tag{5-8}$$

式中：L 为加权长度（mm）；S 为均方差（mm）；C 为长度离散系数（%）；U 为 30mm 及以下短毛率（%）；A 为假定平均数；D 为差异；F 为每组重量；I 为组距；G_1为长度试验总重量；G_2为 30mm 及以下短毛重量。

4. 羊毛回潮率试验

羊毛回潮率试验采用烘箱法。检验时，洗净毛、毛条取样四份，每份约 50g，实际回潮率以四份试样同时试验所得的结果计算平均值，计算公式为：

$$实际回潮率 = \frac{G_1 - G_2}{G_2} \times 100\% \tag{5-9}$$

式中：G_1为试样烘前重量；G_2为试样烘后重量。

5. 洗净毛、毛条含油脂率试验

测定羊毛油脂用乙醚作为溶剂，使用索氏萃取器从羊毛中萃取油脂，从而测得羊毛油脂含量。洗净毛和毛条含油脂率分别按下面公式计算：

$$洗净毛含油脂率 = \frac{G_1 + G_2}{G_2} \times 100\% \tag{5-10}$$

$$毛条含油脂率 = \frac{G_1}{(G_1 + G_2)(1 + W_b)} \times 100\% \tag{5-11}$$

式中：G_1为油脂绝对干燥重量；G_2为脱脂毛绝对干燥重量；W_b为公定回潮率。

6. 洗净毛含土杂率试验

洗净毛含土杂率试验采用手抖法。试验时，取样两份，每份不少于 20g；将重量烘至恒重，扯松至单纤维状态；除去杂质和草屑，但要防止纤维散失。洗净毛含土杂率以两份试样结果计算平均值，计算公式为：

$$含土杂率 = \frac{试样干重 - 净毛干重}{试样干重} \times 100\% \tag{5-12}$$

7. 洗净毛含残碱率试验

洗净毛含残碱率试验采用化学分析法，其试验方法如下：

（1）准确量取 50mL 0.1mol/L 硫酸溶液及 50mL 蒸馏水于 250mL 具塞三角烧瓶中，加入已称重（于 105～110℃烘箱中烘 3h）的 2g 羊毛试样，盖上瓶塞，在振荡器上振荡 1h，在 500mL 吸滤漏斗中过滤，用 70～80℃蒸馏水洗涤三次，每次 50mL。用 0.1mol/L 氢氧化钠溶液滴定吸滤瓶中的酸。

（2）将上述羊毛试样烘干，放入具塞锥形瓶中，正确吸取吡啶液 100mL 于瓶中，盖紧瓶塞，用振荡器振荡 1h，然后将浸出液用干燥的玻璃砂过滤坩埚过滤入干燥的盛器内，正确吸取滤液 50mL 于锥形瓶中，加酚酞试剂 3 滴，以 0.1mol/L 氢氧化钠溶液滴定至微红色为止。

（3）测定与 50mL 0.05mol/L 硫酸溶液相当的氢氧化钠溶液的量：用 0.1mol/L 氢氧化钠溶液滴定 50mL 0.05mol/L 硫酸溶液。

（4）计算含残碱率：

$$\text{含残碱率(以 NaOH 计)} = \frac{(V - V_1 - V_2) \times N_{NaOH} \times 0.040}{\text{羊毛质量}} \times 100\% \tag{5-13}$$

式中：V 为滴定 50mL 0.1mol/L 硫酸溶液所耗用 0.1mol/L 氢氧化钠溶液的毫升数；V_1 为滴定吸滤瓶中多余酸溶液时所耗用的 0.1mol/L 氢氧化钠溶液的毫升数；V_2 为滴定羊毛中含酸量时所耗用 0.1mol/L 氢氧化钠溶液的毫升数；N_{NaOH} 为氢氧化钠当量浓度。

（三）化学纤维的质量指标及测试方法

化学短纤维产品出厂前必须根据不同品种对其进行品质检验，然后根据检验结果对照标准规定进行品质评定。不同品种的化学纤维分等考核项目和质量指标有所不同，在有关标准中均有具体的规定。

化学纤维的质量指标一般包括纤维的断裂强度、断裂伸长率、长度偏差、线密度偏差以及超长、倍长纤维及疵点含量等。黏胶纤维还要包括湿强度与湿身长指标以及钩接强度和残留量；维纶要包括缩醛度与水中软化点、色相、异性纤维含量；腈纶要包括上色率；涤纶要包括沸水收缩率、强度不匀率、伸长不匀率等。另外，卷曲数、回潮率等也列为化学纤维的质量指标。这些质量指标与纺织工艺和纱线、织物的质量关系都很密切。

化学纤维的种类比较多，本节重点介绍涤纶、腈纶以及黏胶纤维的品质检验。

1. 涤纶的品质检验

国家标准 GB/T 14464—2017《涤纶短纤维》规定了涤纶短纤维的定义、分类、技术要求、试验方法、检验规则等，适用于线密度为 0.8～6.0dtex、圆形截面的半消光或有光的本色涤纶短纤维，其他类型的涤纶短纤维可参照使用。

涤纶短纤维按照长度和线密度可以分为棉型、中长型和毛型。

（1）棉型：线密度为 0.8～2.1dtex；

（2）中长型：线密度为 2.2～3.2dtex；

（3）毛型：线密度为 3.3～6.0dtex。

涤纶短纤维按照其性能指标分为优等品、一等品和合格品三个等级，具体性能及指标见表 5-16。

表 5-16　涤纶短纤维的性能项目及指标

项目	棉型			中长型			毛型		
	优等品	一等品	合格品	优等品	一等品	合格品	优等品	一等品	合格品
断裂强度（cN/dtex） ≥	5. 50	5. 30	5. 00	4. 60	4. 40	4. 20	3. 80	3. 60	3. 30
断裂伸长率（%）	M_1±4. 0	M_1±5. 0	M_1±8. 0	M_1±6. 0	M_1±8. 0	M_1±12. 0	M_1±7. 0	M_1±9. 0	M_1±13. 0
线密度偏差率（%）	±3. 0	±4. 0	±8. 0	±4. 0	±5. 0	±8. 0	±4. 0	±5. 0	±8. 0
长度偏差率（%）	±3. 0	±6. 0	±10. 0	±3. 0	±6. 0	±10. 0	—	—	—
超长纤维率（%） ≤	0. 5	1. 0	3. 0	0. 3	0. 6	3. 0	—	—	—
倍长纤维含量（mg/100g） ≤	2. 0	3. 0	15. 0	2. 0	6. 0	30. 0	5. 0	15. 0	40. 0
疵点含量（mg/100g） ≤	2. 0	6. 0	30. 0	3. 0	10. 0	40. 0	5. 0	15. 0	50. 0
卷曲数（个/25mm）	M_2^{b}±2. 5	M_2±3. 5		M_2±2. 5	M_2±3. 5		M_2±2. 5	M_2±3. 5	
卷曲率（%）	M_3^{c}±2. 5	M_3±3. 5		M_3±2. 5	M_3±3. 5		M_3±2. 5	M_3±3. 5	
180℃干热收缩率（%）	M_4^{d}±2. 0	M_4±3. 0	M_4±3. 0	M_4±2. 0	M_4±3. 0	M_4±3. 5	≤5. 5	≤7. 5	≤10. 0
比电阻（Ω · cm）	$M_5^{e}\times10^8$	$M_5\times10^9$		$M_5\times10^8$	$M_5\times10^9$		$M_5\times10^8$	$M_5\times10^9$	
10%定伸长强度（cN/dtex） ≥	3. 00	2. 60	2. 30	—	—	—	—	—	—
断裂强力变异系数（%） ≤	10. 0	15. 0		13. 0	—	—	—	—	—

a M_1为断裂伸长率中心值，棉型在 18. 0%~35. 0%范围内选定，中长型在 25. 0%~40. 0%范围内选定，毛型在 35. 0%~50. 0%范围内选定，确定后不得任意变更。

b M_2为卷曲数中心值，由供需双方在 8. 0 个/25mm ~14. 0 个/25mm 范围内选定，确定后不得任意变更。

c M_3为卷曲率中心值，由供需双方在 10. 0%~16. 0%范围内选定，确定后不得任意变更。

d M_4为 180℃干热收缩率中心值，棉型在≤7. 0%范围内选定，中长型≤10. 0%范围内选定，确定后不得任意变更。

e M_5为比电阻中心值，$1.0 \leq M_5 < 10.0$。

2. 腈纶的品质检验

腈纶短纤维产品等级分为一等品、二等品和三等品，各等级腈纶短纤维的质量指标见表 5-17。

表 5-17　腈纶短纤维的性能项目及指标

指标	品种	合格	不合格	备注
纤维长度偏差（%）		≤+12 ≥-12	>12 <-12	—
超长纤维（%）	棉型	≤3	>3	—
纤维延伸度（%）	棉型	25~40	>40 或<25	—
	毛型	32~45	>45 或<32	—
纤维钩接强度（gf/旦）	棉型	≥1.6 ≥2.8	<1.6 <2.8	—
	毛型	≥1.8 ≥2.4	<1.8 <2.4	采用后处理工艺
卷曲数（个/10cm）	棉型	>40	<40	—
	毛型	>35	<35	
沸水收缩率（%）	棉型	<4	>4	采用后处理工艺
	毛型	<2	>2	

3. 黏胶纤维的品质检验

黏胶短纤维的产品等级分为优等品、一等品、二等品和三等品四个等级，棉型、中长型、毛型和曲卷毛型黏胶纤维的质量指标见表 5-18~表 5-20。

表 5-18　棉型黏胶短纤维质量指标

序号	项目			优等品	一等品	二等品	三等品
1	干断裂强度（cN/dtex）	棉浆	≥	2.10	1.95	1.85	1.75
		木浆		2.05	1.90	1.80	1.70
2	湿断裂强度（cN/dtex）	棉浆	≥	1.20	1.05	1.00	0.90
		木浆		1.10	1.00	0.90	0.85
3	干断裂伸长率（%）		≥	17.0	16.0	15.0	14.0
4	线密度偏差率（%）		±	4.0	7.0	9.0	11.0
5	长度偏差率（%）		±	6.0	7.0	9.0	11.0
6	超长纤维（%）		≤	0.5	1.0	1.3	2.0
7	倍长纤维（mg/100g）		≤	4.0	20.0	40.0	100.0
8	残硫量（mg/100g）		≤	14.0	20.0	28.0	38.0
9	疵点（mg/100g）		≤	4.0	12.0	25.0	40.0
10	油污黄纤维（mg/100g）		≤	0.0	5.0	15.0	35.0

续表

<table>
<tr><th>序号</th><th colspan="3">项目</th><th>优等品</th><th>一等品</th><th>二等品</th><th>三等品</th></tr>
<tr><td>11</td><td colspan="2">干强变异系数（%）</td><td>≤</td><td colspan="2">18.0</td><td colspan="2">—</td></tr>
<tr><td rowspan="2">12</td><td rowspan="2">白度（%）</td><td>棉浆</td><td rowspan="2">≥</td><td colspan="2">68.0</td><td colspan="2">—</td></tr>
<tr><td>木浆</td><td colspan="2">62.0</td><td colspan="2">—</td></tr>
</table>

表 5-19　中长型黏胶短纤维质量指标

<table>
<tr><th>序号</th><th colspan="3">项目</th><th>优等品</th><th>一等品</th><th>二等品</th><th>三等品</th></tr>
<tr><td rowspan="2">1</td><td rowspan="2">干断裂强度
（cN/dtex）</td><td>棉浆</td><td rowspan="2">≥</td><td>2.05</td><td>1.90</td><td>1.80</td><td>1.70</td></tr>
<tr><td>木浆</td><td>2.00</td><td>1.85</td><td>1.75</td><td>1.65</td></tr>
<tr><td rowspan="2">2</td><td rowspan="2">湿断裂强度（cN/dtex）</td><td>棉浆</td><td rowspan="2">≥</td><td>1.15</td><td>1.05</td><td>0.95</td><td>0.85</td></tr>
<tr><td>木浆</td><td>1.10</td><td>1.00</td><td>0.90</td><td>0.80</td></tr>
<tr><td>3</td><td colspan="2">干断裂伸长率（%）</td><td>≥</td><td>17.0</td><td>16.0</td><td>15.0</td><td>14.0</td></tr>
<tr><td>4</td><td colspan="2">线密度偏差率（%）</td><td>±</td><td>4.0</td><td>7.0</td><td>9.0</td><td>11.0</td></tr>
<tr><td>5</td><td colspan="2">长度偏差率（%）</td><td>±</td><td>6.0</td><td>7.0</td><td>9.0</td><td>11.0</td></tr>
<tr><td>6</td><td colspan="2">超长纤维（%）</td><td>≤</td><td>0.5</td><td>1.0</td><td>1.5</td><td>2.0</td></tr>
<tr><td>7</td><td colspan="2">倍长纤维（mg/100g）</td><td>≤</td><td>6.0</td><td>30.0</td><td>50.0</td><td>110.0</td></tr>
<tr><td>8</td><td colspan="2">残硫量（mg/100g）</td><td>≤</td><td>14.0</td><td>20.0</td><td>28.0</td><td>38.0</td></tr>
<tr><td>9</td><td colspan="2">疵点（mg/100g）</td><td>≤</td><td>4.0</td><td>12.0</td><td>25.0</td><td>40.0</td></tr>
<tr><td>10</td><td colspan="2">油污黄纤维（mg/100g）</td><td>≤</td><td>0.0</td><td>5.0</td><td>15.0</td><td>35.0</td></tr>
<tr><td>11</td><td colspan="2">干强变异系数（%）</td><td>≤</td><td colspan="2">17.0</td><td colspan="2">—</td></tr>
<tr><td rowspan="2">12</td><td rowspan="2">白度（%）</td><td>棉浆</td><td rowspan="2">≥</td><td colspan="2">66.0</td><td colspan="2">—</td></tr>
<tr><td>木浆</td><td colspan="2">60.0</td><td colspan="2">—</td></tr>
</table>

表 5-20　毛型和卷曲毛型黏胶短纤维质量指标

<table>
<tr><th>序号</th><th colspan="3">项目</th><th>优等品</th><th>一等品</th><th>二等品</th><th>三等品</th></tr>
<tr><td rowspan="2">1</td><td rowspan="2">干断裂强度
（cN/dtex）</td><td>棉浆</td><td rowspan="2">≥</td><td>2.00</td><td>1.85</td><td>1.75</td><td>1.70</td></tr>
<tr><td>木浆</td><td>1.95</td><td>1.80</td><td>1.70</td><td>1.65</td></tr>
<tr><td rowspan="2">2</td><td rowspan="2">湿断裂强度
（cN/dtex）</td><td>棉浆</td><td rowspan="2">≥</td><td>1.10</td><td>1.00</td><td>0.90</td><td>0.85</td></tr>
<tr><td>木浆</td><td>1.05</td><td>0.95</td><td>0.85</td><td>0.80</td></tr>
<tr><td>3</td><td colspan="2">干断裂伸长率（%）</td><td>≥</td><td>17.0</td><td>16.0</td><td>15.0</td><td>14.0</td></tr>
<tr><td>4</td><td colspan="2">线密度偏差率（%）</td><td>±</td><td>4.0</td><td>7.0</td><td>9.0</td><td>14.0</td></tr>
<tr><td>5</td><td colspan="2">长度偏差率（%）</td><td>±</td><td>7.0</td><td>9.0</td><td>11.0</td><td>13.0</td></tr>
<tr><td>6</td><td colspan="2">倍长纤维（mg/100g）</td><td>≤</td><td>8.0</td><td>60.0</td><td>130.0</td><td>210.0</td></tr>
</table>

续表

序号	项目			优等品	一等品	二等品	三等品
7	残硫量（mg/100g）		≤	16.0	20.0	30.0	40.0
8	疵点（mg/100g）		≤	4.0	12.0	30.0	60.0
9	油污黄纤维（mg/100g）		≤	0.0	5.0	20.0	40.0
10	干强变异系数（%）		≤	16.0		—	
11	白度（%）	棉浆	≥	63.0		—	
		木浆		58.0		—	
12	卷曲数（个/cm）			3.0	2.8		2.6

第二节　纱线的质量检测

用纺织纤维制得的纱线，可分为普通纱线、长丝和新型纱线三类。

一、纱线的分类

（一）普通纱线

短纤维纺成的纱线称为普通纱线，包括单纱和股线。

1. 单纱

（1）纯纺纱：棉纱、毛纱、麻纱、绢纺纱以及用各种化学纤维纺制的纱等。

（2）混纺纱：用不同种类的纤维混合纺制的纱。

2. 股线

（1）单捻股线：用两根、三根或更多根纱一次合并加捻而制得的股线。

（2）复捻股线：用单捻股线再并合加捻而制得的股线。

（二）长丝

1. 天然纤维长丝

天然纤维长丝是指各种蚕丝。

2. 化学纤维长丝

化学纤维长丝包括普通化学纤维长丝和变形丝。

（1）普通化学纤维长丝：单丝（单根纤维）、复丝（多根单丝并和的纤维）、复合捻丝（复丝加捻后的纤维）等。

（2）变形丝：用复丝加工成的高弹弹力丝、低弹弹力丝等。

（三）新型纱线

1. 新型纺纱的纱线

（1）自由端纺纱的纱线：气流纺、静电纺等的纱线。

（2）非自由端纺纱的纱线：自捻纺的纱线等。

2. 特种纱线

（1）变形纱：各种原料、各种结构的膨体纱线等。

（2）混合纱：用长丝和短纤维混纺成的各种包芯纱线等。

（3）其他：用不同短纤维或长丝与短纤维，利用热塑性或化学法等方法形成的黏合纱等。

二、纱线的质量指标及测试方法

（一）棉本色纱

1. 棉本色纱质量指标

国家标准 GB/T 398—2008《棉本色纱线》各项技术指标参照了乌斯特统计值公报，质量指标按单纱断裂强力变异系数、百米重量变异系数、黑板条干或乌斯特条干均匀度变异系数、1g 内棉结数和 1g 内棉结杂质总粒数五项定等。

棉本色纱线产品品种规格的有关规定棉本色纱线产品国家标准 GB/T 398—2008 对棉本色纱线产品的品种规格作如下规定。

（1）棉纱线的线密度以 1000m 纱线在公定回潮率时的重量（g）表示，单位为特克斯（tex）。

（2）棉纱线的公定回潮率为 8.5%。

（3）棉纱线的标准重量和标准干燥重量可以按式（5-14）和式（5-15）计算：

$$100\text{m 纱线在公定回潮率 8.5\%时的标准重量}=\frac{\text{线密度}}{10} \tag{5-14}$$

$$100\text{m 纱线的标准干燥重量}=\frac{\text{线密度}}{10.85} \tag{5-15}$$

（4）单纱和股线的最后成品设计特数必须与其公称特数相等，纺股线用的单纱设计特数应保证股线的设计特数与其公称特数相等。

（5）棉纱线的公称特数系列与其 100m 的标准重量规定按 GB/T 398—2008 执行。

2. 棉本色纱线试验方法

（1）棉本色纱线捻度测定。纱线捻度测定方法有两种：一种是直接计数法，即在一定张力下，夹住已知长度纱线的两端，通过试样的一端对另一端向退捻方向回转，直至纱线中的纤维或单纱完全平行为止，退去的捻数即为该试样长度的捻数；另一种是退捻加捻法，即在一定张力下，夹住已知长度纱线的两端，经退捻和反向加捻后回复到起始长度所需的捻回数的一半即为该长度下的纱线捻数。

针对不同类型的纱线可选择与其相适应的试验方法进行测定，包括棉本色纱线在内的各类纱线捻度测定必须按表 5-21 和表 5-22 的规定选择合适的试验参数。纱线捻度试样按采样规定抽取，并在标准大气中调湿平衡，根据试验结果按式（5-16）~式（5-19）计算有关捻度指标。

$$\text{平均捻度（捻/m）}=\frac{\text{全部试样捻数总和}\times 1000}{\text{试样长度（mm）}\times\text{试验次数}} \tag{5-16}$$

$$捻度不匀率=\frac{2\times（平均捻度-平均捻度以下各项平均值）\times平均以下次数}{平均捻度\times试验次数}\times100\% \tag{5-17}$$

$$退捻度后伸长或收缩百分率=\frac{试样退捻后长度-试样退捻前长度}{试样退捻前长度}\times100\% \tag{5-18}$$

$$实际捻系数（特数制）=\frac{\sqrt{试样设计特数}\times平均捻度}{10} \tag{5-19}$$

表 5-21 各类纱线捻度测定参数（直接计数法）

纱线类别		试验长度（mm）	预加张力（cN/tex）
短纤维单纱	棉纱	10 或 25	0.5±0.1；如果被测纱线在规定张力下伸长达到或超过 0.5%，则应调整预加张力，使伸长不超过 0.1%，经有关各方同意后在试验报告中注明
	精梳毛纱	25 或 50	
	粗梳毛纱	25 或 50	
	韧皮纤维	100 及 250	
复丝	名义捻度≥1250 捻/m	250±0.5	
	名义捻度<1250 捻/m	500±0.5	
股线及缆线	名义捻度≥1250 捻/m	250±0.5	
	名义捻度<1250 捻/m	500±0.5	

表 5-22 各类纱线捻度测定参数（退捻加捻法）

纱线类别		试样长度（mm）	预加张力（cN/tex）	允许伸长（mm）
精纺毛纱	捻系数 α<80	500±1	0.10±0.02	设置隔矩长度 500mm，预加张力（0.50±0.10）cN/tex，夹钳转速 800r/min 或更慢，读取纱线中纤维产生明显滑移时的伸长率，试验 5 次，计算平均伸长率，平均伸长率的 25%为允许伸长
	捻系数 α 80~150	500±1	0.25±0.05	
	捻系数 α>80	500±1	0.50±0.05	
其他纱线		500±1	0.50±0.10	

（2）棉本色纱线线密度（或支数）测定方法——绞纱法。绞纱法是测定各类纱线线密度的主要试验方法，其测试原理是：纱线的线密度是由试样的长度和重量计算出的，长度合适的试样在规定条件下从已调湿的样品中摇出，绞纱重量是在表 5-23 所示的各种不同条件中的一种条件下测定的。试验绞纱的长度、卷绕张力应符合表 5-24 的规定。摇纱前，试验样品应在标准大气中调湿，时间不少于 24h。

表 5-23 纱线线密度绞纱试样重量的测定条件

以未洗净纱线为基础	任选程序 1. 与试验用标准大气相平衡的已调湿纱线重量 任选程序 2. 烘干纱线的重量 任选程序 3. 烘干纱线的重量加商业回潮率

续表

以洗净纱线为基础	任选程序 4. 与试验用标准大气相平衡的洗净纱线的重量 任选程序 5. 洗净烘干纱线的重量 任选程序 6. 洗净烘干纱线的重量加商业回潮率 任选程序 7. 洗净烘干纱线的重量加商业允贴

表 5-24　试验绞纱长度和卷绕张力

试验绞纱长度	卷绕张力
1. 名义线密度<12.5tex 的纱线，推荐用 200m，允许用 100m 2. 名义线密度 12.5~100tex 的纱线，推荐用 100m，允许用 50m 3. 名义线密度>100tex 的纱线，推荐用 50m，允许用 25m 或 20m 4. 名义线密度>100tex 的复丝纱应用 10m	1. 对非变形纱线及膨体纱为（0.5±0.1）cN/tex，其中针织绒和粗纺毛纱为（0.25±0.05）cN/tex 2. 对其他变形纱为（1.0±0.2）cN/tex 注：预加张力以名义线密度计算，如果测长器不装备积极喂入控制张力装置，应用缕纱圈长计校验预试绞纱长度，并调整卷绕张力至摇出的绞纱长度在正确长度±0.25%内

洗净（或萃取）或未洗净（或萃取）的试验绞纱重量测定分两种情况：一种是用天平称出与试验用标准大气相平衡的已调湿纱线的重量；另一种是用天平称出烘干纱线的重量。洗净或萃取方法可参照 GB/T 4743—2009 附录 D 的规定，试验绞纱的调湿周期和烘干条件见表 5-25。

表 5-25　试验绞纱调湿周期和烘干条件

调湿周期		烘干条件			说明
在相对湿度 65%、温度 20℃的回潮率（%）	最小调湿周期（h）	材料	烘干温度（℃）	烘干时间（h）	
>11（如羊毛、丝、黏胶、麻）	8	腈纶	110±3	2	如果未规定烘干时间，则连续烘干直到时间间隔 10min 逐次称重（箱内称重）的重量递减变化不大于 0.05%为止
7~11（如棉）	6	丝	140±5	2	
5~7（如醋酸纤维）	4	氯纶	70±2	2	
<5（如锦纶、涤纶）	2	其他所有材料	105±3	2	

（3）棉本色纱线断裂强力和伸长率检验。棉本色纱线断裂强力和伸长率测定采用单根纱线法，其试验原理是：用强力试验机拉伸单根纱线试样，直至断脱，并指示出断裂强力和伸长，强力试验机工作速度必须使一份试样的平均断裂时间落在指定的时间范围以内。此试验方法也适用于麻纺、毛纺、丝绢纺和各类化纤长丝纱线。

纱线断裂强力和伸长率试验必须在标准大气中进行。单根纱线断裂强力、断裂强度和伸长率指标计算方法按照式（5-7）~式（5-10）计算。

$$\text{平均断裂强力}=\frac{\text{强力观测值总和（cN）}}{\text{观测次数}} \tag{5-20}$$

$$平均断裂强度=\frac{平均断裂强力（cN）}{名义线密度（tex）} \tag{5-21}$$

$$平均伸长率=\frac{伸长观测值总和（mm）}{观测次数\times名义隔矩长度（mm）}\times100\% \tag{5-22}$$

$$断裂强力和伸长率变异系数\ CV\ 值=\frac{S}{\overline{X}}\times100\% \tag{5-23}$$

式中：S 为均方差；$\overline{X}$为平均值。

（4）棉本色纱线疵点分级检验——纱疵仪法。纱疵按其截面大小和长度分为短粗节、长粗节（或称双纱）和长细节三种，共分为 23 级，各级纱疵的截面和长度分级界限如图 5-8 所示。

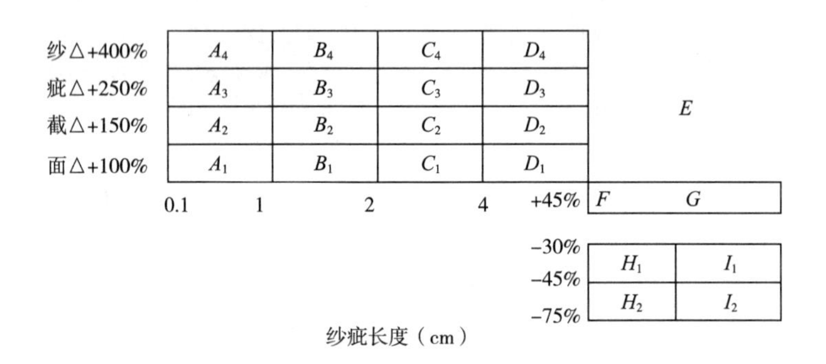

图 5-8 各级纱疵的截面与长度分级界限

①短粗节——纱疵截面比正常纱线粗 100%以上，长度在 8cm 以下者称短粗节，按短粗节截面大小与长度不同又将其分成 16 级：即 A_1、A_2、A_3、A_4、B_1、B_2、B_3、B_4、C_1、C_2、C_3、C_4、D_1、D_2、D_3、D_4。

②长粗节——纱疵截面比正常纱线粗 45%以上，长度在 8cm 以上者称长粗节，长粗节按其截面大小与长度不同分成 3 级，即 E、F 和 G。

③长细节——纱疵截面比正常纱线细 30%~75%，长度在 8cm 以上者称长细节，长细节按其截面大小和长度不同分成 4 级，即 H_1、H_2、I_1和 I_2。

（5）电子均匀度仪检验纱条短片段不匀率。测定纱条短片段不匀率的均匀度仪（如乌斯特条干均匀度仪）是应用电容检测原理制成的，它能将纱条短片段重量变化转换成为相应的电信号变化，即当纱条通过检测电容极板之间时，便产生电容量的变化，而电容量的相对变化率与检测电容极板间的纱条重量变化率呈线性关系。

（6）棉结、杂质、条干均匀度试验方法——目光检验法。

①棉结、杂质试验方法（目光检验法）——棉结、杂质目光检验在自然北光条件下进行，并保证足够的照度，检验面的安放角度与水平成 45°±5°（图 5-9）。检验时，先将浅蓝色底板插入试样与黑板之间，然后用图 5-10 所示的黑色压片压在试样上，进行正反两面的每格内的棉结杂质检验。根据棉纱分级规定：棉结、杂质应分别记录，合并计算。全部纱样检验完毕之后，算出 10 块黑板的棉结杂质总数，并按式（5-24）计算出 1g 棉纱线内的棉结杂

质粒数。

$$1g\text{ 棉纱线内的棉结杂质粒数}=\frac{\text{棉结杂质总粒数}}{\text{棉纱线公称号数}}\times 10 \quad (5-24)$$

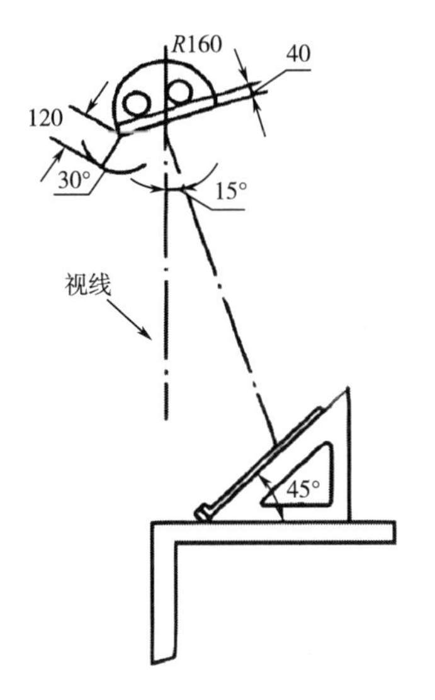

图 5-9　检验面安放角度与水平成 45°±5°（单位：cm）

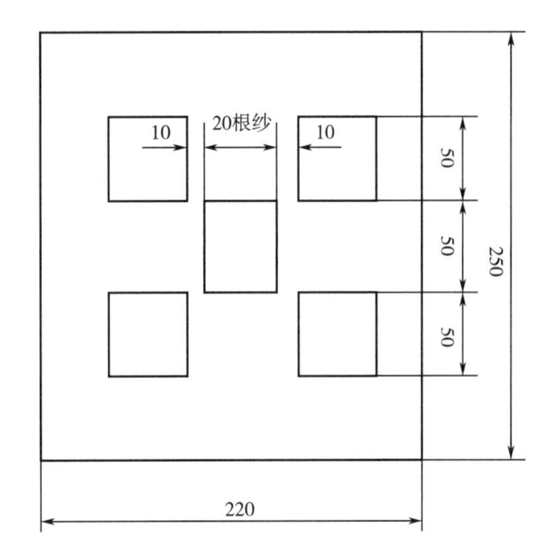

图 5-10　黑色压片示意图（单位：mm）

②条干均匀度试验方法（目光检验法）——棉纱条干均匀度。检验也可以采用目光检验法，即以黑板对比标准样照作为评定条干均匀度评等的主要依据。

（二）精梳毛针织绒线

精梳毛针织绒线的品等以批为单位，按内在质量和外观质量的检验结果综合评定，并以其中最低一项定等。精梳毛针织绒线分为优等品、一等品、二等品，低于二等品者为等外品。内在质量评等以批为单位，按物理指标和染色牢度综合评定，并以其中最低项定等。外观质量的评等包括实物质量和外观疵点的评等。

1. 精梳毛针织绒线的实物质量指标

实物质量是指外观、手感、条干和色泽。实物质量评等以批为单位，检验时逐批比照封样进行评定，符合优等品封样者为优等品；符合一等品封样者为一等品；明显差于一等品封样者为二等品；严重差于一等品封样者为等外品。

2. 精梳毛针织绒线的外观疵点

精梳毛针织绒线外观疵点分为绞纱、筒子纱外观疵点和织片外观疵点。

绞纱外观疵点是指结头、断头、大肚纱、小辫纱、羽毛纱、异性纱、异色纤维混入、毛片、草屑、杂质、轧毛、毡并、异形卷曲、杆印、段松纱（逃捻）、露底、膨体不匀等。

筒子纱外观疵点是指成形不良、斑疵、色差、色花、错纱等变点。筒子纱外观疵点评等以每个筒子为单位，逐筒检验。

织片外观疵点是指粗细节、紧捻纱、条干不匀、厚薄档、色花、色档、混色不匀、毛粒等。织片外观疵点评等以批为单位，每批抽取 10 大绞（筒），每绞（筒）用单根纬平针织成长 20cm、宽 30cm 的织片，10 绞（筒）连织成一片。

3. 精梳毛针织绒线的物理指标评等

精梳毛针织绒线物理指标包括含毛量（纯毛产品）纤维含量允许偏差（混纺产品）、大绞重量偏差率、线密度偏差率、线密度变异系数 *CV* 值、捻度变异系数 *CV* 值、单纱断裂强度、强力变异系数 *CV* 值、起球级数和条干均匀度变异系数 *CV* 值等指标，评等按表 5-26 规定。

表 5-26　精梳毛针织绒线物理指标的评等规定

项目		限度	优等品	一等品	二等品
纤维含量	纯毛产品含毛量	—	100%（详见 FZ/T 71001—2003 附录 A）		
	混纺产品纤维含量允许偏差（绝对百分比）	—	±3，成品中某一纤维含量低于 10%时，其含量偏差绝对值应不高于标注含量的 30%		
大绞重量偏差率（%）		—	-2.0	—	
线密度偏差率（%）		—	±2.0	±3.5	±5.0
线密度变异系数 *CV* 值（%）		≤	2.5	—	
捻度变异系数 *CV* 值（%）		≤	10.0	12.0	15.0
单纱断裂强度（cN/dtex）		≥	4.5 27.8tex×2 及以下为 4.0		
强力变异系数 *CV* 值（%）		≤	10.0	—	
起球（级）		≥	3~4	3	2~3
条干均匀度变异系数 *CV* 值（%）		≤	详见 FZ/T 71001—2003 附录 A	—	

注　表中线密度、捻度、强力均为股线考核指标。

4. 梳毛针织绒线的染色牢度评等

精梳毛针织绒线染色牢度根据耐光色牢度、耐洗色牢度、耐汗渍色牢度和耐水色牢度和耐摩擦色牢度试验结果进行评等。染色牢度评等按表 5-27 规定，一等品允许有一项低半级，有两项低于半级或一项低于一级者降为二等品，凡低于二等品者降为等外品。

表 5-27　精梳毛针织绒线染色牢度的评等规定

项目		限度	优等品	一等品
耐光色牢度（级）	>1/12 标准深度（深色）	≥	4	3~4
	≤1/12 标准深度（浅色）	≥	3	3
耐洗色牢度（级）	色泽变化	≥	3~4	3
	毛布沾色		4	3
	棉布沾色		3~4	3

续表

项目		限度	优等品	一等品
耐汗渍色牢度（级）	色泽变化	≥	3~4	3~4
	毛布沾色		4	3
	棉布沾色		3~4	3
耐水色牢度（级）	色泽变化	≥	3~4	3
	毛布沾色		4	3
	棉布沾色		3~4	3
耐摩擦色牢度（级）	耐摩擦	≥	4	3~4（深色 3）
	湿摩擦		3	2~3

注　毛混纺产品，棉布沾色应改为与混纺产品中主要非毛纤维同类的纤维布沾色；非毛纤维纯纺或混纺产品毛布沾色应改为其他主要非毛纤维布沾色。

5. 精梳毛针织绒线试验方法

精梳毛针织绒线各单项试验方法按 FZ/T 70001—2003《针织和编结绒线试验方法》规定执行。

（三）生丝

根据我国生丝检验国家标准的规定，生丝各检验项目的检验仪器、设备以及有关指标列于表 5-28 中。

表 5-28　生丝检验项目、仪器设备、质量指标

检验项目	仪器设备	质量指标
重量检验	电子秤：量程 150kg，最小分度值≤0.05kg 电子秤：量程 500g，最小分度值≤1g 天平：量程 1000g，最小分度值≤0.01g，带有天平的烘箱	净重，湿重（原重），干重，回潮率，公量
外观检验	检验台：内装日光荧光灯的平面组合灯罩或集光灯罩。要求光线以一定的距离柔和均匀地照射于丝把的端面上，丝把端面的照度为 450~500lx	生丝外观评等分为良、普通、稍劣和级外品 外观性状颜色种类分为白色、乳色、微绿色三种，颜色程度以淡、中、深表示 光泽程度以明、中、暗表示 手感程度以软、中、硬表示
切断检验	切断机、丝络、丝锭	切断次数
线密度检验	纤度机、生丝纤度仪、天平、带有天平的烘箱	平均线密度、线密度偏差、线密度最大偏差、平均公量线密度
均匀检验	黑板机、黑板、均匀标准样照、检验室	均匀一度变化（条） 均匀二度变化（条） 均匀三度变化（条）

续表

检验项目	仪器设备	质量指标
清洁及洁净检验	清洁标准样照，洁净标准样照，检验室	清洁（分），洁净（分）
断裂强度及断裂伸长率检验	等速伸长试验仪（CRE） 等速牵引试验仪（CRT） 天平：量程200g，最小分度值≤0.01g	断裂强度，cN/dtex（gf/旦） 断裂伸长率，%
抱合检验	杜波浪式抱合机	抱合次数

（四）苎麻纱质量指标

苎麻纱质量指标主要包括单纱断裂强力变异系数 *CV* 值、重量变异系数 *CV* 值、条干均匀度、大节、小节及麻粒、单纱断裂强度、重量偏差等，具体见表5-29。

表5-29　苎麻纱技术要求

公称线密度（tex）		8~16.5（125~61公支）			17~24（60~41公支）			25~32（40~31公支）			34~48（30~21公支）			50~90（20~11公支）			90以上（10公支以下）		
等别		优	一	二	优	一	二	优	一	二	优	一	二	优	一	二	优	一	二
单纱强力变异系数 *CV* 值（%）≤		21	25	28	20	24	27	19	23	26	16	20	23	13	17	20	10	14	17
重量变异系数 *CV* 值（%）≤		3.5	4.8	5.8	3.5	4.8	5.8	3.5	4.8	5.8	3.5	4.8	5.8	3.5	4.8	5.8	3.5	4.8	5.8
条干均匀度	黑板条干均匀度（分）≥	100	70	50	100	70	50	100	70	50	100	70	50	100	70	50	—		
	条干均匀度变异系数 *CV* 值（%）≤	23	26	29	22	25	28	21	24	26	20	23	25	18	21	23	—		
大节（个/800m）≤		0	6	12	0	6	12	0	6	12	2	8	16	2	8	16	2	8	16
小节（个/800m）≤		10	25	40	10	25	40	10	25	40	10	25	40	10	25	40	10	25	40
麻粒		20	50	70	20	50	70	20	50	70	20	50	70	20	50	70	20	50	70
单纱断裂强度（cN/dtex）≥		16.0	16.0	—	17.5	17.5	—	19.0	19.0	—	21.0	21.0	—	23.0	23.0	—	24.0	24.0	—
重量偏差（%）		±2.5	±2.5	—	±2.5	±2.5	—	±2.8	±2.8	—	±2.8	±2.8	—	±2.8	±2.8	—	±2.8	±2.8	—

1. 苎麻纱大节、小节和麻粒的确定

（1）大节是指长4cm及以上，粗为原纱直径3倍及以上的粗节；长4cm以下至0.6cm及以上，粗为原纱直径6倍及以上的粗节。

（2）小节是指长0.6cm及以上，粗为原纱直径3倍及以上的粗节。

（3）麻粒是指纱中纤维扭结呈明显粒状者，直径起点达到麻粒标准样照。

2. 苎麻纱试验方法

（1）苎麻纱单纱断裂强度及单纱断裂强力变异系数试验方法按 GB/T 3916—2013《纺织品　卷装纱单根纱线断裂强力和断裂伸长的测定》执行，对于单纱强力的快速试验结果，按 FZ/T 32002—2003《苎麻本色纱》附录 B（规范性附录）《苎麻单纱强力回潮率修正系数》进行修正。

（2）苎麻纱重量变异系数、重量偏差及回潮率试验按 GB/T 4743—2009《纺织品　卷装纱　绞纱法线密度的测定》执行。

（3）苎麻纱条干均匀度变异系数 *CV* 值试验方法按 GB/T 3292—2008《纺织品　纱线条干不匀试验方法　第 1 部分：电容法》规定执行。

（4）苎麻纱捻度试验按 GB/T 2543. 1—2015《纺织品　纱线捻度的测定　第 1 部分：直接计数法》和 GB/T 2543. 2—2001《纺织品　纱线捻度的测定　第 2 部分：退捻加捻法》执行。

（5）苎麻纱黑板条干均匀度和大节、小节、麻粒试验方法按 FZ/T 32002—2003《苎麻本色纱》附录 C（规范性附录）《黑板条干均匀度和大节、小节、麻粒试验方法》规定执行。

（五）化纤长丝

1. 黏胶长丝质量指标

黏胶长丝品质检验包括物理机械性能检验、染化性能检验和外观疵点检验，具体质量指标见表 5-30。黏胶长丝品质检验的仪器设备、试剂、技术条件和测试指标见表 5-30。

表 5-30　黏胶长丝质量检验项目及仪器设备、试剂、技术条件、指标

试验项目	仪器、设备、试剂	技术条件	指标
干、湿断裂强度和伸长率试验［按 GB/T 3916—2013《纺织品　卷装纱　单根纱线断裂强力和断裂伸长率的测定（CRE 法）》］	等速牵引型强力试验机，浸湿容器，蒸馏水［（20±2)℃］	单根试样，夹持长度（500±1）mm，试样平均断裂时间（20±3）s，预加张力（0. 05±0. 01）cN/dtex（湿态试验减半），每个实验室样品中取 5 个试样	干断裂强度，湿断裂强度，干断裂伸长，干断裂伸长变异系数 *CV* 值
线密度试验（按 GB/T 4743—2009）	测长机［附有调解预加张力装置，周长（1000±2）mm］，天平（最小分度值 0. 0001g）	试样长度 200m 或 1000m，摇取丝绞时预加张力（0. 05±0. 01）cN/dtex，每个实验室样品取 2 个试样	平均线密度，线密度偏差
捻度试验（按 GB/T 2543. 1—2015）	电动捻度机，挑针	预加张力（0. 05±0. 01）cN/dtex，夹持长度（500±1）mm，每个实验室样品取 5 个试样	平均捻度，捻度变异系数 *CV* 值

续表

试验项目	仪器、设备、试剂	技术条件	指标
单丝根数试验	黑绒板或黑色玻璃板，挑针，压板	每个实验室样品取2个试样	根数偏差
回潮率试验（按GB/T 9995—1997《纺织材料含水率和回潮率的测定烘箱干燥法》）	八篮热风式自动烘箱（附有最小分度值为0.01g天平的箱内称重设备和恒温控制装置）	试样约重50g，烘箱温度应保持105~110℃，每隔10min连续称重	实际回潮率
残硫量试验	加热设备，抽滤设备，滴定设备，分析天平（最小分度值0.001g），亚硫酸钠（分析纯），硫代硫酸钠（分析纯），碘（分析纯），甲醛（分析纯），乙酸（分析纯），淀粉		残硫量
染色均匀度试验（按GB/T 6508—2015第10.8款）	略		（灰卡）级
外观疵点检验（按GB/T 13758—2008《黏胶长丝》第10.9款）	分级台，分级架，各类型标样	分级照度400lx，检测距离30~40cm（检验丝筒毛丝时为20~25cm），观察角度40°~60°（检验丝筒毛丝时与目光平行）	—

2. 涤纶牵伸丝质量指标

涤纶牵伸丝质量检验包括物理指标和外观项目两部分。物理指标考核项目包括线密度偏差率、线密度变异系数*CV*值、断裂强度、断裂强度变异系数、断裂伸长率、断裂伸长率变异系数*CV*值、沸水收缩率、染色均匀度、含油率、网络度和筒重。涤绝牵伸丝物理指标见表5-31。外观项目由利益双方根据后道产品的要求协商确定，并纳入商业合同。

表5-31 涤纶牵伸丝物理指标

序号	名称		1.0<dpf≤1.7			1.7<dpf≤5.6		
			优等品	一等品	合格品	优等品	一等品	合格品
1	线密度偏差率（%）		±2.0	±2.5	3.5	±2.0	±2.5	3.5
2	线密度变异系数*CV*值（%）	≤	1.00	1.30	2.00	0.80	1.30	2.00
3	断裂强度（cN/dtex）	≥	3.7	3.5	3.1	3.7	3.5	3.1
4	断裂强度变异系数*CV*值（%）	≤	5.00	9.00	12.00	5.00	8.00	11.00
5	断裂伸长率		M_1±3.0	M_1±5.0	M_1±7.0	M_1±3.0	M_1±5.0	M_1±7.0
6	断裂伸长变异系数*CV*值（%）	≤	10.0	16.0	19.0	9.0	15.0	18.0
7	沸水收缩率（%）		M_2±0.8	M_2±1.2	M_2±1.5	M_2±0.8	M_2±1.2	M_2±1.5

续表

序号	名称	1. 0<dpf≤1. 7			1. 7<dpf≤5. 6		
		优等品	一等品	合格品	优等品	一等品	合格品
8	染色均匀度/(灰卡）级　≥	4	4	3~4	4	4	3~4
9	含油率（%）	M_3±0. 2	M_3±0. 3	M_3±0. 3	M_3±0. 2	M_3±0. 3	M_3±0. 3
10	网络度（个/m）	M_4±4	M_4±6	M_4±8	M_4±4	M_4±6	M_4±8
11	筒重（kg）	定重或定长	—	—	定重或定长	—	—

涤纶牵伸丝物理指标检验的试验方法主要包括以下内容：

（1）线密度试验按 GB/T 14343—2008《化学纤维　长丝线密度试验方法》规定执行，由于涤纶牵伸丝的含油率和回潮率较低，计算线密度时可忽略不计。

（2）断裂强度和断裂伸长率试验按 GB/T 14344—2022《化学纤维　长丝拉伸性能试验方法》规定执行。

（3）沸水收缩率试验按 GB/T 6505—2017《化学纤维　长丝热收缩率试验方法》的规定执行。

（4）染色均匀度试验按 GB/T 6508—2015《涤纶长丝染色均匀度试验方法》规定执行。

（5）含油率试验按 GB/ T 6504—2017《化学纤维　含油率试验方法》规定执行，仲裁采用中性皂液洗涤法。

（6）网络度试验按 FZ/T 50001《合成纤维网络丝网络度试验方法》规定执行，仲裁采用移针计数法。

3. 涤纶低弹丝质量指标

涤纶低弹丝质量检验包括物理指标和外观项目两部分。物理指标考核项目包括线密度偏差率、线密度变异系数 *CV* 值、断裂强度、断裂强度变异系数 *CV* 值、断裂伸长率、断裂伸长率变异系数 *CV* 值、卷曲收缩率、卷曲收缩率变异系数 *CV* 值、卷曲稳定度、沸水收缩率、染色均匀度（灰卡）、含油率、网络度、网络度变异系数 *CV* 值和筒重。涤纶低弹丝物理指标见表 5-32。外观项目由利益双方根据后道产品的要求协商确定，并纳入商业合同。

表 5-32　涤纶低弹丝物理质量指标

序号	项目	细旦：1. 0≤dpf<1. 7			普通：1. 7≤dpf<2. 8			粗旦：2. 8≤dpf<5. 6		
		优等品	一等品	合格品	优等品	一等品	合格品	优等品	一等品	合格品
1	线密度偏差率（%）	±2. 5	±3. 0	±3. 5	±2. 5	±3. 0	±3. 5	±2. 5	±3. 0	±3. 5
2	线密度变异系数 *CV* 值（%）　≤	1. 00	1. 60	2. 00	0. 90	1. 50	1. 90	0. 80	1. 40	1. 80
3	断裂强度（cN/dtex）　≥	3. 3	2. 9	2. 8	3. 3	3. 0	2. 6	3. 3	3. 0	2. 6

续表

序号	项目	细旦：1.0≤dpf<1.7			普通：1.7≤dpf<2.8			粗旦：2.8≤dpf<5.6		
		优等品	一等品	合格品	优等品	一等品	合格品	优等品	一等品	合格品
4	断裂强度变异系数 *CV* 值（%） ≤	6.00	10.00	14.00	6.00	9.00	13.00	4.00	8.00	12.00
5	断裂伸长率（%）	M_1±3.0	M_1±5.0	M_1±7.0	M_1±3.0	M_1±5.0	M_1±7.0	M_1±3.0	M_1±5.0	M_1±7.0
6	断裂伸长率变异系数 *CV* 值（%） ≤	10.0	14.0	18.0	9.0	13.0	17.0	8.0	12.0	16.0
7	卷曲收缩率（%）	M_2±3.0	M_2±4.0	M_2±5.0	M_2±3.0	M_2±4.0	M_2±5.0	M_2±3.0	M_2±4.0	M_2±5.0
8	卷曲收缩率变异系数 *CV* 值（%） ≤	7.00	16.00	18.00	7.00	15.00	17.00	7.00	14.00	16.00
9	卷曲稳定度（%） ≥	78.0	70.0	65.0	78.0	70.0	65.0	78.0	70.0	65.0
10	沸水收缩率（%）	M_3±0.5	M_3±0.8	M_3±0.9	M_3±0.5	M_3±0.8	M_3±0.9	M_3±0.5	M_3±0.8	M_3±0.9
11	染色均匀度/(灰卡)级 ≥	4	4	3	4	4	3	4	4	3
12	含油率（%）	M_4±0.8	M_4±1.0	M_4±1.2	M_4±0.8	M_4±1.0	M_4±1.2	M_4±0.8	M_4±1.0	M_4±1.2
13	网络度（个/m）	M_5±10	M_5±15	M_5±20	M_5±10	M_5±15	M_5±20	M_5±10	M_5±15	M_5±20
14	网络度变异系数 *CV* 值（%） ≤	8.0	—	—	8.0	—	—	8.0	—	—
15	筒重（kg）	满卷	—	—	满卷	—	—	满卷	—	—

注 M_1为断裂伸长率中心值，由供需双方确定；M_2为卷曲收缩率中心值，由供需双方确定；M_3为沸水收缩率中心值，由供需双方确定；M_4为含油率中心值，由供需双方确定；M_5为网络度中心值，由供需双方确定。

涤纶牵伸丝质量检验的试验方法与涤纶牵伸丝试验方法基本相同，卷曲收缩率和卷曲稳定度试验按 GB/T 6506—2017《合成纤维　变形丝卷缩性能试验方法》规定执行。涤纶低弹丝现行国家标准为 GB/T 14460—2015《涤纶低弹丝》。

4. 锦纶长丝质量指标

国家标准对民用锦纶复丝物理机械性能和外观质量指标的规定见表 5-33 和表 5-34。

表 5-33　33.3~166.7dtex 民用锦纶复丝物理机械性能指标

序号	项目	优等品		一等品		合格品	
		有捻定型丝	无捻定型丝	有捻定型丝	无捻定型丝	有捻定型丝	无捻定型丝
1	线密度偏差（%）	±2.5		±3.0		±5.0	
2	线密度变异系数 *CV* 值（%） ≤	1.5	2.0	2.5		5.0	

续表

序号	项目		优等品		一等品		合格品	
			有捻定型丝	无捻定型丝	有捻定型丝	无捻定型丝	有捻定型丝	无捻定型丝
3	断裂强度［cN/dtex（gf/旦）］≥		3.9（4.4）		3.7（4.2）		3.5（4.0）	
4	断裂强度变异系数 *CV* 值（%）≤		6.0	7.0	8.0	10.0	13.0	
5	断裂伸长率（%）		M_1±4.0		M_1±6.0		M_1±8.0	
6	断裂伸长率变异系数 *CV* 值（%）<		14.0	15.0	18.0	19.0	22.0	
7	捻度（捻/m）		M_2±18		M_2±20		M_2±25	
8	捻度变异系数 *CV* 值（%）≤	*A*	8		11		14	
		B	9		12		15	
		C	10		13		16	
9	沸水收缩率（%）		M_3±1.0	M_3±2.0	M_3±1.5	M_3±3.0	M_3±2.0	M_3±4.0
10	染色均匀率（级）≥		3.5		3.0		—	

注 1. M_1为断裂伸长率中心值，其范围为25.0%~40.0%。

2. M_2为捻度中心值。

3. M_3为沸水收缩率中心值。

4. M_2及M_3由各生产厂及用户视用途与实际情况制订，经确定后不得变动，并向各地方主管部门备案。

5. 第8项捻度变异系数只考核复捻者。其中，*A*、*B*、*C* 为复丝的捻度范围，*A*≥150 捻/m，110 捻/m<*B*<150 捻/m，80 捻/m≤*C*≤110 捻/m。

表 5-34　33.3~166.7dtex 民用锦纶复丝外观质量指标

序号	项目		优等品	一等品	合格品
1	结头（个/10cm²）	*A*	0	1.0	2.0
		B		2.0	4.0
2	毛丝（只/筒）<		3	5	15
3	毛丝团（只/筒）<		0	1	5
4	小辫子丝（只/筒）<		0	0	4
5	拉伸不足丝（只/筒）<		0	0	1
6	硬头丝（只/筒）<		0	0	7
7	珠子丝（标样）		不允许	轻微	较明显
8	白斑（标样）		不允许	轻微	较明显
9	色差（标样）		轻微	轻	较明显
10	油污（标样）		轻微	轻	较明显

续表

序号	项目		优等品	一等品	合格品
11	成型（标样）		良好	轻微	一般
12	筒重（净重）（%）（占满筒名义重量的百分数） >	*A*	85	50	—
		B		60	
		C		85	

注 1. 第1项中*A*、*B*为线密度范围，*A*≤100dtex，*B*>100dtex。

2. 第2~6项的指标基准为筒重（净重）≤1000g，若2000g≥筒重（净重）>1000g，其指标数值增加一倍，大于2000g者增加二倍。

3. 第9项“色差”标准参照GB/T 250—2008《纺织品 色牢度评定变色用灰色样卡》级别定等。其中，“轻微”相当于4级，“轻”相当于3级，“较明显”相当于2~3级。

4. 第12项中*A*、*B*、*C*为满筒名义质量，*A*>2000g，600g≤*B*≤2000g，*C*<600g。

5. 纱线常见商业检测项目及测试方法（表5-35）

表5-35 纱线常见商业检测项目及测试方法

序号	项目	测试方法
1	线密度	纺织品 卷装纱 绞纱法线密度的测定 GB/T 4743—2009
		纺织品 卷装纱 绞纱法线密度的测定 ISO 2060：1994（E）
2	条干均匀度	纺织品 纱线条干不匀试验方法 第1部分：电容法 GB/T 3292. 1—2008
		纺织品 纱线条干不匀试验 电容法 ISO 16549：2004（E）
		纺织品 纱线条干均匀度的标准试验方法 电容法 ASTM D1425/D1425M-14
3	捻度	纺织品 纱线捻度的测定 第1部分：直接计数法 GB/T 2543. 1—2015
		织品 纱线捻度的测定 第2部分：退捻加捻法 GB/T 2543. 2—2001
		纺纺织品 纱线捻度的测定 直接计数法 ISO 2061：2015（E）
		纺织品 单纱捻度的测定 退捻/加捻法 ISO 17202：2002（E）
4	断裂强力和断裂伸长率	纺织品 单根纱线断裂强力和断裂伸长率的测定（CRE法）GB/T 3916—2013
		纺织品 单根纱线断裂强力和断裂伸长率的测定（CRE法）ISO 2062：2009（E）
		单根纱线拉伸性能的标准试验方法 ASTM D 2256/D2256M-10
5	纱疵	纺织品 纱线疵点的分级与检验方法 电容式 FZ/T 01050—1997

课后思考题

1. 简述棉本色纱线的品质检验指标和主要试验方法。
2. 简述精梳毛针织绒线、苎麻纱品质检验指标。
3. 说明生丝品质的检验指标。

第六章　测量不确定度

第一节　测量不确定度的适用条件与范围

1993年，经过ISO工作组近7年的努力，完成了指导性文件GUM—1993《测量不确定度表示指南》（*Guide to the Expression of Uncertainty in Measurement*，GUM），以7个权威的国际组织的名义联合发布，由ISO正式出版发行。

该7个国际组织分别是国际计量局（BIPM）、国际电工委员会（IEC）、国际标准化组织（ISO）、国际临床化学联合会（IFCC）、国际理论化学与应用化学联合会（IUPAC）、国际理论物理与应用物理联合会（IUPAP）、国际法制计量组织（OIML）。

1995年在对GUM—1993作了一些更正后重新印刷，该标准名称为GUM—1995；2008年发布了ISO/IEC Guide 98-3：2008测量不确定度表示指南（GUM），以及ISO/IEC Guide 98-3：2008 /Suppl. 1：2008补充件1：用蒙特卡洛法传播分布（简称MCM）。

1999年我国颁布了国家计量技术规范JJF 1059—1999《测量不确定度评定与表示》，该技术规范等同采用GUM的基本内容。2012年12月批准JJF 1059. 1—2012《测量不确定度评定与表示》和JJF 1059. 2—2012《用蒙特卡洛法评定测量不确定度》。

一、测量不确定度的适用条件

JJF1059. 1—2012是采用GUM法评定测量不确定度。GUM法是用不确定度传播律和用高斯分布或缩放平移t分布表征输出量以提供一个包含区间的方法。

GUM主要适用于以下条件：

（1）可以假设输入量的概率分布呈对称分布；

（2）可以假设输出量的概率分布近似为对称分布或t分布；

（3）测量模型为线性模型、可转化为线性的模型或可用线性模型近似的模型。

这里所说的“主要”两字是指在规定的该三个条件同时满足时，GUM法是完全适用的；当其中某个条件不完全满足时，有些情况下可能可以作近似、假设或适当处理后使用；在测量要求不太高的场合，这种近似、假设或处理是可以接受的，但在要求相当高的场合，必须在了解GUM适用条件后予以慎重处理。当GUM法不适用时，可以用蒙特卡洛法（即采用概率分布传播的方法）评定测量不确定度。

二、测量不确定度的适用范围

JJF 1059.2—2012 是用蒙特卡洛法评定测量不确定度的方法，简称 MCM，是一种计算机仿真方法，利用大量仿真数据特征值进行计算机编程。MCM 适用范围比 GUM 法广泛，除了 GUM 法可用的情况下，还适用于：

（1）各不确定度分量的大小不相近。

（2）输入量的概率分布不对称。

（3）测量模型非常复杂，不能用线性模型近似。

（4）不确定度传播律所需的模型的偏导数很难求得或不方便提供。

（5）输出量的估计值与其标准不确定度大小相当。

（6）输出量的概率分布不是正态分布或 t 分布，也可以是不对称分布。

第二节　测量不确定的概念

测量不确定度是指表征合理地赋予被测量值的分散性，与测量结果相联系的参数。由于测量不完善和人们的认识不足，所得的被测量值具有分散性，即每次测得的结果不是同一值，而是以一定的概率分散在某个区域内的许多个值。虽然客观存在的系统误差是一个不变值，但由于我们不能完全认知或掌握，只能认为它是以某种概率分布存在于某个区域内，而这种概率分布本身也具有分散性。测量不确定度就是说明被测量之值分散性的参数，它不说明测量结果是否接近真值。

一、术语和定义

（一）测量

测量是指通过实验室获得并可合理赋予某量一个或多个量值的过程。

需要注意以下几点：

（1）测量不适用于标称特性。

（2）测量意味着量的比较并包括实体的计数。

（3）测量的先决条件是对测量结果预期用途相适应的量的描述、测量程序以及根据规定测量程序（包括测量条件）进行操作的测量系统。

（二）检测

按照程序确定合格评定对象的一个或多个特性的活动。“检测”主要适用于材料、产品或过程。

（三）被测量

被测量是指拟测量的量。

这里有几点需要注意：

（1）对被测量的说明要求了解量的种类，以及含有该量的现象、物体或物质状态的描述，包括有关成分及所涉及的化学实体。

（2）在第 2 版 VIM 和 IEC 60050-300：2001 中，被测量定义为“受测量的量”。

（3）测量包括了测量系统和试试测量的条件，它可能会改变研究中的现象、物体或物质，使被测量的量可能不同于定义的被测量。在这种情况下，需要进行必要的修正。

（四）测量结果

测量结果是指与其他有用的相关信息一起赋予被测量的一组量值。

需要注意以下几点：

（1）测量结果通常包含这组量值的“相关信息”，诸如某些可以比其他方式更能代表被测量的信息。它可以概率密度函数（PDF）的方式表示。

（2）测量结果通常表示为单个测得的量值和一个测量不确定度。对于某些用途而言，如果认为测量不确定度可以忽略不计，则测量结果可以表示为单个测得的量值。在许多领域中这是表示测量结果的常用方式。

（3）在传统文献和 1993 版 VIM 中，测量结果定义为赋予被测量的值，并按情况解释为平均示值、未修正的结果或已修正的结果。

（五）测得的量值

测得的量值又称量的测得值，简称测得值（measured value），代表测量结果的量值。完整的执行一次标准程序测得的量值称单个测量结果。

需要注意以下几点：

（1）对重复示值的测量，每个示值可提供的测得值，用这一组独立的测得值可计算出作为结果的测得值，如平均值或中位值，通常它附有一个已减小了的与其相关联的测量不确定度。

（2）当认为代表被测量的真值范围与测量不确定度相比小得多时，量的测得值可认为是实际唯一真值的估计值，通常是通过重复测量获得的各独立测量值的平均值或中位值。

（3）当认为代表被测量的真值范围与测量不确定度相比不太小时，被测量结果量的测得值通常是一组真值的平均值或中位值的估计值。

（4）在测量不确定度指南（GUM）中，对测得的量值使用的术语有“测量结果”和“被测量的值的估计”或“被测量的估计值”。

（六）测量精密度

测量精密度是指在规定条件下，对同一或类似被测对象重复测量所得示值或测得值间的一致程度。

需要注意以下几点：

（1）测量精密度通常用不精密程度以数字形式表示，如在规定测量条件下的标准偏差、方差或变差系数。

（2）规定条件可以是重复性测量条件、期间精密度测量条件或复现性测量条件。

（3）测量精密度用于定义测量重复性、期间测量精密度或测量复现性。

（4）术语“测量精密度”有时用于指“测量准确度”，这是错误的。

（七）测量正确度

测量正确度是指无穷多次重复测量所得量值的平均值与一个参考量值间的一致程度。

需要注意以下几点：

（1）表示测量结果中系统误差大小的程度。

（2）反映了测量结果中所有系统误差的综合。

（3）理论上对已定系统误差可用修正值来消除，对未定系统误差可用不确定度来估计。

（4）不是一个量，不能用数值表示。

（八）测量准确度

测量准确度，又称精确度，它是表示测量结果与被测量的（约定）真值之间的一致程度，它反映了测量结果中系统误差与随机误差的综合。测量准确度不是一个量，不给出有数字的量值，当测量提供较小的测量误差时就说该测量是较准确的。

例如，常用有功电表有 0. 5、1. 0、2. 0 三个准确度等级。0. 5 级电表允许误差在±0. 5%以内，1. 0 级电表允许误差在±1%以内，2. 0 级电表允许误差在±2%以内。

二、测量不确定度的概念

测量不确定度，简称不确定度，是指表征合理赋予被测量之值的分散性，与测量结果相联系的参数。

需要注意以下几点：

（1）测量不确定度包括由系统影响引起的分量，例如与修正量和测量标准所赋量值有关的分量以及定义的不确定度。有时对估计的系统影响未作修正，而是当作不确定度分量处理。

（2）此参数可以是诸如称为标准测量不确定度的标准偏差（或其特定的倍数），或者是说明了包含概率的区间的半宽度。

（3）测量不确定度一般由若干个分量组成。其中一些分量可以根据一系列测量的测量值的统计分布按测量不确定度的 A 类评估，并用实验标准差表征。而另一些分量则可以根据经验或其他信息假设的概率密度函数按测量不确定度的 B 类评估，也用标准偏差表征。

（4）通常对于一组给定的信息，测量不确定度是相应于所赋予被测量的值的。该值的改变将导致相应的不确定度的改变。

（5）该定义是按 2008 版 VIM 给出，而在 GUM 中的定义是：表征合理地赋予被测量之值的分散性，与测量结果相联系的参数。

例如，当得到测量结果为：$m=500$g，$U=1$g（$k=2$）。我们就可以知道被测件的重量以约 95%的概率在 499～501g 区间内，这样的测量结果比仅给 500g 给出了更多的可信度信息。可见，测量不确定度是说明赋予被测量的值的分散性的参数，它不说明该值是否接近真值。

三、测量不确定度与误差的区别

（一）误差的概念

1. 测量误差

测量误差是指测得的量值与真值之差，或测得的量值减去参考量值。

被测量的真值客观存在，但人们不知道，其原因主要是由于对真值定义的不完全，使得真值不唯一；即使定义完全了，不能得到理想的定义。

参考量值是指当涉及存在单个参考量值，如用测得值的测量不确定度可忽略的测量标准进行校准，或约定量值给定时，测量误差是已知的（最佳估计）。

2. 随机误差

随机误差是指在重复测量中按不可预见方式变化的测量误差的分量。因为测量只能进行有限次数，故可能确定的只是随机误差的估计值。

3. 系统误差

系统误差是指在重复测量中保持不变或按可预知的方式变化的测量误差的分量。

（二）测量不确定度与误差的区别

测量误差与测量不确定度的主要区别见表6-1。

表6-1　测量误差与测量不确定度的主要区别

序号	区别	测量误差	测量不确定度
1	定义	测得值减去被测量的真值或参考量值，是一个确定的值，其大小说明赋予被测量的值的准确程度	表明被测量之值的分散性，是一个区间，其大小说明赋予被测量的值的可信程度
2	数值符号	非正即负	无符号，恒为正值
3	结果说明	客观存在，相同的测量结果具有相同的误差，不以人的认识程度而改变	与评定人员对被测量、影响量及测量过程的认识密切相关
4	可操作性	由于不能准确得到真值，通常用约定真值代替真值，往往无法得到测量误差的值	通过实验、资料、根据评定人员的理论和实践经验进行评定，可以定量给出
5	分类	按性质可分为随机误差和系统误差	不分区性质，按是否用统计学方法求得，可将分为A类或B类标准不确定度评定方法
6	合成方法	各误差分量的代数和	当各分量不相关时，用均方根法合成
7	结果修正	已知系统误差的估计值，可对测量结果进行修正，修正值等于负的系统误差	测量不确定度是一个区间，因此无法用不确定度对结果进行修正
8	自由度	不存在	可作为不确定度评定可靠程度的指标
9	包含概率	不存在	当了解分布时，可按包含概率给出包含区间

（三）什么不是测量不确定度

（1）假误差或过错误差：这将使测量无效，通常由操作人员失误或仪器故障导致。如：

记录数据时数字位置颠倒、试样之间偶然的交叉污染等。不应计入对不确定度的贡献，应采用异常值检验的方法检查这组数据中是否存在可疑的数据。

（2）允差不是不确定度。允差是对工艺、产品或仪器所选定的允许极限值。

（3）准确度（更确切地说，应称为不准确度）不是不确定度。

（4）误差不是不确定度。

第三节　概率及数理统计基础知识

一、基本统计计算

通过多次重复测量并进行某些统计计算，可增加测量得到的信息量。有两项最基本的统计计算：求一组数据的平均值或算术平均值（数学期望），以及求单次测量或算术平均值的标准偏差（方差）。

二、最佳估值

最佳估值是指多次测量的平均值。一般而言，测量数值越多，得到的“真值”的估计值就越好。理想的估计值应当用无穷多数值集来求平均值，称为期望值，通常用希腊字母表示。但是增加读数要做额外的工作，并增大测量成本，且会产生“缩小回报”的效果。什么是合理的次数呢？10 次是普遍选择的，因为这能使计算容易。20 次读数只比 10 次给出稍好的估计值，50 次只比 20 次稍好一点。根据经验通常取 6~10 次读数就足够了。

三、误差与偏差

（一）标准偏差

标准偏差 σ 是表明测得值分散性的参数，σ 小表明测得值比较集中，σ 大表明测得值比较分散。通常，测量的重复性或重现性是用标准偏差 σ 来表示的。

（二）实验标准误差

实验标准误差是指对同一被测量作 n 次测量，表征测量结果分散性的量，用符号 S 表示。其大小可以用贝塞尔式（6-1）计算。贝塞尔公式用于计算单次测量标准差。S 简写为 S，不可与总体标准差 σ 混淆，σ 是当测量次数趋于无穷时的标准差。

$$S(x_i) = \sqrt{\frac{\sum_{i=1}^{n}(x_i - \bar{x})^2}{n-1}} \tag{6-1}$$

式中：x_i为第 i 次测量的测得值；n 为测量次数；$\bar{x}$ 为 n 次测量所得一组测得值的算术平均值。

（三）相对标准偏差

相对标准偏差是指实验标准差除以该样本的平均值。常表示为变异系数（CV）。通常用百分数表示，如式（6-2）所示。

$$\mathrm{RSD} = \frac{S}{\bar{x}} \times 100\% \tag{6-2}$$

例 1，用游标卡尺测某一尺寸 10 次，数据见表 6-2（设无系统和粗大误差），求算术平均值及单次测值的实验标准偏差。

表 6-2　尺寸测量数据

测序	l_i（mm）	v_i（mm）	v_i^2（mm^2）
1	75.01	-0.035	0.001225
2	75.04	-0.005	0.000025
3	75.07	+0.025	0.000625
4	75.00	-0.045	0.002025
5	75.03	-0.015	0.000225
6	75.09	+0.045	0.002025
7	75.06	+0.015	0.000225
8	75.02	-0.025	0.000625
9	75.05	+0.005	0.000025
10	75.08	+0.035	0.001225
	$\bar{x} = 75.045\mathrm{mm}$	$\sum_{i=1}^{10} v_i = 0$	$\sum_{i=1}^{10} v_i^2 = 0.00825\mathrm{mm}^2$

从表 6-1 可以得到算术平均值 $\bar{x}$ 为 75.045mm，单次测值的实验标准偏差：

$$S = \sqrt{\frac{\sum_{i=1}^{n} v_i^2}{n-1}} = \sqrt{\frac{0.00825}{10-1}} = 0.0303(\mathrm{mm})$$

利用赛贝尔公式求出的实验标准偏差是上述 10 个测值的测量组中单次测量的实验标准偏差。表 6-2 中的 10 个测量值是等权测量，每一个测量值的实验标准偏差都是 0.0303mm。

单次测值的实验标准偏差在数据处理中的意义：

（1）可比较不同测量组的测量可靠性；

（2）当用单次测量值作为测量结果时，可反映单次测量结果的可靠性。

说明：

（1）单次测量的实验标准偏差 S 并非只测量一次就能得到。对于一定的测量方法或量仪，必须通过多次测试才能获得（即所谓“用统计方法得出”）。

（2）一旦得出了 S 值，在今后使用该量仪或测量方法时，S 便为已知值，便能对单次测量给出测量不确定度。

（3）在有的仪器说明书里或手册表格中往往也给出了 S 值。此时，在测量过程中便可直接引用，而不必自己去求出。

（四）常用的概率分布

一组数值的散布会取不同的形式，或称为服从不同的概率分布。常用的概率分布主要包括正态分布、均匀分布和三角分布。

1. 正态分布

在一组读数中，较多的读数值靠近平均值，少数读数值离平均值较远。这就是正态分布或高斯分布的特征。

（1）正态分布的特点。

①单峰性：距平均值近的值比距平均值远的值出现的概率大。

②对称性：比平均值大的测量值出现的机会等于比平均值小的测量值出现的机会。

③有界性：在一定的测量条件下，很大或很小的测量值不会出现。

④抵偿性：各测量值的平均值随测量次数增大而趋于真值。

（2）服从正态分布的情况。

①重复条件或复现条件下多次测量的算术平均值的分布。

②被测量用扩展不确定度给出，而对其分布又没有特殊指明时，被测量的分布。

③被测量的合成标准不确定度中，相互独立的分量较多，它们之间的大小也比较接近时，被测量的分布。

④被测量的合成标准不确定度中相互独立的分量，存在两个界限值接近的三角分布，或四个界限值接近的均匀分布。

⑤被测量的合成标准不确定度的相互独立的分量中，量值较大的分量（起决定作用的分量）接近正态分布。

2. 均匀分布

标准不确定度 U 的计算见式（6-3）。

$$U(x)=\frac{a}{\sqrt{3}} \tag{6-3}$$

特征：估计值以 $p=100\%$ 的概率均匀散布在 $\pm a$ 区间内，落在该区间外的概率为零。服从均匀分布或假设为均匀分布的测量值为：

（1）数据切尾引起的舍入误差。例如，测量结果要求保留到小数点后 3 位，将实测或算出的数据第 4 位按四舍五入原则舍去，则存在舍入误差 0.0005。

（2）电子计算器的量化误差数字或仪器在±1 单位以内不能分辨的误差。

（3）摩擦引起的误差。

（4）仪表度盘刻度误差或仪器传动机构的空程误差。

（5）平衡指示器调零不准引起的误差，此项误差和仪器的调节精度人员操作有关。

（6）数字示值的分辨率。

（7）人员瞄准误差。

（8）人员读数误差。有因为视差引起的读数误差或读取非整数刻度值时，由于估读不准引起的误差，一般为最小分度的 1/10。

3. 三角分布

标准不确定度计算见式（6–4）。

$$U(x)=\frac{a}{\sqrt{6}} \tag{6-4}$$

特征：估计值以 $p=100\%$ 的概率落在 $\pm a$ 区间内，靠近 x 的数值比接近边界的值多，落在该区间外的概率为零，如图 6–1 所示。

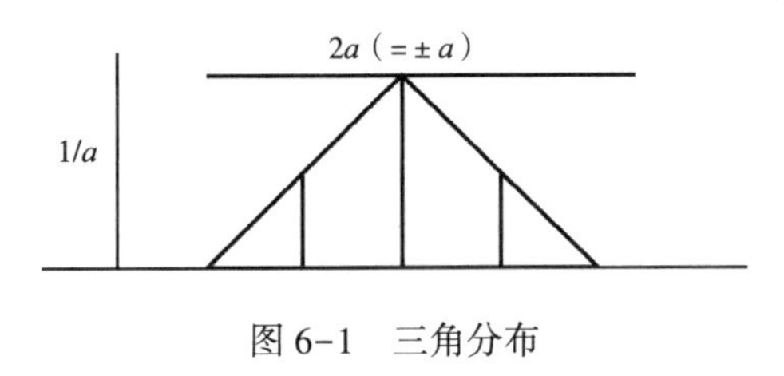

图 6–1　三角分布

服从三角分布的情况有：

（1）两独立同均匀分布之和或差。

（2）由数值舍入或分辨率影响的两测量值之和或差。

（3）用替代法检定标准元件时两次调零不准的影响。

4. 总结

（1）所使用的设备、仪器的检定证书或校准证书给出的扩展不确定度数值未说明分布时，求取由此引起的不确定度分量，则按正态分布处理。

（2）由数据修约、测量仪器最大允许误差或分辨力、参考数据的误差限、度盘或齿轮的回差、平衡指示器调零不准、测量仪器的滞后或摩擦效应导致的不确定度，通常按均匀分布处理。

（3）在化学分析中，评定容量瓶、量杯、滴定管、移液管等最大允差所引起的不确定度分量时，可按三角分布，也可按均匀分布处理。

（五）基本术语及概念

1. 测量结果的重复性

（1）概念。测量结果的重复性是指在相同测量条件下，对同一被测量进行连续多次测量所得结果之间的一致性。

（2）条件。重复性条件包括相同的测量程序、相同的观测者、使用相同的测量仪器、相同地点以及在短时间内进行重复测量。

（3）表示方法。测量重复性可以用测量结果的分散性来定量表示，由重复性引入的不确定度是诸多不确定度来源之一，其实验标准差（称为重复性标准差）用 S_r 定量给出。

2. 测量结果的重现性

（1）概念。在改变了的测量条件下，同一被测量的测量结果之间的一致性。

（2）测量条件。变化了的测量条件包括测量原理、测量方法、观测者、测量仪器、参考测量标准、地点、时间和使用条件。这些条件可以改变其中一项、多项或全部。

（3）表示方法。测量重现性可以用测量结果的分散性来定量表示，其实验标准差（称为重现性标准差）用 S_R 定量给出。

第四节　测量不确定度的分类与评定

一、测量不确定度的分类

测量不确定度分为标准不确定度和扩展不确定度。

（一）标准不确定度

标准不确定度，又称为合成标准不确定度（用 U_C 表示），是指由在一个测试模型中各输入量的标准不确定度获得的输出量的标准不确定度。它包含 A 类标准不确定度和 B 类标准不确定度。

1. A 类标准不确定度

A 类标准不确定度（用 U_A 表示）是指对在规定测量条件下测得的量值，用统计分析的方法进行的测量不确定度分量的评定。这里的规定测量条件是指重复性测量条件或重现性测量条件。

2. B 类标准不确定度

B 类标准不确定度（用 U_B 表示）是指用不同于测量不确定 A 类标准不确定度的方法进行的测量不确定度分量的评定。它主要评定以下信息：权威机构发布的量值、校准证书、有证标准物质的量值、仪器的漂移、经检定的测量仪器准确度等级以及根据人员经验推断的极限值等。

（二）扩展不确定度

1. 概念

扩展不确定度（用 U 表示）是指被测量的值乘以一个较高的置信水平，存在的区间宽度，其大小等于合成标准不确定度与一个大于 1 的包含因子 k 的乘积。

2. 区间宽度

这里的区间宽度是基于可获信息确定的包含被测量一组值的区间，被测量值以一定概率落在该区间内，所包含区间不一定以所选的测得值为中心，且不应把包含区间称为置信区间，以避免与统计学概念混淆，它可以由扩展测量不确定度导出。

3. 包含因子

这里的包含因子（用 k 表示）是指为求得扩展不确定度，对合成标准不确定度所乘的大于 1 的数，它等于扩展不确定度与合成标准不确定度之比，其大小取决于测量模型汇总输出量的概率分布类型及所选取的包含概率。

4. 包含概率

这里的包含概率是指在规定的包含区间内包含被测量的一组值的概率。为避免与统计学概念混淆，不应把包含概率称为置信水平，在 GUM 中包含概率又称“置信的水平”，包含概率替代了曾经使用过的“置信水准”。

5. 自由度

自由度是指在方差的计算中，和的项数减去对和的限制数。

（1）自由度反映相应标准不确定度评定的可靠程度。

（2）合成标准不确定度的自由度称为有效自由度，以 v_{eff}表示，用于在评定扩展不确定度 U_p时求得包含因子 k_p。其计算见式（6-5）。

$$v_{eff}=\frac{U_C^4(y)}{\sum_{i=1}^{N}\frac{U_C^4(y)}{v_i}} \tag{6-5}$$

二、测量不确定度的评定

测量不确定度评定的流程如图 6-2 所示。

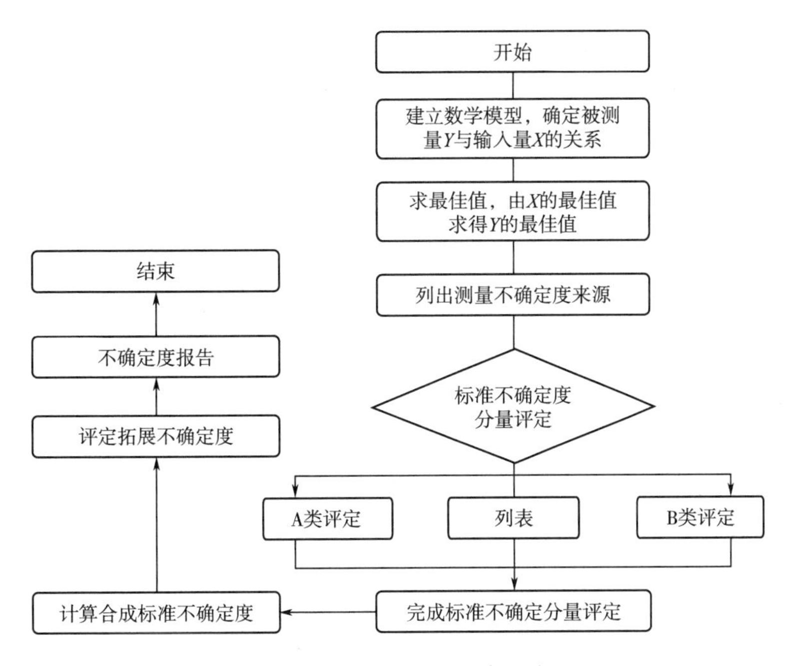

图 6-2　测量不确定度评定的流程

（一）标准不确定度的 A 类评定

在重复性条件或复现性条件下得出 n 个观测结果 x_i，则平均值计算按照式（6-6）计算。

$$\bar{x}=\frac{1}{n}\sum_{i=1}^{n}x_i \tag{6-6}$$

对于 $S(x_i)$ 为单次测量标准差，由贝塞尔公式计算得到式（6-7）。

$$S(x_i)=\sqrt{\frac{1}{n-1}\sum_{i=1}^{n}(x_i-\bar{x})^2}=U(x_i) \tag{6-7}$$

平均值标准差按照式（6-8）计算。

$$S(\bar{x}) = \frac{S(x_i)}{\sqrt{n}} = U(\bar{x}) \tag{6-8}$$

如果进行 m 组测量，则合并样本标准差按照式（6-9）计算。

$$S_p(x_i) = \sqrt{\frac{1}{m}\sum S_i^2} = U(x_i) \tag{6-9}$$

平均值的合并样本标准差为：

$$S_p(\bar{x}) = \frac{S_p(x_i)}{\sqrt{n}} = U(\bar{x}) \tag{6-10}$$

1. 极差法计算 A 类标准不确定度 U_A

（1）若输入量的总体服从或接近服从正态分布，由于用极差法估计的总体方差偏大，在标准不确定度的 A 类评定中采用极差法必然导致测量结果的合成标准不确定度偏大。A 类分量所占比重越大，测量次数 n 越少，极差法对测量结果的合成标准不确定度的影响就越大。

（2）即便从计算简单性考虑、并且在被测量接近正态分布的情况下选用了极差法，只要合成标准不确定度时不止一个分量，那么极差系数 C 应优先选用表中经过方差修正的系数，以避免合成标准不确定度偏大。

（3）举例。EN71-1 测试中，在塑料袋的 10 个不同的位置测量厚度，其结果如下：

T_i（mm）：0.047，0.047，0.044，0.042，0.042，0.047，0.045，0.042，0.048，0.047。

由贝塞尔公式计算出单次测量标准偏差如下所示：

$$S.D. = \sqrt{\frac{(x_i - \bar{x})^2}{n-1}} = 0.0024$$

因此，实验标准偏差 $= \frac{S.D.}{\sqrt{n}} = 0.0008$

如果进行第二组测量，其结果如下所示：

T_i（mm）：0.046，0.048，0.045，0.043，0.042，0.045，0.046，0.043，0.048，0.049。

则两个样本合并的标准偏差如下所示：

$$S_p(x_i) = \sqrt{\frac{1}{m}\sum S_i^2} = U(x_i) = 0.0024$$

平均值的合并样本标准差如下所示：

$$S_p(\bar{x}) = \frac{S_p(x_i)}{\sqrt{n}} = U(\bar{x}) = 0.0008$$

注意：这里不能当作 $n=20$ 来计算重复性，因为现在已变成重现性，自由度 $U=m(n-1)=18$。

A 类不确定度通常比用其他评定方法所得到的不确定度更为客观，并具有统计学的严格性，但要求有充分的重复次数。并且，这一测量程序中的重复观测值应相互独立。

（1）测量仪器的调零是测量程序的一部分，重新调零应成为重复性的一部分。

（2）通过直径的测量计算圆的面积，在直径的重复测量中，应随机地选取不同的方向观测。

（3）当使用测量仪器的同一测量段进行重复测量时，测量结果均带有相同的这一测量段的误差，而降低了测量结果间的相互独立性。

（4）在一个气压表上重复多次读取示值，把气压表扰动一下，然后让它恢复到平衡状态再进行读数。

2. 用预评估重复性标准偏差进行 A 类评定

在开展的同一类物品的常规测量中，如果能够满足保持测量体系稳定和测量的重复性稳定的条件，可以用早先做相同测量评定的具有较大自由度的重复性标准偏差来进行 A 类评定。

（1）早先评定的重复性标准偏差可以是用对一个被测物品的测量进行连续的多次（通常 $n \geqslant 10$）的一组数据计算的实验标准偏差 $S(x)$。也可以是用多组数据计算的测量过程的合并标准偏差 $S_p(x)$ 或测量过程的合并相对标准偏差 $S_{relp}(x)$，在此，将其称为预评估的重复性标准偏差。

（2）在今后测量同种被测物品的相同的被测量时，无须再做太多次数的测量，只要做较少次数（n' 次，$1 \leqslant n' \leqslant n$）测量。

（3）利用预评估的重复性标准偏差，计算 n' 次独立测量的算术平均值的标准不确定度。

（二）标准不确定度的 B 类评定

1. 评定流程

标准不确定度的 B 类评定流程如图 6-3 所示。

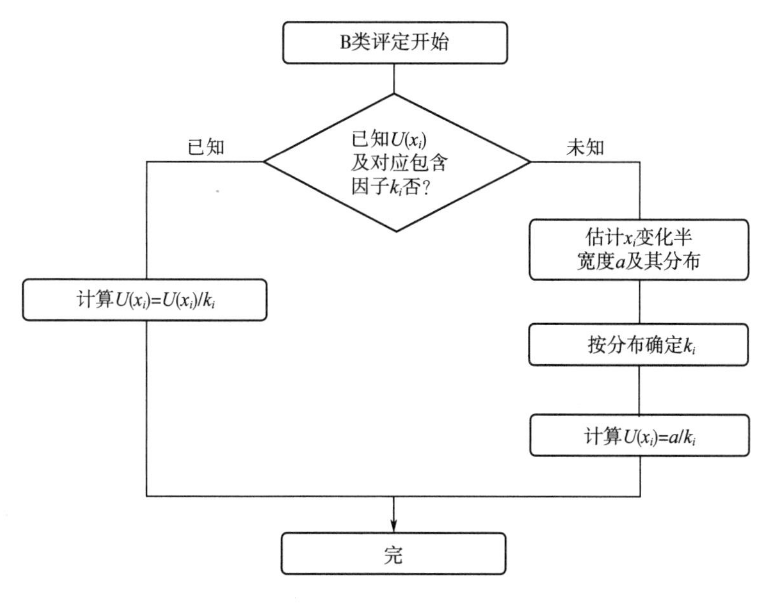

图 6-3　B 类评定流程

（1）包含区间的半宽度 a 根据有关信息确定。

通常的信息来源有：

①以前的测量数据。

②校准证书、检定证书或其他文件提供的数据。

③对有关材料和测量仪器特性的了解和经验。

④生产厂提供的技术产品说明书。

⑤手册或某些资料给出的参考数据及其不确定度或误差限。

例如：数据修约间隔、数字式仪器最小分度值、测量误差限（最大允许误差、重复性限、复现性限）、理论分析得到的极限值、测量仪器或实物量具准确度等别或级别规定的允差或测量不确定度等。

（2）包含因子 k 值的确定。

①已知扩展不确定度是合成标准不确定度的 k 倍时，此 k 值就是包含因子。

②按估计的分布选取，在无法判定分布类型时，可估计为矩形（均匀）分布。

③当给出 U_p 时，按正态分布考虑，根据 p 确定包含因子。

④若检定证书或技术说明书只给出了不确定度而未给出包含因子时，可取 $k=2$。

⑤若明确给出重复性限、复现性限时，取 $k=2.83$。

（3）求标准不确定度。

标准不确定度按照式（6-11）计算。

$$u(x)=\frac{a}{k} \tag{6-11}$$

式中：a 为置信区间半宽；k 为对应于置信水准的包含因子。

2. B 类标准不确定度 U_B 的评定方法

当 x_i 在 $x_i \pm a$ 区间内，x_i 在中间附近出现的概率大于在区间边界的概率，则 x_i 可认为服从三角分布，概率 100%时，k_p 取 $\sqrt{6}$，$u(x_i)=\frac{a}{\sqrt{6}}$。在化学分析中，评定容量瓶、量杯、滴定管、移液管等最大允差所引起的不确定度分量时，可按三角分布，也可按均匀分布处理。例如，检定合格的容量器皿的体积误差通常认为服从三角分布。

例 1：校准证书上给出标称值为 1kg 的砝码的实际质量 $m=1000.0032$g，并说明按包含因子 $k=3$ 给出的扩展不确定度 $U=0.24$mg，求该砝码的标准不确定度及相对标准不确定度？

$$u(m)=\frac{U(m)}{k}=\frac{0.24}{3}=80(\mu g)$$

$$u_{rel}(m)=\frac{u(m)}{m}=\frac{80\mu g}{1\times 10^9\mu g}=80\times 10^{-9}$$

例 2：用一最小刻度为 1mm 的钢直尺测量一段 10mm 的长度，求读数所引起的不确定度？

$$u(x)=\frac{0.5mm}{\sqrt{3}}$$

例 3：数字仪表的分辨率为 x，求其标准不确定度。

$$u(x)=\frac{1}{2}\delta x=\frac{1}{\sqrt{3}}$$

（三）合成标准不确定度的评定

当全部输入量 x_i 是独立或不相关时，合成标准不确定度 u_c（y）由式（6-12）计算。

$$u_c^2(y) = \sum_{i=1}^{N}\left(\frac{\partial f}{\partial x_i}\right)^2 u^2(x_i) \tag{6-12}$$

称此为不确定度的传播律。式中，f 为被测量 y 与诸直接测得量的函数关系，u（x_i）为 A 类评定标准不确定度，或 B 类评定标准不确定度。

当全部输入量 x_i 是独立或不相关时，函数关系式为：

$$y = x_1 + x_2 + \cdots + x_n$$

则合成不确定度表示为：

$$u_c^2(y) = \sum_{i=1}^{N}\left(\frac{\partial f}{\partial x_i}\right)^2 u^2(x_i) \rightarrow^{?}\ u_c^2(y) = \sum_{i=1}^{N}\left[u(x_i)\right]^2$$

当 $y=x$ 时，则 $u_c(y) = u(x)$。

（1）只涉及和或差的形式。

$$y = a_1x_1 + a_2x_2 + \cdots + a_nx_n$$

输入量的偏导十分简单，即其系数：

$$u_c(y) = \sqrt{a_1^2\,u^2(x_1) + a_2^2\,u^2(x_2) + \cdots + a_n^2\,u^2(x_n)}$$

当各不确定度分量完全正相关时，合成标准不确定度 u_c（y）是各分量的线性和。所谓两分量正相关是指两分量有正线性关系，一个分量增大，另一个亦增大，反之亦然。如采用两支不同的 25mL 移液管，移取溶液的影响互相独立，其体积的标准不确定度用方和根计算。

例 1，25mL 移液管体积的标准不确定度 u（25mL）= 0.021mL，如用同一支 25mL 移液管移取 50mL 溶液，所移取体积的标准不确定度用代数和计算，如下所示：

$$u(50\text{mL}) = 0.021 + 0.021 = 0.042(\text{mL})$$

$$u(50\text{mL}) = \sqrt{0.021^2 + 0.021} = 0.030(\text{mL})$$

（2）数据所涉及的数学模型为积或商的形式，则分别以各分量的相对不确定度合成。

$$y = x_1x_2x_3\cdots\frac{x_1}{x_2x_3}\cdots$$

$$u_{c\,\text{rel}}(y) = \frac{u_c(y)}{y} = \sqrt{\left[\frac{u(x_1)}{x_1}\right]^2 + \left[\frac{u(x_2)}{x_2}\right]^2 + \cdots + \left[\frac{u(x_n)}{x_n}\right]^2}$$

$$= \sqrt{u_{\text{rel}}^2(x_1) + u_{\text{rel}}^2(x_2) + \cdots + u_{\text{rel}}^2(x_n)}$$

（3）对有幂函数项计算式。

①偏导计算法：

$$u_c^2(y) = \sum_{i=1}^{n} c_i^2\,u^2(x_i) = \sum_{i=1}^{n} u_i^2(y)$$

式中，$c_i = \dfrac{\partial f}{\partial x_i}$，$u_i(y) = |c_i|u(x_i)$

②相对标准不确定度计算法：

$$u_{c\,\mathrm{rel}}(y)=\frac{u_c(y)}{y}=\frac{\sqrt{[2x_1x_2u(x_1)]^2+x_1^2x_2^2u^2(x_2)}}{x_1^2x_2}$$

$$=\sqrt{\frac{2u(x_1)^2}{x_1^2}+\frac{u^2(x_2)}{x_2^2}}=\sqrt{[2\,u_{\mathrm{rel}}(x_1)]^2+u_{\mathrm{rel}}^2(x_2)}$$

检测中采用相对标准不确定度计算与用偏导的灵敏系数 c_i 法计算是一致的。用相对标准不确定度计算，可根据各分量的大小，更直观估计其在合成不确定度中所占的比重，计算更为简便。

例如，圆柱体体积 V 与半径 r 和高 h 的函数关系为：

$$V=\pi r^2h$$

$$u_{c\,\mathrm{rel}}(V)=\sqrt{u_{\mathrm{rel}}^2(r)+u_{\mathrm{rel}}^2(h)}$$

π 的不确定度可以取适当的有效位数而忽略不计。

（4）当数学模型中既有加减又有乘除时，可按上述原则先计算加减项，再计算乘除项。

（四）扩展不确定度的评定

将合成标准不确定度乘以一个包含因子，得到扩展不确定度：

$$U=ku_c$$

检测中输出量的分布受多种互相独立的因素影响，基本上是正态或近似正态分布，当 V_{eff} 充分大时，可近似认为 $k_{95}=2$，检测实验室测量结果的不确定度评估中一般可不计算有效自由度 V_{eff}，而直接取置信水平 95%，$k=2$。

$$U_{95}=2\,u_c(y)$$

例 1，标准砝码的质量为 $m_s=100.02174\text{g}$，$k=2$，$u_c(y)=0.35\text{mg}$，则：

$m_s=(100.02174\pm0.00070)\text{g}$；$k=2$

$m_s=(100.02174\pm0.00070)\text{g}$；$V_{\mathrm{eff}}=9$，括号内第二项为 U_{95}之值

$m_s=(100.02174\pm0.00070)\text{g}$；置信概率为 95%，包含因子为 2.26

第五节　测量不确定度的表示

一、测量不确定度的要求

当在证书/报告中报告测量不确定度时，通常应使用“$y\pm U$（y 和 U 的单位）”或类似的表述方式；测量结果也可以使用列表，即将测量结果的数值与其测量不确定度在列表中对应给出。需要时，扩展不确定度也可以用相对扩展不确定度 $U/|y|$ 的方式给出，如指数或百分比。

应在证书/报告中注明不确定度的包含因子和包含概率，可以使用以下文字描述：“本报告给出的扩展不确定度是由合成标准不确定度乘以包含概率约为 95%时对应的包含因子 k 得

到的。”

扩展不确定度的数值不应超过两位有效数字，并且应满足以下要求：最终报告的测量结果的末位应与扩展不确定度的末位对齐；应根据通用的规则进行数值修约，并符合 GB/T 27418—2017《测量不确定度的评定与表示》的规定。

一般情况下，扩展不确定度 U 与测量结果连在一起表示。其形式为：

$$Y=(x\ \pm U)(\text{单位}),\ k=2(\text{或}\ 3)$$

要注意的是 U 本身只能是正值，当与 y 一起表达时，表明 Y 的分布范围，$x-U\leqslant Y\leqslant x+U$，前面的±符号是 Y 表达式的符号，而非 U 本身的符号。

通常不确定度有效数字取两位即可，测量结果的位数与不确定度位数相同；修约可以采用只进不舍的原则；不允许进行连续修约（$C=0.1455$）。

二、测量结果及其不确定度的有效位数

在报告最终结果时，有时可能要将不确定度最末位后面的数都进位而不是舍去。最多保留两位有效数字。JJF 1059.1—2012《测量不确定度评定与表示》的 5.3.8.1 条款规定：“通常最终报告的 U 根据需要取一位或两位有效数字”一旦测量不确定度有效位数确定了，则应采用它的修约间隔来修约测量结果，以确定测量结果的有效位数。

需要注意的部分包括：

（1）确定测量不确定度的有效位数，从而决定测量结果的有效位数，其原则是即要满足测量方法标准或检定规程对有效位数的规定，也要满足 GUM 的要求（一位或二位）。

（2）不允许连续修约。即在确定修约间隔后，一次修约获得结果，不得多次修约。

（3）当不确定度以相对形式给出时，不确定度也应最多只保留两位有效数字。

（4）当采用同一测量单位来表示测量结果和其不确定度时，它们的末位应是对齐的（末位一致），这是 GUM 的规定，应予遵从。

（5）若测量结果实际位数不够而无法与测量不确定度对齐时，一般操作方法是补零后对齐。

如测量结果：$m=100.0214\text{g}$，$U_{95}=0.36\text{mg}$，应表示为：$m=100.02140\text{g}$；$U_{95}=0.36\text{mg}$（或 0.00036g）。但必须注意到补零后其数值是否与仪器设备的最小检出量相吻合，如果不吻合则不可补零对齐。

例如，已知量具的分辨力是 0.01mm，多次测量结果经评定，其平均值是 $L=10.08\text{mm}$，$U_{95}=0.056\text{mm}$，则按上述原则，评定结果补零后对齐应为 $L=10.080\text{mm}$，$U_{95}=0.056\text{mm}$，测量结果与不确定度 U_{95} 末位是对齐了，但结果的表达却表明了量具的分辨力为 0.001mm，这与实际情况不符。

因此，对于这种情况，如果为了两者末位对齐，将测量结果“补零”，则无意中提高了所用检测设备或仪器的分辨力，违反了现实状态。此时，解决的办法是，测量不确定度有效数取一位，测量结果不需补零，正确的报告表示方式是：$L=10.08\text{mm}$，$U_{95}=0.06\text{mm}$。测量结果和扩展不确定度使用相同计量单位，其末位一致，完全符合 JJF 1059.1—2012 的 5.3.8.3

的规定，也符合检测设备的现实情况。总之，测量不确定度有效位数究竟是取一位还是两位，应根据所评定问题的客观实际情况按照 JJF 1059. 1—2012 的规定来决定。

三、注意事项

评定测量不确定度的严密程度应以满足实际应用需要为依据，力求合理。

（1）首先要全面考虑不确定度的各种来源，既要避免疏漏也要避免重复估算。

（2）力求合理评定各个分量的数值，要避免不适当的高估或低估，尤其是主要分量。

（3）只要保持测量体系稳定，尽可能利用已有的标准不确定度信息，或利用已有的其他信息资源进行 A 类或 B 类评定。

（4）当用相同的测量体系测量基本上相同的被测量时，可以利用预评估标准差计算当前测量标准差不确定度。

（5）当测量体系中有多个随机影响存在时，可以用测量结果的重复性标准差作为各个随机影响的合成重复性标准差。

（6）各分量参与合成标准不确定度的贡献和它们的标准差平方成正比。当某一分量小于最大不确定度分量的 1/5 或者小于合成标准不确定度的 1/10 时可以忽略，除非数目较多。凡是忽略的分量需要说明，可以不评定。

（7）报告测量结果应报告修正后的结果，不确定度中不应包含已识别的系统误差。

（8）如无特殊要求，对于通常的应用，在计算扩展不确定度 U 时，取包含因子 $k=2$，在报告 U_p时，包含概率取 95%。

（9）在完成不确定度评定后，可以利用以前的测量值和有关质量控制数据进行验证，以检查结果的合理性。

（10）如果有关质量控制数据证明测量体系是稳定的，不确定度的估计值能可靠地适用于以后该实验室使用该方法所得到的结果中，并不需要在每次测量之后重复评定不确定度。

四、测量不确定度报告的内容

测量不确定度报告一般包括如下内容：

（1）报告题目（用××方法测量××量测量结果不确定度的评定）。

（2）测量方法概述（方法原理、被测量的定义、测量程序、涉及的输入量）。

（3）建立包括各个输入量在内的评定合成标准不确定度的测量模型。

（4）评定各分量的标准不确定度，需要时计算自由度。

（5）编制各个分量的标准不确定度汇总表。

（6）评定合成标准不确定度，可能并需要时计算有效自由度。

（7）确定包含因子 k 或 k_p，计算扩展不确定 U 或 U_p，并给出计量单位。

（8）对 U 应给出 k 值，对 U_p应给出包含概率 p 和有效自由度 V_{eff}，必要时也可给出相对扩展不确定度 U_{rel}。

五、测量不确定度 GUM 法中的两种方法

（一）直接评定法

（1）在试验条件（检测方法、环境条件、测量仪器、被测对象、检测过程等）明确的基础上，建立由检测参数试验原理所给出的测量模型（一般由该参数的测试方法标准给出）。

（2）然后按照检测方法和试验条件对测量不确定度的来源进行分析，找出测量不确定度的主要来源，以此求出各个输入量的标准不确定度，称为标准不确定度分量。

（3）按照不确定度传播规律，根据测量模型求出每个输入量估计值的灵敏系数，再根据输入量间是彼此独立还是相关，还是二者皆存在的关系，进行合成，求出合成不确定度。

（4）最后根据对置信度的要求（95%还是 99%）确定包含因子（k 取 2 还是取 3）从而求得扩展不确定度。

采用直接评定法，必须具有以下三个前提：

（1）如果对测量模型中的所有输入量进行了测量不确定度分量的评定，就包含了测量过程中所有影响测量不确定度的主要因素。

（2）由试验标准方法所决定的测量模型，能较容易的求出所有输入量的灵敏系数。

（3）各输入量之间有明确的相关或独立关系。这三个前提条件都满足，那么直接评定法是可行的。

（二）综合评定法

在测量不确定度评定中，有的检测项目采用直接评定法评定其检测结果的测量不确定度，会存在以下问题：

（1）所有输入量的不确定度分量并不能包含影响检测结果所有的主要不确定因素。

（2）所有或部分输入量的不确定度分量量化困难。

（3）有的检测项目由测量模型求某些输入量的灵敏系数十分困难或非常复杂。这时如果仍用直接评定法，不仅可靠性低，而且缺乏可操作性。对于这种情况可以采用综合法进行评定。

例如，金属材料夏比试样的冲击试验，检测其试样的冲击吸收功，根据试验原理，其测量模型是：

$$KV = F \times L \times (\cos\beta - \cos\alpha)$$

式中：F 为摆锤的重力（N）；L 为摆长（摆轴至锤重心之间的距离）（mm），α，β 为冲击前摆锤扬起的最大角度、冲击后摆锤扬起的最大角度（°）。

存在的问题：

（1）在测量不确定度评定过程中，无法对这四个输入量进行量化。

（2）很多影响检测结果的重要的因素无法考虑进去，如试样状态（尺寸、粗糙度，特别是缺口状态）、冲击试验机状态（刚度、摆锤、轴线摆锤长度、刀刃尺寸、回零差、底座的跨距、曲率半径及斜度、能量损失等）、试验条件（冲击速度、试样对中、温度等）、试样材质的不均匀性、操作人员的差异等。

综合评定法的思路是：

（1）在试验方法（包括试样的制备和一切试验的操作）满足标准、所用设备/仪器和标样也满足标准要求的条件下，综合考虑并评定试验结果重复性（包含了人员、试验机、材质的不均匀性、在满足标准条件下试样加工、试验条件及操作的各种差异等因素）引入的不确定度分量。

（2）再考虑工作试验机误差所引入的不确定度分量、检验工作试验机所使用的标准试样偏差所引入的不确定度分量、根据标准对测量结果进行数值修约所引入的不确定度分量。

（3）再进行合成、扩展，最后得到评定结果。

课后思考题

1. 不确定度的定义是什么？
2. 举例说明包含不确定度的测试结果如何正确表达？
3. 不确定度有几种？分别是哪几种？用什么符号表示？
4. 常用的三种概率分布是什么？包含因子 K 值分别取多少？

第七章　织物外观及结构分析

第一节　织物外观

一、本色布布面疵点检验

（一）检测条件

（1）检验布面的照明光度为（400±100）lx（勒克斯），可采用下灯光或上灯光。

（2）上灯光的检验光源与布面距离为 1.0~1.2m。

（3）检验人员的视线应正视布面，眼睛与布面的距离为 55.0~60.0cm。

（4）验布机的线速度最高为 20m/min。

（二）操作步骤

（1）采用验布机检验或平台检验。

（2）检验布面疵点以布的正面为准，平纹织物和山形斜纹织物，以交班印一面为正面，斜纹织物中纱织物以左斜（↖）为正面，线织物以右斜（↗）为正面，破损性疵点以严重一面为正面，也可根据客户要求确认织物正面。

（3）每一个疵点用经检定合格的量具测量布面疵点的长度，量具的分度值为 1mm。

（4）验布机和平台检验，发生矛盾时，以平台检验为准。

（三）检验方法

1. 布面疵点的检验

（1）采用 4 分制评分法，评分规定见表 7-1。

表 7-1　4 分制评分规定

疵点分类		评分数			
		1	2	3	4
经向疵点		≤8cm	8~16cm	16~24cm	24~100cm
纬向疵点		≤8cm	8~16cm	16~24cm	>24cm
横档		—	—	半幅及以下	半幅及以上
严重疵点	根数评分	—	—	3 根	≥4 根
	长度评分	—	—	<1cm	≥1cm

注　不影响后道质量的横档疵点评分，由供需双方协定。

（2）严重疵点在根数和长度评分矛盾时，从严评分。

①1m 内严重疵点评 4 分为降等品。

②1m 中累计评分最多评 4 分。

（3）每百米内不允许有超过 3 个难以修织的评 4 分的疵点。

2. 布面疵点的量计

（1）疵点的长度以经向或纬向最大长度量计。

（2）经向疵点及严重疵点，长度超过 1m 的，其超过部分按表 7-1 再行评分。

（3）在一条内断续发生的疵点，在经（纬）向 8cm 内有两个及以上的，则按连续长度累计评分。

（4）共断或并列（包括正反面）是包括隔开 1 根或 2 根好纱，隔 3 根及以上好纱的，不作共断或并列（斜纹、缎纹织物以间隔一个完全组织及以内作共断或并列处理）。

3. 布面疵点评分的说明

（1）有两种疵点混合在一起，以严重一项评分。边组织及距边 1cm 内的疵点（包括边组织）不评分，但毛边、拖纱、猫耳朵、凹边、烂边、豁边、深油锈疵及评 4 分的破洞、跳花要评分，如疵点延伸在距边 1cm 以外时应加合评分。非织造布布边，绞边的毛须伸出长度规定为 0. 3~0. 8cm。边组织有特殊要求的则按要求评分。

（2）布面拖纱长 1cm 以上每根评 2 分，布边拖纱长 2cm 以上的每根评 1 分（一进一出作一根计）。

（3）0. 3cm 以下的杂物每个评 1 分，0. 3cm 及以上杂物和金属杂物（包括瓷器）评 4 分（测量杂物粗度）。

4. 加工坯中布面疵点的评分

（1）水渍、不影响组织的浆斑不评分。

（2）漂白坯中的筘路、筘穿错、密路、拆痕、云织减半评分。

（3）印花坯中的星跳、密路、条干不匀、双经减半评分，筘路、筘穿错、长条影、浅油疵、单根双纬、云织、轻微针路、煤灰纱、花经、花纬不评分。

（4）杂色坯不洗油的浅油疵和油花纱不评分。

（5）深色坯油疵、油花纱、煤灰纱、不褪色色疵不洗不评分。

（6）加工坯距布头 5cm 内的疵点不评分（但六大疵点应开剪）。

5. 检验报告

检验报告应包含以下内容：

（1）检验依据本标准编号（GB/T 17759—2018《本色布布面疵点检验方法》）。

（2）被检产品的名称、规格、批号、受检单位名称。

（3）被检产品的数量，包括段数、段长和检验结果。

（4）现场检验应说明的问题。

（5）检验日期、检验人员签名。

二、针织布外观检验

（一）原理

在一定光线下，目测并计量疵点，按预定计分标准计分，评定针织布外观质量。

（二）设备和工具

（1）验布机（台面与垂直线成45°角，上下灯罩中分别安装6~8只40W日光灯，验布机速度为16~18m/min，带有测量长度的装置）。

（2）验布台（宽度大于布幅，长度长于1m，台面平整，距台面80cm的40W日光灯或正常北光照射）。

（3）直尺或卷尺（大于测量尺寸，最小刻度值为1mm）。

（4）色卡（GB/T 250—2008《纺织品　色牢度评定变色用灰色样卡》）。

（三）抽样

按交货批分品种、规格、色别随机抽样1%~3%，但不少于200m。交货批少于200m，全部检验。

（四）检验程序

（1）织物直向移动通过目测区域，保证1m长的可视范围进行检验。

（2）以织物使用面为准，以目光距布面70~90cm评定疵点。

（3）局部性疵点、线状疵点按疵点的长度计量，条块状疵点按疵点的最大长度或疵点的最大宽度计量，累计对照表7-2计分。

表7-2　疵点计分规定

疵点长度	计分	疵点长度	计分
≤75mm	1分	>152mm，≤230mm	3分
>75mm，≤152mm	2分	>230mm	4分

（4）无论疵点大小和数量，直向1m全幅范围内最多计4分。

（5）破损性疵点，1m内无论疵点大小均计4分。

（6）明显散布性疵点，每米计4分。

（7）有效幅宽，按GB/T 4667—1995《机织物幅宽的测定》测量，偏差超过±2.0%，每米计4分。

（8）纹路歪斜，按GB/T 14801—2009《机织物与针织物纬斜和弓纬试验方法》测量，直向以1m为限，横向以幅宽为限，超过5.0%，每米计4分。有洗后扭曲测量要求的，纹路歪斜可由供需双方协商解决。

（9）与标样色差，用GB/T 250—2008评定，低于4级，每米计4分。

（10）同匹色差，用GB/T 250—2008评定，低于4~5级，全匹每米计4分。

（11）同批色差，用GB/T 250—2008评定，低于4级，两个对照匹每米计4分。

（12）每个接缝计4分。

（13）距布头30cm以内的疵点不计分。

（14）每匹布长度的测量按长度检测装置计量。

（15）疵点的界定参照FZ/T 70004—1992《纺织品　针织品疵点术语》执行。

（五）结果计算

（1）每匹布的总分值以每百平方米计分或每百米（全幅）计算，按式（7-1）和式（7-2）计算。

$$R_1 = 10000 \times \frac{P}{W \times L} \tag{7-1}$$

$$R_2 = \frac{100P}{L} \tag{7-2}$$

式中：R_1为每匹布每百平方米的平均分；R_2为每匹布每百米的平均分；P为每匹布总分；W为实测有效幅宽（cm）；L为实测长度（cm）。

（2）结果按GB/T 8170—2008《数值修约规则与极限数值的表示和判定》修约至整数。

（六）各类布面疵点

1. 布面疵点种类

竹节、粗经、错线密度、综穿错、多股经、双经、并线松紧、松经、断疵、沉纱、墨跳、跳纱、棉球、结头、边撑疵、拖纱、修整不良、错纤维、油渍、油色色经、不褪色色渍、水渍、污渍、浆斑、布开花、油花纱、猫耳朵、凹边、烂边、花经、绞边不良、方眼、木辊皱、荷叶边、毛点、偏绒、倒绒、厚薄段、刀路、边撑痕。

2. 疵点名称的说明

（1）竹节：纱线上短片段的粗节。

（2）粗经：直径偏粗长5cm及以上的经纱织入布内。

（3）错线密度：线密度用错工艺标准。

（七）报告

检验报告应包括以下内容：

（1）本标准的编号和年号。

（2）样品的名称和规格。

（3）使用验布机或验布台。

（4）抽样基数和抽样数量。

（5）每百平方米或每百米的平均分。

三、棉印染布外观检验

（一）原理

棉印染布的要求分为内在质量和外观质量两个方面，内在质量包括密度偏差率、单位面积质量偏差率、断裂强力、撕破强力、水洗尺寸变化率、色牢度和安全性能七项；外观质量包括幅宽偏差、色差、歪斜、局部性疵点和散布性疵点五类。

（二）分等规定

产品的品等分为优等品、一等品、二等品，低于二等品的为等外品。棉印染布的评等，内在质量按批评等，外观质量按匹（段）评等，以内在质量和外观质量中最低一项品等作为该匹（段）布的品等。在同一匹（段）布内，局部性疵点采用每百平方米允许评分的办法评定等级；散布性疵点按严重一项评等。

（三）内在质量

（1）产品的安全性能应符合 GB 18401—2010《国家纺织产品基本安全技术规范》或 GB 31701—2015《婴幼儿及儿童纺织产品安全技术规范》的规定。

（2）内在质量评等应符合表 7-3 规定。

表 7-3 内在质量评等

<table>
<tr><th colspan="3">考核项目</th><th>优等品</th><th>一等品</th><th>二等品</th></tr>
<tr><td colspan="2" rowspan="2">密度偏差率（%）</td><td>经向</td><td>-3.0～+3.0</td><td>-4.0～+4.0</td><td>-5.0～+5.0</td></tr>
<tr><td>纬向</td><td>-2.0～+2.0</td><td>-3.0～+3.0</td><td>-4.0～+4.0</td></tr>
<tr><td colspan="2">单位面积质量偏差率（%）</td><td>—</td><td colspan="3">-5.0～+5.0</td></tr>
<tr><td rowspan="6">断裂强力（N）</td><td rowspan="2">200g/m^{2}以上</td><td>经向</td><td colspan="3">600</td></tr>
<tr><td>纬向</td><td colspan="3">350</td></tr>
<tr><td rowspan="2">150g/m^{2}以上～200g/m^2</td><td>经向</td><td colspan="3">350</td></tr>
<tr><td>纬向</td><td colspan="3">250</td></tr>
<tr><td rowspan="2">100g/m^{2}以上～150g/m^2</td><td>经向</td><td colspan="3">250</td></tr>
<tr><td>纬向</td><td colspan="3">200</td></tr>
<tr><td rowspan="6">撕破强力（N）</td><td rowspan="2">200g/m^{2}以上</td><td>经向</td><td colspan="3">17.0</td></tr>
<tr><td>纬向</td><td colspan="3">15.0</td></tr>
<tr><td rowspan="2">150g/m^{2}以上～200g/m^2</td><td>经向</td><td colspan="3">13.0</td></tr>
<tr><td>纬向</td><td colspan="3">11.0</td></tr>
<tr><td rowspan="2">100g/m^{2}以上～150g/m^2</td><td>经向</td><td colspan="3">7.0</td></tr>
<tr><td>纬向</td><td colspan="3">6.7</td></tr>
<tr><td colspan="2" rowspan="2">水洗尺寸变化率（%）</td><td>经向</td><td>-3.0～+1.0</td><td>-4.0～+1.5</td><td>-5.0～+2.0</td></tr>
<tr><td>纬向</td><td>-3.0～+1.0</td><td>-4.0～+1.5</td><td>-5.0～+2.0</td></tr>
<tr><td rowspan="4">色牢度（级） ≥</td><td>耐光</td><td>变色</td><td>4</td><td>3</td><td>3</td></tr>
<tr><td>耐皂洗</td><td>沾色</td><td>4</td><td>3-4</td><td>3</td></tr>
<tr><td rowspan="2">耐摩擦</td><td>干摩</td><td>4</td><td>3-4</td><td>3</td></tr>
<tr><td>湿摩</td><td>3</td><td>3</td><td>2-3</td></tr>
</table>

续表

考核项目			优等品	一等品	二等品
色牢度（级） ≥	耐汗渍	变色	3-4	3	3
		沾色	3-4	3	3
	耐热压	变色	4	4	3-4
		沾色	4	3-4	3

注 a. 单位面积质量在 100g/m^2及以下的断裂强力、撕破强力按供需双方协商确定。

b. 耐光色牢度有特殊要求，按供需双方协商确定。

（四）外观质量

1. 外观质量要求

（1）幅宽偏差、色差、歪斜等应符合表 7-4 规定。

表 7-4 幅宽偏差、色差、歪斜评等

疵点名称和类别				优等品	一等品	二等品
幅宽偏差（cm）	幅宽 140cm 及以下			-1.0～+2.0	-4.0～+4.0	-5.0～+5.0
	幅宽 140～240cm			-1.5～+2.5	-2.0～+3.0	-2.5～+3.5
	幅宽 240cm 以上			-2.5～+3.5	-3.0～+4.0	-3.5～+4.5
色差（级）≥	原样	漂色布	同类布样	4	4	3-4
			参考样	4	3-4	3
		花布	同类布样	4	3-4	3
			参考样	4	3-4	3
	左中右[a]		漂色布	4-5	4	3-4
			花布	4	3-4	3
	前后			4	3-4	3
歪斜[b]（%）	花斜或纬斜			2.5	3.5	5.0
	条格花斜或纬斜			2.0	3.0	4.5

a 幅宽 240cm 以上品种左中右色差允许放宽半级。

b 歪斜以花斜或纬斜、条格花斜或纬斜中严重的一项考核，幅宽 240cm 以上，歪斜允许放宽 0.5%。

（2）局部性疵点：

①每匹（段）布的局部性疵点允许评分数应根据其等级评定。优等品的评分数≤18 分/m^2，一等品的评分数≤28 分/m^2，二等品的评分数≤40 分/m^2。

每匹（段）布的局部性疵点允许总评分按照式（7-3）计算。

$$A = \frac{a \times L \times W}{100} \tag{7-3}$$

式中：A 为每匹（段）布的局部性疵点允许总评分；a 为每百平方米允许评分数（分/$100m^2$）；L 为匹（段）长（m）；W 为标准幅宽（m）。

②局部性疵点评分规定如下所示：

a. 局部性疵点评分应按表 7-5 规定。

表 7-5　局部性疵点评分

疵点长度	评分
疵点在 8.0cm 及以下	1 分
疵点在 8.0cm 及以上至 16.0cm 及以下	2 分
疵点在 16.0cm 及以上至 24.0cm 及以下	3 分
疵点在 24cm 以上	4 分
布面疵点具体见 GB/T 406—2008 的附录 B，疵点名称说明见 GB/T 406—2008 的附录 C	

b. 1m 评分不应超过 4 分。

c. 距边 2.0cm 以上的所有破洞（断纱 3 根及以上，或者经纬各断 1 根且明显的、0.3cm 以上的跳花）不论大小，均评 4 分；距边 2.0cm 及以内的破损性疵点评 2 分。

d. 难以数清、不易量计的分散斑渍，根据其分散的最大长度和宽度，参照表 7-5 分别量计、累计评分。

③局部性疵点评分说明：

a. 疵点长度按经向或纬向的最大长度量计。

b. 除破损和边疵外，距边 1.0cm 及以内的其他疵点不评分。

c. 评定布面疵点时，均以布匹正面为准，反面有通匹、散布性的严重疵点时应降一个等级。

（3）散布性疵点：应符合表 7-6 规定。

表 7-6　散布性疵点平等

疵点名称和类别	优等品	一等品	二等品
花纹不符、染色不匀	不影响外观	不影响外观	影响外观
条花	不影响外观	不影响外观	影响外观
棉结杂质、深浅细点	不影响外观	不影响外观	影响外观
花纹不符按用户确认样为准，印花布的布面疵点应根据对总体效果的影响程度评定			

（4）优等品疵点。说明优等品不应有以下疵点：单独一处评 4 分的局部性疵点；破损性

疵点。

（五）假开剪和拼件的规定

（1）在优等品中不应假开剪。

（2）假开剪的疵点应是评为 4 分的疵点或评为 3 分的严重疵点，假开剪后各段布都应是一等品。

（3）凡用户允许假开剪或拼件的，可实行假开剪和拼件。距布端 5m 以内及长度在 30m 以下不应假开剪，最低拼件长度不低于 10m；假开剪按 60m 不应超过 2 处，长度每增加 30m，假开剪可相应增加 1 处。

（4）假开剪和拼件率合计不应超过 20%，其中拼件率不应超过 10%。

（5）假开剪位置应作明显标记，附假开剪段长记录单。

（六）试验方法

1. 内在质量

（1）密度检验方法按 GB/T 4668—1995《机织物密度的测定》执行，密度偏差率按式（7-4）计算。

$$e_{t,w}=\frac{D_1-D_{t,w}}{D_{t,w}}\times 100\% \quad (7-4)$$

式中：$e_{t,w}$为密度偏差率；$D_{t,w}$为棉印染布标准（经、纬纱）密度（根/10cm）；D_1为棉印染布实测（经、纬纱）密度（根/10cm）。

（2）单位面积质量试验方法按 GB/T 4669—2008《机织物单位长度质量和单位面积质量的测定》中方法 6 执行，单位面积质量偏差率按式（7-5）计算。

$$G=\frac{m_1-m}{m}\times 100\% \quad (7-5)$$

式中：G 为单位面积质量偏差率；m 为棉印染布单位面积质量标称值（g/m^2）；m_1为棉印染布单位面积质量实测值（g/m^2）。

注：单位面积质量标称值为客户要求或面料设计目标值，按供需双方协议商定。

（3）断裂强力试验方法按 GB/T 3923.1—2013《纺织品　织物拉伸性能　第 1 部分：断裂强力和断裂伸长率的测定》执行。

（4）撕破强力试验法方法按 GB/T 3917.1—1997《纺织品　织物撕破性能　第 1 部分：撕破强力的测定　冲击摆锤法》执行。

（5）水洗尺寸变化率试验方法按 GB/T 8628—2001《纺织品　测定尺寸变化的试验中织物式样和服装的准备、标记及测量》、GB/T 8629—2017《纺织品　试验用家庭洗涤和干燥程序》（采用洗涤程序 2A、干燥程序 F）和 GB/T 8630—2013《纺织品　洗涤干燥后尺寸变化的测定》执行。

（6）耐光色牢度试验方法按 GB/T 8427—2019《纺织品　色牢度试验　耐人造光色牢度：氙弧》中方法 3 执行。

（7）耐皂洗色牢度试验方法按 GB/T 3921—2008《纺织品　色牢度试验　耐皂洗色牢

度》的表 2 中 C（3）单纤维贴衬执行。

（8）耐摩擦色牢度试验方法按 GB/T 3920—2008《纺织品　色牢度试验　耐摩擦色牢度》执行。

（9）耐汗渍色牢度试验方法按 GB/T 3922—2013《纺织品　色牢度试验　耐汗渍色牢度》中单纤维贴衬执行。

（10）耐热压色牢度按 GB/T 6152—1997《纺织品　色牢度试验　耐热压色牢度》潮压法，温度为（150±2）℃执行。

2. 外观质量

（1）采用灯光检验时，以 40W 加罩青光日光灯管 3~4 根，照度不低于 750lx，光源与布面距离为 1.0~1.2m。

（2）验布机验布板角度为 45°，验布机速度不应高于 40m/min。布匹的评等检验，按验布机上作出的疵点标记进行评分、评等。

（3）布匹的复验、验收应将布平摊在验布台上，按纬向逐幅展开检验，检验人员的视线应正视布面，眼睛与布面的距离为 55~60cm。

（4）规定检验布的正面（盖梢印的一面为反面）。斜纹织物：纱织物以左斜“↖”为正面，线织物以右斜“↗”为正面。

（5）幅宽检验方法按 GB/T 4666—2009《纺织品　织物长度和幅宽的测定》执行。

（6）变色、色差按 GB/T 250—2008、沾色按 GB/T 251—2008 评定。

（7）歪斜（花斜、纬斜、条格斜）按 GB/T 14801—2009 执行。

四、精梳毛织物外观检验

（一）分等规定

（1）精梳毛织物的质量等级分为优等品、一等品和二等品，低于二等品的降为等外品。

（2）精梳毛织物的品等以匹为单位。按实物质量、内在质量和外观质量三项检验结果评定，并以其中最低一项定等。三项中最低品等有两项及以上同时降为二等品的，则直接降为等外品。

注：织物净长每匹不短于 12m，净长 17m 及以上的可由两段组成，但最短一段不短于 6m。拼匹时，两段织物应品等相同，色泽一样。

（二）实物质量评等

（1）实物质量是指纺织品的呢面、手感和光泽。凡正式投产的不同规格产品，应分别以优等品和一等品封样。对于来样加工，生产方应根据来样方要求，建立封样，并经双方确认，检验时逐匹比照封样评等。

（2）符合优等品封样者为优等品。

（3）符合或基本符合一等品封样者为一等品。

（4）明显差于一等品封样者为二等品。

（5）严重差于一等品封样者为等外品。

（三）内在质量评等

（1）内在质量的评等由物理指标和染色牢度综合评定，并以其中最低一项定等。

（2）物理指标按表 7-7 规定评等。

表 7-7　物理指标要求

项目		限度	优等品	一等品	二等品
幅宽偏差（cm）		不低于	-2.0	-2.0	-5.0
平方米重量允差（%）		—	-4.0~+4.0	-5.0~+7.0	-14.0~+10.0
静态尺寸变化率（%）		不低于	-2.5	-3.0	-4.0
起球（级）	绒面	不低于	3-4	3	3
	光面		4	3~4	3~4
断裂强力（N）	80/2×80/2 及单纬纱大于或等于 40/1	不低于	147	147	147
	其他		196	196	196
	一般精梳毛织品	不低于	15.0	10.0	10.0
	70/2×70/2 及单纬纱大于或等于 30/1		12.0	10.0	10.0
汽蒸尺寸变化率（%）		—	-1.0~+1.5	-1.0~+1.5	—
落水变形（级）		不低于	4	3	3
脱缝程度（mm）		不高于	6.0	6.0	8.0
纤维含量（%）		按 FZ/T 01053—2007 执行			

注　1. 双层织物连接线的纤维含量不考核。

2. 休闲类服装面料的脱缝程度为 10mm。

（3）染色牢度的评等按表 7-8 规定。

表 7-8　染色牢度指标要求

项目		限度	优等品	一等品	二等品
耐光色牢度	≤1/12 标准深度（中浅色）	不低于	4	3	2
	>1/12 标准深度（深色）		4	4	3
耐水色牢度	色泽变化	不低于	4	3-4	3
	毛布沾色		4	3	3
	其他贴衬沾色		4	3	3
耐汗渍色牢度	色泽变化	不低于	4	3-4	3
	毛布沾色		4	3-4	3
	其他贴衬沾色		4	3-4	3

续表

项目		限度	优等品	一等品	二等品
耐熨烫色牢度	色泽变化	不低于	4	4	3-4
	棉布沾色		4	3-4	3
耐摩擦色牢度	干摩擦	不低于	4	3-4	3
	湿摩擦		3-4	3	2-3
耐洗色牢度	色泽变化	不低于	4	3-4	3-4
	毛布沾色		4	4	3
	其他贴衬沾色		4	3-4	3
耐干洗色牢度	色泽变化	不低于	4	4	3-4
	溶剂变化		4	4	3-4

注 1. 使用1/12深度卡判断面料的“中浅色”或“深色”。
2. “只可干洗”类产品可不考核耐洗色牢度和耐湿摩擦色牢度。
3. “手洗”和“可机洗”类产品可不考核耐干洗色牢度。
4. 未注明“小心手洗”和“可机洗”类的产品耐洗色牢度按“可机洗”类执行。

（4）“可机洗”类产品水洗尺寸变化率考核指标按表7-9规定。

表7-9 “可机洗”类产品水洗尺寸变化率要求

项目		限度	优等品、一等品、二等品	
			西服、裤子、服装外套、大衣、连衣裙、上衣、裙子	衬衣、晚装
松弛尺寸变化率（%）	宽度	不低于	-3	-3
	长度		-3	-3
洗涤程序			1×7A	1×7A
总尺寸变化率（%）	宽度	不低于	-3	-3
	长度		-3	-3
	边沿		-1	-1
洗涤程序			3×5A	3×5A

（四）外观质量评等

（1）外观疵点按其对服用的影响程度与出现状态不同，分局部性外观疵点和散布性外观疵点两种分别予以结辫和评等。

（2）局部性外观疵点，按其规定范围结辫每辫放尺10cm，在经向10cm范围内不论疵点多少仅结辫一只。

（3）散布性外观疵点，刺毛痕、边撑痕、剪毛痕、折痕、磨白纱、经档、纬档、厚段、薄段、斑疵、缺纱、稀缝、小跳花、严重小弓纱和边深浅中有两项及以上最低品等同时为二等品时，则降为等外品。

（4）降等品结辫规定：

①二等品中除薄段、纬档、轧梭痕、边撑痕、刺毛痕、剪毛痕、蛛网、斑疵、破洞、吊经条、补洞痕、缺纱、死折痕、严重的厚段、严重稀缝、严重织稀、严重纬停弓纱和磨损按规定范围结辫外，其余疵点不结辫。

②等外品中除破洞、严重的薄段、蛛网、补洞痕和轧梭痕按规定范围结辫，其余疵点不结辫。

（5）局部性外观疵点基本上不开剪，但大于 2cm 的破洞、严重的磨损和破损性轧梭、严重影响服用的纬档、大于 10cm 的严重斑疵、净长 5m 的连续性疵点和 1m 内结辫 5 只者，应在工厂内剪除。

（6）平均净长 2m 结辫 1 只时，按散布性外观疵点规定降等。

（7）外观疵点结辫、评等规定见表 7-10。其中：

①自边缘起 1.5cm 及以内的疵点（有边线的指边线内缘深入布面 0.5cm 以内的边上疵点）在鉴别品等时不予考核，但边上破洞、破边、边上刺毛、边上磨损、漂白织物的针锈及边字疵点都应考核。若疵点长度延伸到边内时，应连边内部分一起量计。

②严重小跳花和不到结辫起点的小缺纱、小弓纱（包括纬停弓纱）、小辫子纱、小粗节、稀缝、接头洞和 0.5cm 以内的小斑疵明显影响外观者，在经向 20cm 范围内综合达 4 只，结辫 1 只。小缺纱、小弓纱、接头洞严重散布全匹降为等外品。

③优等品不得有 1cm 及以上的破洞、蛛网、轧梭，不得有严重纬档。

表 7-10 外观疵点结辫、评等要求

疵点名称		疵点程度	局部性结辫	散布性降等	备注
经向	（1）粗纱、细纱、双纱、松纱、紧纱、错纱、呢面局部狭窄	明显 10~100cm 大于 100cm，每 100cm 明显散布全匹 严重散布全匹	1 1	 二等 等外	
	（2）油纱、污纱、异色纱、磨白纱、边撑痕、剪毛痕	明显 5~50cm 大于 50cm，每 50cm 散布全匹 明显散布全匹	1 1	 二等 等外	
	（3）缺经、死折痕	明显经向 5~20cm 大于 20cm，每 20cm 明显散布全匹	1 1	 等外	

续表

疵点名称		疵点程度	局部性结辫	散布性降等	备注
经向	（4）经档（包括绞经档）、折痕（包括横折痕）、条痕水印（水花）、经向换纱印、边深浅、呢匹两端深浅	明显经向 40~100cm 大于 100cm，每 100cm 明显散布全匹 严重散布全匹	1 1	二等 等外	边深浅色差 4 级为二等品，3~4 级及以下为等外品
	（5）条花、色花	明显经向 20~100cm 大于 100cm，每 100cm 明显散布全匹 严重散布全匹	1 1	二等 等外	
	（6）刺毛痕	明显经向 20cm 及以内 大于 20cm，每 20cm 明显散布全匹	1 1	等外	
	（7）边上破洞、破边	2~100cm 大于 100cm，每 100cm 明显散布全匹 严重散布全匹	1 1	二等 等外	不到结辫起点的边上破洞、破边 1cm 以内，累计超过 5cm 者仍结辫一只
	（8）刺毛边、边上磨损、边字发毛、边字残缺、边字严重沾色、漂白织品的边上针锈、自边缘深入 1.5cm 以上的针眼、针锈、荷叶边、边上稀密	明显 20~100cm 大于 100cm，每 100cm 散布全匹	1 1	二等	
纬向	（9）粗纱、细纱、双纱、紧纱、错纱、换纱印	明显 10cm 至全幅 明显散布全匹 严重散布全匹	1	二等 等外	
	（10）缺纱、油纱、污纱、异色纱、小辫子纱、稀缝	明显 5cm 至全幅 散布全匹 明显散布全匹	1	二等 等外	
经纬向	（11）厚段、纬影、严重搭头印、严重电压印、条干不匀	明显经向 20cm 以内 大于 20cm，每 20cm 明显散布全匹 严重散布全匹	1 1	二等 等外	
	（12）厚段、纬档、织纹错误、蛛网、织稀、斑疵、补洞痕、扎梭痕、大肚纱、吊经条	明显经向 10cm 以内 大于 10cm，每 10cm 明显散布全匹	1 1	等外	

续表

疵点名称		疵点程度	局部性结辫	散布性降等	备注
经纬向	（13）破洞、严重破损	2cm以内（包括2cm） 散布全匹	1	 等外	
	（14）毛粒、小粗节、草屑、死毛、小跳花、稀隙	明显散布全匹 严重散布全匹		二等 等外	
	（15）呢面歪斜	素色织物4cm起，格子织物2.5cm起，40~100cm 大于100cm，每100cm 素色织物： 4~6cm散布全匹 大于6cm散布全匹 格子织物： 2.5~5cm散布全匹 大于5cm散布全匹	1 1	 二等 等外 二等 等外	优等品格子织物1.5cm起；素色织物2cm起

注 1. 外观疵点中，如遇超出上述规定的特殊情况，可按其对服用的影响程度参考类似疵点的结辫评等规定的情况处理。

2. 散布性外观疵点中，特别严重影响服用性能者，按质论价。

3. 边深浅评级按GB/T 250—2008执行。

（五）试验方法

1. 物理试验采样

（1）在同一品种、原料、织纹组织和工艺生产的总匹数中按表7-11规定随机取出相应的匹数。凡采样在两匹以上者，以各项物理性能的试验结果的算术平均数作为该批的评等依据。

（2）试样应在距大匹两端5m以上部位（或5m以上开匹处）裁取。裁取时不应歪斜，不应有分等规定中所列举的严重表面疵点。

（3）色牢度试样以同一原料、同一品种、同一加工过程、同一染色工艺配方及色号为批，或按每一品种每10000m抽一次（包括全部色号），不到10000m也抽一次，每份试样裁取0.2m全幅。

（4）每份试样应加注标签，并记录下列资料：厂品、品名、匹号、色号、批号、试样长度、采样日期、采样者等。

表7-11 采样数量

一批或一次交货的匹数	批量样品的采样匹数	一批或一次交货的匹数	批量样品的采样匹数
9及以下	1	50~300	3
10~49	2	300以上	总匹数的1%

2. 各单项试验方法

（1）幅宽试验按 GB/T 4666—2009 执行（织物的幅宽也可由工厂在检验机上直接测量，但是在仲裁试验时，应按 GB/T 4666—2009 执行）。

（2）平方米重量允差试验按 FZ /T 20008—2015《毛织物单位面积质量的测定》执行。

（3）静态尺寸变化率试验按 FZ /T 20009—2015《毛织物尺寸变化的测定　静态浸水法》执行。

（4）纤维含量试验按 GB/T 2910—2009《纺织品　定量化学分析》（所有部分）、GB/T 16988—2013《特种动物纤维与绵羊毛混合物含量的测定》，FZ/T 01026—2017，FZ/T 01048—1997《蚕丝/羊绒混纺产品混纺比的测定》执行，折合公定回潮率计算，公定回潮率按 GB 9994—2018《纺织材料公定回潮率》执行。

（5）起球试验按 GB/T 4802. 1—2008《纺织品　织物起毛起球性能的测定　第 1 部分：圆轨迹法》执行，精梳毛织品（绒面）起球次数为 400 次，并按精梳毛织品（光面）起球或精梳毛织品（绒面）起球样照评级。

（6）断裂强力试验按 GB/T 3923. 1 执行。

（7）撕破强力试验按 GB/T 3917. 2 执行。

（8）落水变形按附录 B 执行。

（9）脱缝程度试验按 FZ/T 20019—2006《毛机织物脱缝程度试验方法》执行。

（10）汽蒸尺寸变化率试验按 FZ/T 20021—2012《织物经汽蒸后尺寸变化试验方法》执行。

（11）耐光色牢度试验按 GB/T 8427—2019 执行。

（12）耐水色牢度试验按 GB/T 5713—2013《纺织品　色牢度试验　耐水色牢度》执行。

（13）耐汗渍色牢度试验按 GB/T 3922—2013 执行。

（14）耐熨烫色牢度试验按 GB/T 6152—1997 和附录 C 中的 C. 35 执行。

（15）耐摩擦色牢度试验按 GB/T 3920—2008 执行。

（16）耐洗色牢度试验“手洗”类产品按 GB/T 12490—2014《纺织品　色牢度试验　耐家庭和商业洗涤色牢度》（试验条件 A1S，不加钢珠）执行，“可机洗”类产品按 GB/T 12490—2014（试验条件 B1S，不加钢珠）执行。

（17）耐干洗色牢度试验按 GB/T 5711—2015《纺织品　色牢度试验　耐四氯乙烯干洗色牢度》执行。

（18）水洗尺寸变化率试验按 FZ/T 70009—2021《毛纺织产品经洗涤后松弛尺寸变化率和毡化尺寸变化率试验方法》执行。

（六）检验规则

（1）检验织品外观疵点时，应将其正面放在与垂直线成 15°角的检验机台面上。在北光下，检验者在检验机的前方进行检验，织品应穿过检验机的下导辊，以保证检验幅面和角度。在检验机上应逐匹量计幅宽，每匹不得少于三处，每台检验机上检验员为两人。

注：检验织品外观疵点也可在 600lx 及以上的等效光源下进行。

（2）检验机规格如下：

①车速：14~18m/min。

②大滚筒轴心至地面的距离：210cm。

③斜面板长度：150cm。

④斜面板磨砂玻璃宽度：40cm。

⑤磨砂玻璃内装日光灯：40W（2~4只）。

（3）如因检验光线影响外观疵点的程度而发生争议时，以白昼正常北光下，在检验机前方检验为准。

（4）收方按本品质标准进行验收。

（5）物理指标原则上不复试。但有下列情况之一者，可进行复试：

①3匹平均合格，其中有2匹不合格，或3匹平均不合格，其中有2匹合格，可复试一次。

②复试结果，3匹平均合格，其中2匹不合格，或其中2匹合格，3匹平均不合格，为不合格。

（6）实物质量、外观疵点的抽验按同品种交货匹数的4%进行检验，但不少于3匹。批量在300匹以上时，每增加50匹，加抽1批（不足50匹的按50匹计）。抽验数量中，如发现实物质量、散布性外观疵点有30%等级不符，外观质量判定为不合格；局部性外观疵点百米漏辫超过2只时，每个漏辫放尺20cm。

（七）包装和标志

1. 包装

（1）包装方法和使用材料，以坚固和适于运输为原则。

（2）每匹织品应正面向里对折成双幅或平幅，卷在纸板或纸管上加防蛀剂，用防潮材料或牛皮纸包好，纸外用绳扎紧。每匹一包。每包用布包装，缝头处加盖布，刷喷头。

（3）因长途运输而采用木箱时，木板厚度不得低于1.5cm，木箱应干燥，箱内应衬防潮材料。

2. 标志

（1）每匹织品应在反面里端加盖厂名梢印（形式可由工厂自订）。外端加注织品的匹号、长度、等级标志。拼段组成时，拼段处加烫骑缝印。

（2）织品因局部性疵点结辫时，应在疵点左边结上线标，并在右布边对准线标用不褪色笔作一箭头。如疵点范围大于放尺范围时，则在右边对疵点上下端用不褪色笔画两个相对的箭头。

（3）每包应吊硬纸牌一张，如图7-1所示。

（4）织品出厂时的标志除需符合GB/T 5296.4—2012《消费品使用说明　第4部分：纺织品和服装》的要求外，每包包外应刷以下内容：制造厂名、品名、品号、净长、等级、色号、包号、净重。

正面

厂名
品名・・・・・・・・・・・・・・
品号・・・・・・・・・・・・・・
匹号・・・・・・・・・・・・・・
色号・・・・・・・・・・・・・・
幅宽・・・・・・・・・・・・・・
毛长・・・・・・・・・・・・・・
净长・・・・・・・・・・・・・・
结辫・・・・・・・・・・・・・・
段数・・・・・・・・・・・・・・
品等・・・・・・・・・・・・・・
匹重・・・・・・・・・・・・・・
降等原因：
检验者：

反面

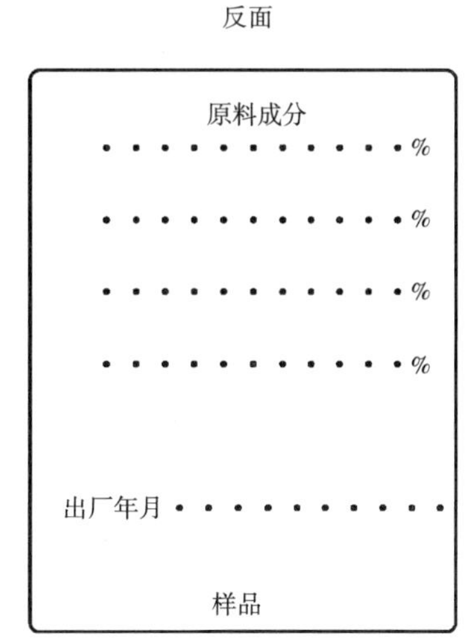

图 7-1　吊牌

五、针织成品布外观检验

（一）规格

针织成品布的规格写为：纱线线密度×平方米干燥重量×幅宽，其中线密度用特克斯表示，多规格纱线交织，按其所占比例从大到小排列，中间用乘号相连；平方米干燥重量用克表示；幅宽指单层幅宽，用厘米表示。

（二）质量要求

（1）针织成品布以匹为单位，按内在质量和外观质量最低一项评等，分为优等品、一等品、合格品。

（2）内在质量要求见表 7-12，包括 pH 值、甲醛含量、异味、可分解芳香胺染料、纤维含量、平方米干燥重量偏差、顶破强力、起球、水洗后扭曲率、水洗尺寸变化率、染色牢度 11 项，按批以 11 项中的最低一项评等。

表 7-12　内在质量要求

项目		优等品	一等品	合格品
pH 值		按 GB 18401—2010 规定		
甲醛含量				
异味				
可分解芳香胺染料				
纤维含量（净干含量）		按 FZ/T 01053—2007 执行		
平方米干燥重量偏差（%）		±4.0	±5.0	
顶破强力（N）　≥	单面、罗纹、绒织物	150		
	双面织物	220		

续表

项目			优等品	一等品	合格品
起球（级） ≥			3.5	3.0	
水洗后扭曲率（%） ≤			4.0	5.0	6.0
水洗尺寸变化率（%）	纤维素纤维总含量50%及以上	直向	-5.0~+2.0	-7.0~+3.0	
		横向	-7.0~+2.0	-9.0~+2.0	
	纤维素纤维总含量50%及以下	直向	-4.0~+2.0	-5.0~+3.0	
		横向	-5.0~+2.0	-6.0~+2.0	
染色牢度（级） ≥	耐皂洗	变色	4	3-4	3
		沾色	4	3-4	3
	耐汗渍	变色	4	3-4	3（婴幼儿3-4）
		沾色	4	3-4	3（婴幼儿3-4）
	耐水	变色	4	3-4	3（婴幼儿3-4）
		沾色	4	3-4	3（婴幼儿3-4）
	耐摩擦	干摩	4	3-4（婴幼儿4）	3（婴幼儿4）
		湿摩	3-4	3（深色2-3）	2-3（深色2）
	耐唾液	变色	4		
		沾色	4		

（三）外观质量要求

（1）外观质量以匹为单位，允许疵点评分为优等品≤20分/m²，一等品≤24分/m²，合格品≤28分/m²。

（2）散布性疵点、接缝和长度大于60cm的局部性疵点，每匹超过3个4分者，顺降一等。

（四）抽样

（1）外观质量按交货批分品种、规格、色别随机抽样1%~3%，但不少于200m。交货批少于200m，全部检验。

（2）内在质量按批分品种、规格、色别随机抽样，水洗尺寸变化率和水洗后扭曲率试验从3匹中取700mm全幅三块，其他指标的试验至少取500mm全幅一块。

（五）检验方法

（1）甲醛含量试验按GB 18401—2010规定方法。

（2）pH试验按GB 18401—2010规定方法。

（3）异味试验按GB 18401—2010规定方法。

（4）可分解芳香胺染料试验按GB 18401—2010规定方法。

（5）纤维含量试验按GB/T 2910—2009、GB/T 2911—1997《纺织品　三组分纤维混纺产品定量化学分析》、FZ/T 01026—2017、FZ/T 01057—2007（所有部分）、FZ/T 01095—2002《纺织品　氨纶产品纤维含量的实验方法》执行。

（6）平方米干燥重量按 FZ/T 70010—2006《针织物平方米干燥重量的测定》执行。

（7）顶破强力试验按 GB/T 19976—2005《纺织品　顶破强力的测定钢球法》执行，球的直径 38mm。

（8）起球试验按 GB/T 4802. 1—2008 执行。采用压力 780cN，起毛次数 0 次，起球次数 600 次，评级按针织物起毛起球样照。

（9）水洗尺寸变化率按 GB/T 8628—2013、GB/T 8629—2017《纺织品　试验用家庭洗涤和干燥程序》（5A 程序、悬挂晾干）、GB/T 8630—2002 执行。其中，试样取全幅 700mm，非筒状织物对折成 1/2 幅宽并缝合成筒状，将筒状试样的一端缝合，并在两侧剪开 50mm 口，洗后穿在直径为 20~30mm 的圆形直杆上晾干。测量标记如图 7-2 所示，直向、横向的各自 3 个标记在一条直线上且互相垂直。以 3 块试样的平均值作为试验结果，当 3 块试样结果正负号不同时，分别计算，并以 2 块相同符号的结果平均值作为试验结果。

（10）水洗后扭曲率试验测量试样水洗尺寸后，再以图 7-2 中左上角或右上角的标记为基准，如图 7-2 虚线所示，测出试样水洗后直向标记线（以洗后两端标记为准）与横向标记线垂线的偏离距离 a 和对应的直向距离 b，按式（7-6）计算水洗后扭曲率。以 3 块试样的平均值作为试验结果，结果保留至 1 位小数。

$$T = \frac{a}{b} \times 100\% \tag{7-6}$$

式中：T 为水洗后扭曲率；a 为图 7-2 中偏离距离（mm）；b 为图 7-2 中偏离距离对应的直向距离（mm）。

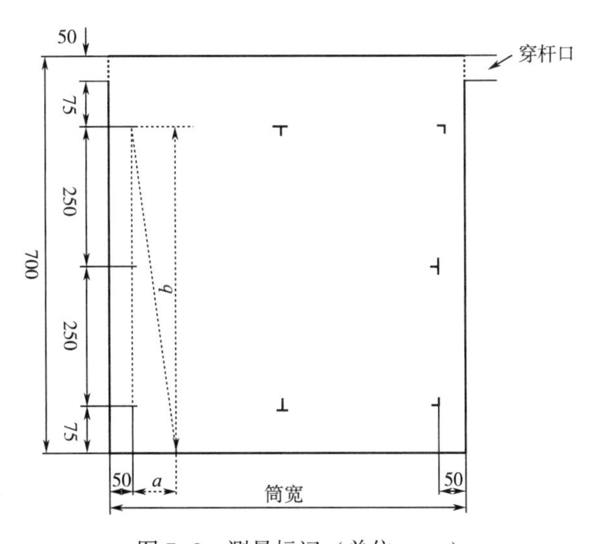

图 7-2　测量标记（单位：mm）

（11）染色牢度：

①耐皂洗色牢度试验，按 GB/T 3921—2019 规定执行，试验条件按 A（1）执行。

②耐汗渍色牢度试验，按 GB/T 3922—2013 规定执行。

③耐水色牢度试验，按 GB/T 5713—2013 规定执行。

④耐摩擦色牢度试验，按 GB/T 3920—2018 规定执行。

⑤耐唾液色牢度试验，按 GB/T 18886—2019《纺织品　色牢度试验　耐唾液色牢度》规定执行。

⑥色牢度试验用单纤维贴衬，评级按 GB/T 250—2008、GB/T 251—2008 评定。

⑦外观质量检验，按 GB/T 22846—2009《针织布（四分制）外观检验》规定执行。

⑧数值修约，按 GB/T 8170—2008 规定执行。

（六）检验规则

（1）外观质量。外观质量分品种、规格按式（7-7）计算不符品等率，不符品等率5%及以内，判该批产品外观质量合格，超过者，判该批产品外观质量不合格。

$$F = \frac{A}{B} \times 100\% \qquad (7-7)$$

式中：F 为不符品等率；A 为不合格量（m）；B 为样本量（m）。

（2）内在质量。内在质量全部合格，判该批产品内在质量合格，有一项不合格则判该产品内在质量不合格。

第二节　织物结构分析

一、织物密度的检验

织物密度是指机织物在无折皱和无张力下，每单位长度所含的经纱根数和纬纱根数，一般用根/10cm 表示。在织物纬向单位长度内所含的经纱根数称为经密，在织物经向单位长度内所含的纬纱根数称为纬密。

以下主要介绍织物分解法、织物分析镜法和移动式织物密度镜法三种测定织物密度的常用方法。在日常检测中，可根据织物的特征选择下列三种方法中的任意一种。

（一）织物分解法

1. 原理

分解规定尺寸的织物试样，计数纱线根数，折算至 10cm 长度的纱线根数。适用于所有机织物，特别是复杂组织织物。

2. 环境条件

试验前，把织物或试样暴露在试验用的大气中至少 16h。调湿和试验用大气采用 GB/T 6529—2008《纺织品　调湿和试验用标准大气》规定的标准大气，仲裁性试验采用二级标准大气，常规检验可在普通大气中进行。

3. 仪器和工具

钢尺：长度 5~15cm，尺面标有毫米刻度；分析针；剪刀。

4. 试验步骤

（1）试样制备。样品应平整无折皱，无明显纬斜。在调湿后样品的适当部位应剪取略大于最小测定距离的试样（本方法需要裁取至少含有 100 根纱线的试样）。

（2）试样测定。在试样的边部拆去部分纱线，用钢尺测量，使试样达到规定的最小测定距离 2cm，允差 0.5 根。将准备好的试样从边缘起逐根拆点，为便于计数，可以把纱线排列成 10 根一组，即可得到织物在一定长度内经（纬）向的纱线根数。如经纬密同时测定，则可裁取一矩形试样，使纬向的长度均满足于最小测定距离。拆解试样，即可得到一定长度内的经纱根数和纬纱根数。

5. 结果计算

将测得的一定长度内的纱线根数折算至 10cm 长度内所含纱线的根数。分别计算出经、纬密的平均数，结果精确至 0.1 根/10cm。当织物是由纱线间隔稀密不同的大面积图案组成时，则测定并记录各个区域中的密度值。

试验结果需包含以下内容：实际所用的方法，所用的测量距离，各次测定的数值及平均值。

6. 注意事项

（1）最小测量距离，见表 7-13。

表 7-13　最小测量距离

每厘米纱线根数（根）	最小测量距离（cm）	被测量的纱线根数（根）	精确度百分率（%）（计算到 0.5 根纱线以内）
10	10	100	>0.5
10~25	5	50~125	1.0~0.4
15~40	3	75~120	0.7~0.4
>45	2	>80	<0.6

（2）对宽度只有 10cm 或更小的狭幅织物，计数包括边经纱在内的所有经纱，并用全幅经纱根数表示结果。

（3）当织物是由纱线间隔稀密不同的大面积图案组成时，测定长度应为完全组织的整数倍，或分别测定各区域的密度。

（二）织物分析镜法

1. 原理

测定在织物分析镜窗口内所看到的纱线根数，折算至 10cm 长度内所含纱线根数。适用于每厘米纱线根数大于 50 根的织物。

2. 环境条件

同“织物分解法”。

3. 仪器和工具

织物分析镜：其窗口宽度各处应是（2±0.005）cm 或（3±0.005）cm，窗口的边缘厚度应不超过 0.1cm。

4. 试验步骤

（1）试样准备。样品应平整无折皱，无明显纬斜。经、纬向均不少于五个不同的部位进行测定，部位的选择应尽可能有代表性。

（2）试样测定。将织物摊平，把织物分析镜放在上面，选择一根纱线并使其平行于分析镜窗口的一边，由此逐一计数窗口内的纱线根数。也可计数窗口内的完全组织个数，通过织物组织分析或分解该织物，确定一个完全组织中的纱线根数。将分析镜窗口的一边和另一系统纱线平行，计数该系统纱线根数或完全组织个数。

测量距离内纱线根数=完全组织个数×一个完全组织中纱线根数+剩余纱线根数

5. 结果计算

同“织物分解法”。

6. 注意事项

同“织物分解法”。

（三）移动式织物密度镜法

1. 原理

使用移动式织物密度镜测定织物经向或纬向一定长度内的纱线根数，折算至 10cm 长度内的纱线根数。适用于所有机织物。

2. 环境条件

同“织物分解法”。

3. 仪器和工具

移动式织物密度镜：内装有 5~20 倍的低倍放大镜，可借助螺杆在刻度尺的基座上移动，以满足最小测量距离的要求。放大镜中有标志线。随同放大镜移动时通过放大镜可看见标志线的各种类型装置都可以使用。

4. 试验步骤

（1）试样准备。样品应平整无折皱，无明显纬斜。经、纬向均不少于五个不同的部位进行测定，部位的选择应尽可能有代表性。

（2）试样测定。将织物摊平，把织物密度镜放在上面，哪一系统纱线被计数，密度镜的刻度尺就平行于另一系统纱线，转动螺杆，在规定的测量距离内计数纱线根数。在纬斜情况下，测纬密时，原则上按上述方法测试；测经密时，密度镜的刻度尺应垂直于经纱方向。若起点位于两根纱线中间，终点位于最后一根纱线上，不足 0.25 根的不计，0.25~0.75 根作 0.5 根计，0.75 根以上作 1 根计。

通常情况下，当标志线横过织物时就可看清和计数所经过的每根纱线，若不可能，也可计数窗口内的完全组织个数，通过织物组织分析或分解该织物，确定一个完全组织中的纱线根数。

测量距离内纱线根数=完全组织个数×一个完全组织中纱线根数+剩余纱线根数

5. 结果计算

同“织物分解法”。

6. 注意事项

同“织物分解法”。

二、织物单位面积质量的检验

织物单位面积质量是纺织产品在生产与商业交易中常用的评价指标，其常用单位是每平方米织物的质量，单位为 g/m^2。

在纺织品贸易时，将织物偏离（主要为偏轻）于产品品种规格所规定质量的最大允许公差（%）作为品等评定的指标之一。一般来说，织物单位面积质量随纱线密度和纱线粗细的改变而改变。

可参考的标准有 GB/T 4669—2008《纺织品　机织物　单位长度质量和单位面积质量的测定》、FZ/T 70010—2006《针织物平方米纱线质量的测定》、FZ/T 01094—2008《机织物结构分析方法　织物单位面积经纬纱线质量的测定》、FZ/T 20008—2015《毛织物单位面积质量的测定》等。

（一）机织物单位长度质量和单位面积质量的测定

1. 原理

（1）方法 1 和方法 3。整段或一块织物能在标准大气中调湿的，经调湿后测定织物的长度和质量，计算单位长度调湿质量。或者测定织物的长度、幅宽和质量，计算单位面积调湿质量。

（2）方法 2 和方法 4。整段织物不能放在标准大气中调湿的，先在普通大气中松弛后测定织物的长度（幅宽）及质量，计算织物的单位长度（面积）质量，再用修正系数进行修正。修正系数是从松弛后的织物中剪取一部分，在普通大气中进行测定后，再在标准大气中调湿后进行测定，对两者的长度（幅宽）及质量加以比较而确定。

（3）方法 5（小织物的单位面积调湿质量）。小织物，先将其放在标准大气中调湿，再按规定尺寸剪取试样并称量，计算单位面积调湿质量。

（4）方法 6（小织物的单位面积干燥质量和公定质量）。小织物，先将其按规定尺寸剪取试样，再放入干燥箱内干燥至恒量后称量，计算单位面积干燥质量。结合公定回潮率计算单位面积公定质量。

2. 仪器和工具（图 7-3、图 7-4）

（1）钢尺：分度值为厘米（cm）和毫米（mm），长度 2~3m，用于方法 1~方法 4。长度 0.5m，用于方法 5、方法 6。

（2）剪刀：能剪取织物至规定尺寸。

（3）天平：能准确地测定整段或一块织物的质量，精确度为所测定试样质量的±0.2%。对于方法 5，精确度为 0.001g。对于方法 6，精确度为 0.01g。

（4）切割器：精确度为±1%，能切割 10cm×10cm 的方形试样或面积为 $100cm^2$ 的圆形试样。

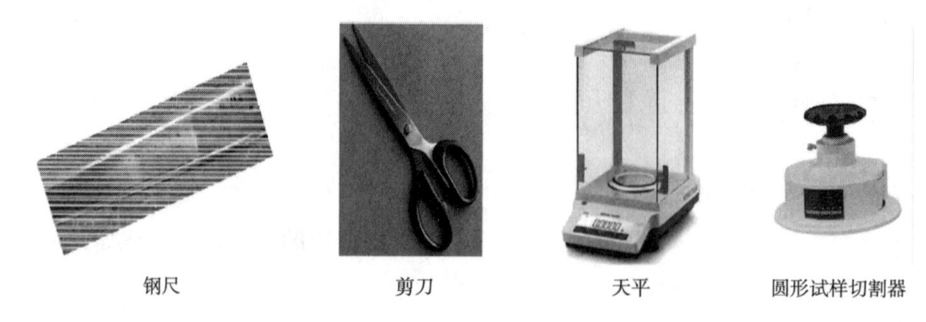

钢尺　　剪刀　　天平　　圆形试样切割器

图 7-3　钢尺、剪刀、天平和切割器

（5）工作台：表面光滑平整，宽度大于所测定织物的幅宽，长度满足测定要求。

（6）通风式干燥箱：通风类型可以是压力型或对流型。具有恒温控制装置，能控制温度（105±3）℃。干燥箱可以连有天平。

（7）称量容器：箱内热称使用金属烘篮，箱外冷称使用密封防潮罐。

（8）干燥器：箱外称量时放置称量容器，内存干燥剂。

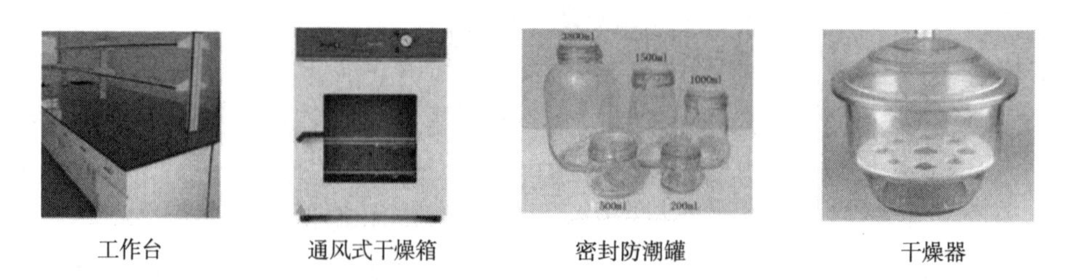

工作台　　通风式干燥箱　　密封防潮罐　　干燥器

图 7-4　工作台、通风式干燥箱、密封防潮罐和干燥器

3. 试验和程序

（1）预调湿。织物应当从干态（进行吸湿平衡）开始达到平衡，否则要按照 GB/T 6529—2008 进行预调湿。GB/T 6529—2008 预调湿的方法是纺织品在调湿前，可能需要预调湿。如果需要，纺织品应放置在相对湿度 10.0%~25.0%，温度不超过 50.0℃的大气条件下，使之接近平衡。

（2）去边。如果织物边的单位长度（面积）质量与身的单位长度（面积）质量有明显差别，在测定单位面积质量时，应使用去除织物边以后的试样，并且应根据去边后试样的质量、长度和幅宽进行计算。

4. 测定程序

（1）方法 1。能在标准大气中调湿的整段和一块织物的单位长度质量的测定。

①整段织物。按照 GB/T 4666—2009 测定整段织物在标准大气中的调湿后长度，然后称量（在标准大气中）。若测定整段织物的长度既不可能也没有必要，也可以按照长度至少 0.5m、宜为 3~4m 的织物进行测定，最好从整段织物中段取样。

②一块织物。与织物边垂直且平行地剪取整幅织物。织物的长度至少 0.5m，宜为 3~4m。按照 GB/T 4666—2009 测定：织物在标准大气中调湿后测定长度，然后称量（在标准大气中）。

（2）方法 3。能在标准大气中调湿的整段织物和一块织物的单位面积质量的测定。

①整段织物。按照方法 1 和 GB/T 4666—2009 测定整段织物在标准大气中调湿后的长度、质量和幅宽。

②一块织物。按照方法 1 和 GB/T 4666—2009 测定一块织物在标准大气中调湿后的长度、质量和幅宽。

5. 结果和计算

（1）方法 1 和方法 3。按照式（7-8）和式（7-9）计算单位长度调湿质量和单位面积调湿质量。

$$m_{ul} = \frac{m_c}{L_c} \tag{7-8}$$

$$m_{ua} = \frac{m_c}{L_c \times W_c} \tag{7-9}$$

式中：m_{ul}为经标准大气调湿后整段或一块织物的单位长度调湿质量（g/m）；m_{ua}为经标准大气调湿后整段或一块织物的单位面积调湿质量（g/m^2）；m_c为经标准大气调湿后整段或一块织物的调湿质量（g）；L_c为经标准大气调湿后整段或一块织物的调湿长度（m）；W_c为经标准大气调湿后整段或一块织物的调湿幅宽（m）。

计算结果按照 GB/T 8170—2008 的规定修约到个位数。

（2）方法 2。按照 GB/T 4666—2009 测定整段织物在普通大气中松弛后的长度，在普通大气中称量。再从整段织物中段剪取长度至少 1m、宜为 3~4m 的整幅织物（一块织物），在普通大气中测定其长度和质量。测定普通大气中整段织物的长度、质量和一块织物的长度、质量要同时进行，以使其受到大气温度和湿度突然变化的影响降到最低。然后再测定一块织物在标准大气中调湿后的长度和质量。

（3）方法 4。使用方法 2，并按照 GB/T 4666—2009 测定在普通大气中松弛后整段和一块织物的长度、幅宽和质量以及在标准大气中调湿后一块织物的长度、幅宽和质量。

（4）方法 2 和方法 4。按照 GB/T 4666—2009，利用松弛后整段织物、松弛后一块织物和调湿后一块织物的数据，计算整段织物的调湿后长度。

当测定单位面积质量时，按照 GB/T 4666—2009，利用松弛后整段织物、松弛后一块织物和调湿后一块织物的数据，计算出整段织物的调湿后幅宽。

按式（7-10）计算整段织物的调湿后质量。

$$m_c = m_r \times \frac{m_{sc}}{m_s} \tag{7-10}$$

式中：m_c为经标准大气调湿后整段织物的调湿质量（g）；m_r为普通大气中整段织物的质量（g）；m_{sc}为经标准大气调湿后一块织物的调湿质量（g）；m_s为普通大气中一块织物的质

量（g）。

使用式（7-10）计算m_c的数值，再按照式（7-8）或式（7-9）计算单位长度调湿质量或单位面积调湿质量，计算结果按照GB/T 8170—2008的规定修约到个位数。

（5）方法5：小织物的单位面积调湿质量的测定。

①样品。每块约15cm×15cm。若因大花型中含有单位面积质量明显不同的局部区域时，要选用包含此花型完全组织整数倍的样品。

②程序。按照GB/T 6529—2008预调湿样品。然后将样品无张力地放在标准大气中调湿至少24h使之达到平衡。将每块样品依次排列在工作台上。在适当的位置上使用切割器切割10cm×10cm的方形试样或面积为100cm²的圆形试样，也可以剪取满足要求包含大花型完全组织整数倍的矩形试样，并测定试样的长度和宽度。对试样称量，精确至0.001g。确保整个称量过程试样中的纱线不损失。GB/T 6529预调湿是指纺织品在调湿前，可能需要预调湿。如果需要，纺织品应放置在相对湿度10%~25%，温度不超过50.0℃的大气条件下，使之接近平衡。

③结果计算。由试样的调湿后质量按式（7-11）计算小织物的单位面积调湿质量。

$$m_{ua} = m/S \tag{7-11}$$

式中：m_{ua}为经标准大气调湿后小织物的单位面积调湿质量（g/m²）；m为经标准大气调湿后试样的调湿质量（g）；S为经标准大气调湿后试样的面积（m²）。

计算求得的5个数值的平均值。

（6）方法6：小织物的单位面积干燥质量和公定质量的测定。

①样品。按照方法5剪取样品。

②剪样。将每块样品依次排列在工作台上。在适当的位置上使用切割器切割10cm×10cm的方形试样或面积为100cm²的圆形试样，也可以剪取满足方法5中要求包含大花型完全组织整数倍的矩形试样，并测定试样的长度和宽度。

③干燥。

a. 箱内称量法：将所有试样一并放入通风式干燥箱的称量容器内，在（105±3）℃下干燥至恒量（以至少20min为间隔连续称：量试样，直至两次称量的质量之差不超过后一次称量质量的0.20%）。

b. 箱外称量法：把所有试样放在称量容器内，然后一并放人通风式干燥箱中，敞开容器盖，在（105±3）℃下干燥至恒量（以至少20min为间隔连续称量试样，直至两次称量的质量之差不超过后一次称量质量的0.20%）。将称量容器盖好，从通风式干燥箱移至干燥器内，冷却至少30min至室温。

④称重。

a. 箱内称量法：称量试样的质量，精确至0.01g。确保整个称量过程试样中的纱线不损失。

b. 箱外称量法：分别称取试样连同称量容器以及空称量容器的质量，精确至0.01g。确保整个称量过程试样中的纱线不损失。

6. 试验报告

试验报告应包括以下内容：

（1）说明试验是按本标准进行的。

（2）样品名称和规格。

（3）试验日期。

（4）单位长度质量（g/m）或单位面积质量（g/m^2）的平均值。

（5）每个试验结果对应的试验方法（方法 1、方法 2、方法 3、方法 4、方法 5 或方法 6）。

（6）注明试验结果是否包括织物边部分。

（7）任何偏离本标准的细节。

（二）针织物平方米干燥重的测定

1. 原理

将规定尺寸的试样在标准大气中调湿后，在烘箱中烘干，测定其重量，计算平方米干燥重量。

2. 调湿用标准大气

调湿试验用标准大气按 GB/T 6529—2008 中温带标准大气三级标准，即：温度（20±2）℃，相对湿度 65%±5%；仲裁试验按二级标准，即：温度（20±2）℃，相对湿度 65%±3%。

3. 仪器和工具（图 7-5）

（1）直径 112. 8mm 的圆刀划样器（精确度 0. 1mm）。

（2）软木垫板。

（3）剪刀。

（4）钢尺（分度值 1mm）。

（5）天平（精确度 0. 01g）。

（6）烘箱（温度不低于 110℃，灵敏度±1℃）。

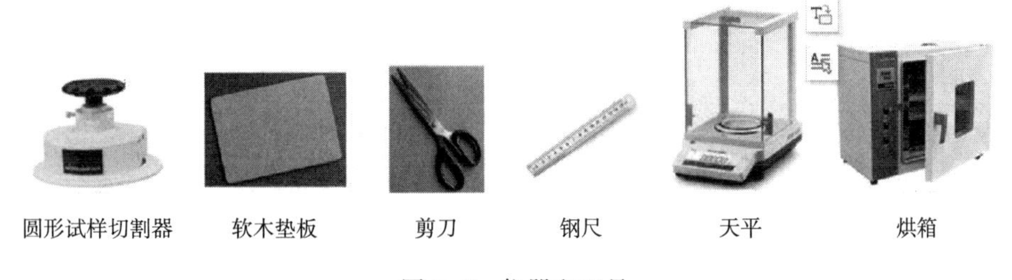

图 7-5 仪器和工具

4. 取样

在不同部位取样，且所取样品不得有影响试验结果的疵点和明显折痕。如样品为坯布，应在距布端 1. 5m 以上处取样。用圆刀划样器裁取面积为 10000mm^2的试样 5 块或裁取 100mm×100mm 的试样 5 块，仲裁试验取 10 块试样。

（1）成品剪取部位如图 7-6 和图 7-7 所示。

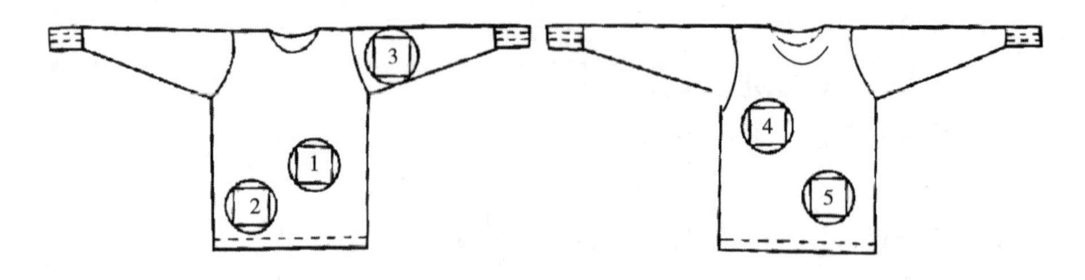

图 7-6　上衣

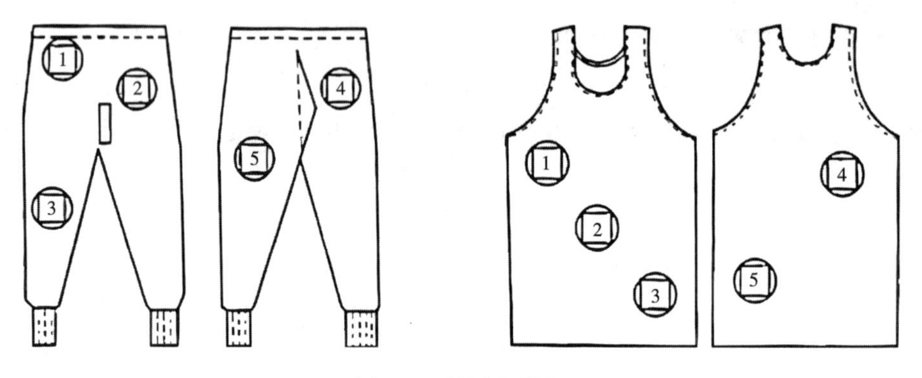

图 7-7　裤子和背心

（2）坯布剪取部位如图 7-8 所示，取全幅 50cm 样品一块。

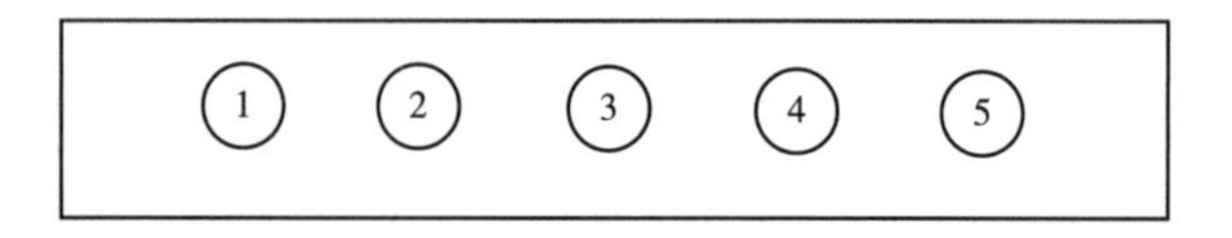

图 7-8　坯布

三、织物厚度的检验

纺织品厚度是指对纺织品施加规定压力的两参考板间的垂直距离。本方法规定了在规定压力下纺织品厚度的测定方法。适用于各类纺织品和纺织制品。

（一）原理

试样放置在参考板上，平行于该板的压脚，将规定压力施加于试样规定面积上，规定时间后测定并记录两扳间的垂直距离，助为试样厚度测定值。

（二）环境条件

试验前样品或试样应在松弛状态下在规定的大气中调湿平衡，调湿的方法和要求按 GB/T 6529—2008 的规定，通常需调湿 16h 上，合成纤维样品至少平衡 2h，公定回潮率为零的样品可直接测定。样品的调温和试验用标准大气按 GB/T 6529—2008 的规定，采用二级标准大气，常规试验可采用三级标准大气。

（三）仪器和工具

1. 厚度仪

厚度仪应按 GB/T 19022.1—1994《测量设备的质量保证要求　第 1 部分：测量设备的计量确认体系》进行计量认定，且包括以下部件。

（1）可调换的压脚，其面积可根据样品类型调换，常规试验推荐压脚面积（2000±20）mm^2，相应于圆形压脚的直径（50.5±0.2）mm。压脚面积的选用按表 7-14。

表 7-14　压脚主要技术参数表

<table>
<tr><th>样品类别</th><th>压脚面积（mm^2）</th><th>加压压力（kPa）</th><th>加压时间（读取时刻）（s）</th><th>最小测定数量（次）</th><th>说明</th></tr>
<tr><td>普通类</td><td rowspan="2">2000±20（推荐）
100±1
10000±100
（推荐面积不适宜时再从另外两种面积中选用）</td><td>1±0.01
非织造布：0.5±0.01
土工布：2±0.01
20±0.1
200±1</td><td rowspan="3">30±5
常规：10±2
（非织造布按常规）</td><td rowspan="3">5
非织造布及土工布：10</td><td>土工布在 2kPa 时为常规厚度，其他压力下的厚度按需要测定</td></tr>
<tr><td>毛绒类、疏软类</td><td>0.1±0.001</td><td></td></tr>
<tr><td>蓬松类</td><td>20000±100
40000±200</td><td>0.02±0.005</td><td>厚度超过 20mm 的样品也可使用蓬松类纺织品厚度测量</td></tr>
</table>

注　1. 蓬松类纺织品指当纺织品所受压力从 0.1kPa 增加至 0.5kPa 时，其厚度的变化（压缩率）≥20%的纺织品。如人造毛皮、长毛绒、丝绒、非织造絮片等。

2. 毛绒类纺织品指表面有一层致密短绒（毛）的纺织品。如丝绒纺织品、拉毛纺织品、割绒纺织品、植绒纺织品、磨毛纺织品等。

3. 疏软类纺织品指结构疏松柔软的纺织品。如毛圈结构纺织品、松结构纺织品、毛针织品等。

4. 不属毛绒类、疏软类、蓬松类的样品，均归属入普通类。

5. 选用其他参数。需经有关各方同意，例如，根据需要，非织造布或土工布压脚面积也可选用 2500mm^2，但应在试验报告中注明。另选加压时间时，其选定时间延长 20%后厚度应无明显变化。

（2）参考板。其表面平整，直径至少大于压脚 50mm。

（3）移动压脚的装置。其移动方向应垂直于参考板。可使压脚工作面保持水平并与参考板表面平行，不平行度<0.2%，且能将规定压力施加在置于参考板之上的试样上。

（4）厚度计。可指示压脚和参考板工作面之间的距离，示值精确至 0.01mm。

2. 计时器

如厚度仪具有计时装置，本项可不备。

（四）试验步骤

1. 试样制备

样品采集的方法和数量按产品标准的规定；其产品标准中未作详细规定的，则按与试验结果有利害关系的有关各方同意的方法。

按上述采集的样品可直接作为试样，试验时测定部位应在距布边 150mm 以上区域内按阶梯形均匀排布，各测定点都不在相同的纵向和横向位置上，且应避开影响试验结果的疵点和折皱。对易于变形或有可能影响试验操作的样品，如某些针织物、非织造布或宽幅织物以及纺织制品等，应按表 7-14 裁取足够数量的试样，裁样时试样尺寸不小于压脚尺寸。

2. 测定程序

（1）根据样品类型按表 7-14 选取压脚。对于表面呈凹凸不平花纹结构的样品，压脚直径应不小于花纹循环长度，如需要，可选用较小压脚分别测定并报告凹凸部位的厚度。

（2）清洁压脚和参考板。检查压脚轴的运动灵活性，按照表 7-14 设定压力，然后驱使压脚压在参考板上，并将厚度计置零。

（3）提升压脚，将试样无张力和无变形地置于参考板上。

（4）使压脚轻轻压放在试样上并保持恒定压力，到规定时间后读取厚度指示值。

（5）重复步骤（3）~（4），直至测完规定的部位数或每一个试样。

（6）如果需要测定不同压力下的厚度（如土工布等），可以对每种压力重复步骤（2）~（5）；也可对每个测定部位或每个试样从最低压力开始重复步骤（2）~（4），测出同一点各压力的厚度，然后更换测试部位或试样，重复前面的操作，直至测完规定部位数或每个试样。

（五）结果计算

计算所测得厚度的算术平均值（修约至 0.01mm）、变异系数 *CV*（%）（修约至 0.1%）及 95%置信区间（修约至 0.01mm），修约方法按 GB/T 8170 规定。其中：

$$\Delta t = t \cdot \frac{S}{\sqrt{n}} \tag{7-12}$$

式中：t 为信度 $1-\alpha$、自由度 $n-1$ 的双侧信度系数；S 为厚度测定值的标准差；n 为试验次数。

在 95%信度下，常用的 t 见表 7-15。

表 7-15　信度系数

n	5	6	7	8	9	10	12	15	20
t	2.776	2.571	2.447	2.365	2.306	2.262	2.201	2.145	2.093

试验结果应包括以下内容：压脚面积（mm^2）、压力（kPa）、纺织品或制品厚度的算术平均值（mm），如需要，报告 *CV*（%）及 95%置信区间（mm）。

（六）蓬松类纺织品的确定及测定装置

1. 蓬松类纺织品的确定

（1）如根据经验目测观察即可确定是否为蓬松型，则以下程序可不再进行。

（2）试样按试验步骤中试样准备的要求备好试样（即使用正式测定用样）。

（3）按上述测定步骤（6）分别测定 0.1kPa 和 0.5kPa 时的厚度 $t_{0.1}$ 和 $t_{0.5}$，测定数量按

表 7-14 规定。

（4）计算每个测定点或试样在压力从 0.1kPa 增加至 0.5kPa 时厚度的变化率，即压缩率 C［按式（7-13）计算］。

$$C = \frac{t_{0.1} - t_{0.5}}{t_{0.1}} \times 100\% \tag{7-13}$$

（5）计算所有测定数据的平均值。

（6）平均压缩率≥20%时为蓬松类纺织品。

2. 蓬松类纺织品厚度的测定装置（适用于厚度>20mm）

（1）测定装置示意图（图 7-9）。

（2）使用本装置测定时，读取至 0.5mm，平均厚度值按 GB/T 8170—2009 修约至 0.5mm。

（3）本装置测定结果与上述厚度仪测定结果不一致时，应以前面为准。

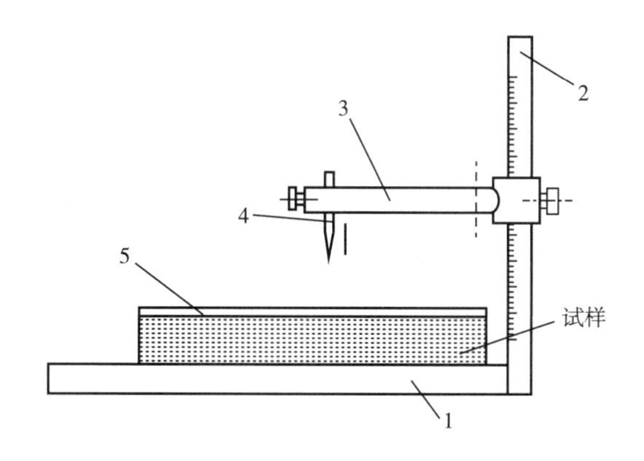

图 7-9　测定装置示意图

1—水平基板　2—垂直刻度尺　3—水平测量臂　4—可调垂直探针　5—测量板

课后思考题

1. 简述棉本色布质量检验项目与分等规定。
2. 简述织物密度、单位面积质量的测定方法及原理。

第八章　织物内在质量检测

第一节　织物尺寸稳定性检测

织物尺寸变化多数表现为织物经冷水浸渍、洗涤（干洗或水洗）、干燥、熨烫等处理后产生“收缩”现象，这是由于水、热、机械力等外界因素对织物综合作用的结果。不同类型织物经不同处理后所发生的尺寸变化程度有很大差异，如果织物的尺寸变化过大，将引起消费者的不满，甚至造成质量投诉。因此，绝大多数的织物成品和服装产品标准都把织物尺寸稳定性检测列入品质评定的考核指标。织物尺寸稳定性检测按处理程序的不同可分为水洗后尺寸稳定性、干洗后尺寸稳定性和洗蒸后尺寸稳定性（汽蒸收缩）三种。

一、水洗后尺寸稳定性

水洗后尺寸稳定性采用水洗尺寸变化率来衡量。水洗尺寸变化率是指织物经洗涤干燥后，织物尺寸产生变化的指标。它是织物重要的服用性能之一。水洗尺寸变化率的大小对成衣或其他纺织用品的规格影响很大。特别是容易吸湿膨胀的纤维织物，在裁制衣料，尤其是裁制两种以上的织物合缝而成的服装时，必须考虑缩水率的大小，以保证成衣的规格、造型和穿着要求。

（一）原理

试样在洗涤和干燥前。在规定的标准大气中调湿并测量尺寸。试样干燥后，再次调湿、测量其尺寸，并计算试样的尺寸变化率。

（二）环境条件

测量前，先将试样置于 GB/T 6529—2008 规定的标准大气下调湿，直至恒重，并于该大气下进行所有测量。

（三）器具和材料

全自动洗衣机：目前国标规定可选用两类洗衣机，A 型洗衣机（即水平滚筒、前门加料型）和 B 型洗衣机（顶部加料、搅拌型），两种洗衣机所采用的洗涤程序、陪洗物、标准洗涤剂类型以及配套的翻滚烘干机均有所差别，且两者试验结果不可比。实验中一般采用 A 型洗衣机，本节也只介绍 A 型洗衣机及其配套设备。

干燥设施：如绳、塑料杆等，用于悬挂晾干或滴干；筛网干燥架，约 16 目，由不锈钢或塑料制成，用于摊平晾干；旋转翻滚型烘干机，与 A 型洗衣机配用，用于翻滚烘干；电热（干热）平板压烫机和烘箱等。

陪洗物，可采用以下物品之一：

纯聚酯变形长丝针织物，单位面积质量（310±20）g/m²，由四片织物叠合而成，沿四边缝合，角上缝加固线，形状呈方形，尺寸（20±4）cm×（20±4）cm，重（50±5）g；

折边的纯棉漂白机织物或50/50涤棉平纹漂白机织物，两者单位面积质量均为（155±5）g/m²，尺寸（92±5）cm×（92±5）cm。

洗涤剂：ECE无磷标准洗涤剂（不含荧光增白剂）或IEC无磷标准洗涤剂（含荧光增白剂）。

（四）试验步骤

1. 试样制备

根据产品标准或精度要求确定试样数量，并根据试样类型采取不同的备样方式。

（1）机织物。裁取合适尺寸的有代表性试样，规格应大于50cm×50cm。将试样置于测量台上，用笔沿试样长度和宽度方向各做3对标记。每对标记应符合：标记间距≥35cm，距离布边≥5cm，且在试样上分布均匀、顺直（图8-1）。

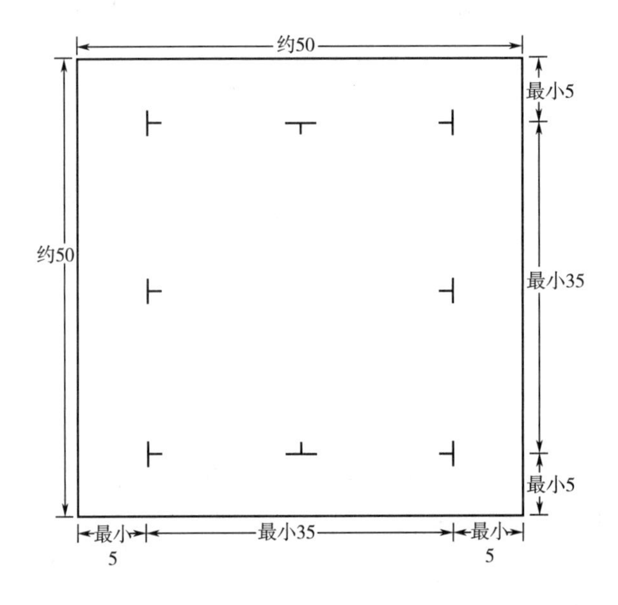

图8-1　机织物标记示意图（单位：cm）

（2）针织物。裁取有代表性全幅试样70cm，非筒状试样对折成1/2幅宽后缝合成筒状，并在直向两侧各剪开5cm的口以备穿杆悬挂。将试样置于测量台上，用对比明显的缝线做标记。直向、横向的各自3对标记在一条直线上且相互垂直，标记距边5cm（图8-2）。

（3）服装。将试样置于测量台上摊平后，用对比明显的缝线做标记。上衣一般标记衣长和胸围。衣长，沿领肩缝交点至底边前后左右做4对标记；胸围，沿袖窿底横向做1对标记。裤子一般标记裤长和腰围，裤长，沿1/4腰宽至裤口前后左右做4对标记，腰围，沿腰后横向做1对标记。

将上述试样摊平于测量台上，轻轻抚平折皱，用钢板尺测量两标记点之间的距离，精确

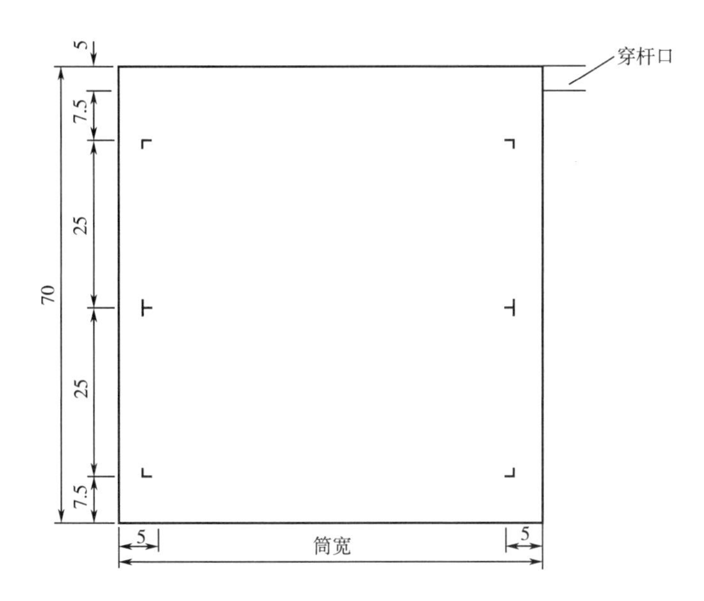

图 8-2　针织物标记示意图（单位：cm）

至最接近的 1mm，记录数据。

2. 洗涤液配制

GB/T 8629—2017 规定了三种标准洗涤剂，分别为 WOB、IEC 和 ECE 标准洗涤剂。对于 A 型洗衣机，只可采用 IEC 和 ECE 标准洗涤剂。其洗涤液的配制方法如下：

按所需量以 77∶20∶3 的比例分别称取洗涤剂基干粉、过硼酸钠四水合物和漂白活化剂乙二胺四乙酸，并置于三个空烧杯中，称好后，用约 40℃的自来水溶解洗涤剂基干粉和过硼酸钠，待溶液冷却至 30℃时，加入漂白活化剂并充分混合。

3. 洗涤和干燥

GB/T 8629—2017 规定了 A 型洗衣机的 10 种洗涤程序，即 1A—10A；以及 6 种干燥程序，即 A—F。每种洗涤程序代表一种家庭洗涤方式，其中 1A—6A 为正常洗涤，7A—10A 为柔和洗涤。每种干燥程序模拟一种家庭干燥方式，即 A—悬挂晾干；B—滴干；C—摊平晾干；D—平板压烫；E—翻滚烘干；F—烘箱烘燥。常用的为 A、C、F 三种。

对服装等制成品可按产品标准要求或使用说明选择，对非制成品可按纤维性质和用途进行选择。

（1）洗涤。确定洗涤和干燥程序后，称量待洗试样，并加足量的陪洗物，使所有待洗载荷的空气中的干质量达到所选洗涤程序规定的总载荷值，一般为 2kg，且确保试样的量不超过总载荷量的一半。

打开洗衣机仓门，将上述待洗物装入洗衣机，关好仓门，在添加剂盒中加适量的洗涤剂（ECE 或 IEC 标准洗涤剂）后，开启电源，选择所需洗涤程序，开始自动洗涤。

（2）干燥。洗涤完成后，取出试样，按所选干燥程序在挂杆、筛网或烘箱等上干燥。对于悬挂晾干或滴干，悬挂时试样应充分展开，针织筒状试样应从预留穿杆口中穿入挂杆。同时应使试样的经向或直向处于垂直位置，即按制品使用方向悬挂。对烘箱烘燥，温度不宜过高，以（60±5）℃为宜。

4. 洗后测量

该步骤同洗前测量。测量前，先将试样置于标准大气下调湿，直至恒重，并在该大气下进行所有测量。测量时，将试样摊平于测量台上，轻轻抚平折皱，用钢板尺测量两标记点之间的距离，精确至最接近的1mm，记录数据。

5. 结果计算和表示

将记录好的数据按式（8-1）计算各标记点间的尺寸变化率，以负号（-）表示尺寸减小（收缩），以正号（+）表示尺寸增大（伸长）。以三件样品的算术平均值作为试验结果，并按GB/T 8170—2008修约到小数点后一位。

$$\text{水洗尺寸变化率} = \frac{\text{标记间最终长度} - \text{标记间初始长度}}{\text{标记间初始长度}} \times 100\% \tag{8-1}$$

6. 注意事项

（1）做标记时应注意保证标记与试样长度或宽度方向相平行。同时尽量远离布边，避免布边影响。

（2）测量标记时，布面应平整且自然松弛，无意外伸长，以便得到准确的标记尺寸数据。

（3）洗涤液应即配即用，不宜放置，且洗涤剂基干粉、过硼酸钠和漂白活化剂溶液应在注入洗衣机之前混合。

（4）如果洗后还需评定洗后外观或色牢度，则洗涤剂不宜采用含有荧光增白剂的无磷IEC标准洗涤剂。

（5）洗涤时应获得良好的搅拌泡沫，洗涤剂的加入量以在洗涤周期结束时泡沫高度不超过（3±0.5）cm为宜。

（6）试样洗涤完后至测量前严禁拉拽或绞拧，以免导致意外拉伸，应保持其自然平整。

（7）洗后测量时，为减少人为误差和不必要的差错，标记测量时的手法和顺序应与洗前一致，切忌标记时张冠李戴。

（8）水的硬度对实验和水路有一定影响，一般不宜超过20mg/kg。

二、干洗后尺寸稳定性

干洗后尺寸稳定性一般采用干洗尺寸变化率来衡量。类似于水洗尺寸变化率，干洗尺寸变化率是评价织物经四氟乙烯或烃类溶剂洗涤后，织物尺寸变化的情况，适用于各类可干洗服装、服装面料或制品等。

（一）原理

对经调湿后的服装、衣片或制品进行标记和测量，然后进行干洗，再经过调湿和测量，计算其尺寸变化率。

（二）环境条件

将试样置于标准大气下调湿，直至恒重，在该大气下进行所有测量。

（三）器具和材料

干洗试验机：使用四氯乙烯或烃类溶剂的全封闭双向转笼式干洗机，转笼直径在600～1080mm，深度不小于300mm，装有3～4个键槽，转速产生的清洗系数在0.5～0.8。清洗系数g按式（8-2）计算：

$$g = 5.6\, n^2 d \times 10^{-7} \tag{8-2}$$

式中：n为转笼转速（r/min）；d为转筒直径（mm）。

陪洗物：为洗净的纺织布片或服装，成分应为纯毛，或80%羊毛和20%棉或再生纤维素纤维等组成，颜色为白色或浅色，尺寸不低于500mm×500mm。

四氯乙烯溶剂或烃类溶剂：烃类应为脂肪族（C_nH_{2n+2}，$n=10\sim12$），闪点大于或等于38℃，沸点150～210℃。去污剂，椰油脂肪酸二乙醇酰胺，失水山梨醇月桂酸酯。

金属直尺等。

（四）试验步骤

分为常规干洗法和缓和干洗法。

1. 常规干洗法

（1）选取有代表性试样不少于3件（块），标记。其标记同水洗尺寸变化率。

（2）测量时，将试样摊平放于测量台上，轻轻抚平折皱，用钢板尺测量两标记点之间的距离，精确至最接近的1mm，记录。

（3）称量待洗试样，并加足量的陪洗物，使所有待洗载荷的质量达到规定的总载荷量，总载荷量根据滚筒容积以（50±2）kg/m^{3}折算。

（4）将待洗物放入机器笼内，以浴比（5.5±0.5）L/kg加入经蒸馏的含有1g/L山梨醇月桂酸酯的四氯乙烯或烃类溶剂，并保持整个清洗过程中溶剂温度为（30±3）℃。

（5）配置新鲜乳液，按每千克负载加10mL去污剂与30mL四氯乙烯或烃类溶剂混合，添加20mL水并不断搅拌，关闭过滤器电路并启动机器，在2～12min，缓缓地加入机器内桶和外桶，液面高度不超过溶剂高度。

（6）合上开关，保持机器运转15min，之后排出溶剂，用离心法抽取溶剂2min，并保持至少1min满速抽取。

（7）以相同浴比注入无水纯干洗溶剂对干洗物冲洗5min，排出并再次抽取5min，其中应保持至少3min满速抽取。

（8）翻滚烘干试样，保持外部温度不超过60℃，内部温度不超过80℃。干燥过程结束后，关闭加热装置，减低风速，将负载物在筒内反向旋转至少5min，冷却至环境温度。

（9）从机器中立刻取出样品，服装挂在衣架上，衣片或制品铺在一个平面上。

（10）同洗前测量，测量洗后各标记间的尺寸，记录。

2. 缓和干洗法

步骤同常规干洗法，仅对一些参数进行降低：总载荷量按常规干洗法步骤（3）规定，以（33±2）kg/m^{3}折算。相应的，溶剂的量也随之减少。试验程序按上述步骤（4）～（10）规定，洗涤时间降至10min，满速抽取时间减至1min。

（五）结果计算和表示

按式（8-3）计算各标记点间的尺寸变化率，以负号（-）表示尺寸收缩，以正号（+）表示尺寸伸长。以三件样品的算术平均值作为试验结果，并按 GB/T 8170—2008 修约到小数点后一位。

$$干洗尺寸变化率 = \frac{干洗后尺寸 - 干洗前尺寸}{干洗前尺寸} \times 100\% \tag{8-3}$$

（六）注意事项

（1）同水洗尺寸变化率，做标记时应注意保证标记与试样长度或宽度方向相平行，同时尽量远离布边，避免布边影响。

（2）同水洗尺寸变化率，测量标记时，布面应平整且自然松弛，无意外伸长，以便得到准确的标记尺寸数据。

（3）试样干洗完后至测量前应保持自然平整，避免意外拉伸。

（4）对目前普遍采用的全自动干洗机，以上洗涤和烘干步骤可通过设定程序自动完成。

（5）对全自动干洗机，干洗剂为循环使用，使用一段时间后溶剂会脏污，应定期蒸馏，保持溶剂的清洁。

（6）干洗剂四氯乙烯为有一定毒性的挥发溶剂，试验中注意实验室通风。

三、汽蒸后尺寸稳定性

织物汽蒸后尺寸稳定性一般用汽蒸后尺寸变化率来衡量。为了测定机织物、针织物以及经汽蒸处理尺寸易变化的织物在汽蒸处理后的尺寸变化，可根据测试织物在不受压力情况下受汽蒸作用后的尺寸变化（假定该尺寸变化与织物在湿处理中的湿膨胀和毡化收缩无关）加以评判。

（一）原理

测定织物在不受压力的情况下，受汽蒸作用后尺寸变化。该尺寸变化与织物在湿处理中的湿膨胀和毡化收缩变化无关。

（二）环境条件

将试样置于标准大气下调湿，直至恒重，在该大气下进行所有测量。

（三）器具和材料

套筒式汽蒸仪或同类仪器、订书钉或能精确标记基准点的用具、毫米刻度尺。

经向（直向）和纬向（横向）各取 4 条试样。

试样尺寸为长 300mm，宽 50mm。试样上不应有明显疵点。

（四）试验步骤

（1）试样经预调湿 4h 后，放置在标准大气中调湿 24h。试样上用订书钉或 GB/T 8628—2013 相距 250mm 处两端对称地各做一个标记。

（2）量取标记间的长度为汽蒸前长度，精确到 0.5mm。

（3）蒸汽以 70g/min（允差 20%）的速度通过蒸汽圆筒至少 1min，使圆筒预热。如圆筒过冷，可适当延长预热时间。试验时蒸汽阀保持打开状态。

（4）把调湿后的四块试样分别平放在每一层金属丝支架上。立即放入圆筒内并保持 30s。

（5）从圆筒内移出试样，冷却 30s 后再放入圆筒内。如此进出循环三次。

（6）三次循环后把试样放置在光滑平面上冷却，进行预调湿和调湿后，量取标记间的长度为汽蒸后的长度，精确到 0.5mm。

（五）结果计算和表示

（1）每一块试样的汽蒸尺寸变化率按式（8-4）计算。

$$Q_s = \frac{L_1 - L_0}{L_0} \times 100\% \tag{8-4}$$

式中：Q_s为汽蒸尺寸变化率；L_0为汽蒸前的长度（mm）；L_1为汽蒸后的长度（mm）。

（2）分别计算经（直）、纬（横）向汽蒸尺寸变化率的平均值，并按 GB/T 8170—2008 修约至小数点后一位。

第二节　织物力学性能检测

织物力学性能试验包括拉伸强力试验、顶破强力试验、撕破强力试验和耐磨性试验等试验方法，其试验结果是评定织物内在质量优劣的重要依据之一。

一、拉伸断裂强力的测定

织物断裂强力测定方法主要有两种：一种是条样法，即试样的整个宽度都被夹持在夹钳内的断裂强力试验方法；另一种是抓样法，即仅是试样宽度的中央部分被夹头所夹的一种断裂强力的试验方法。

（一）条样法

条样法是指试样整个宽度被夹持器夹持的一种织物拉伸试验。本方法规定了采用拆纱条样和剪割条样测定织物断裂强力和断裂伸长率，包括试样在试验用标准大气中平衡或湿润两种状态的试验。适用于机织物，也适用于其他技术生产的织物（如针织物、非织造布、涂层织物及其他类型的织物）。不适用于弹性织物、纬平针织物、罗纹针织物、土工布、玻璃纤维织物、碳纤维织物和聚烯烃扁丝织物。本方法规定使用等速伸长（CRE）试验仪，根据有关各方协议可使用等速牵引（CRT）试验仪，但应在试验报告中注明。

1. 原理

规定尺寸的试样以恒定伸长速率被拉伸直至断脱，记录断裂强力及断裂伸长，如果需要，也可记录断脱强力及断脱伸长率。

2. 环境条件

按照 GB/T 6529—2008 规定进行预调湿、调湿和试验。仲裁试验采用二级标准大气。对于湿润状态下试验不要求预调湿和调湿。

3. 仪器和工具

（1）等速伸长（CRE）试验仪。等速伸长试验仪应具有下列特点，拉伸试验仪应具有指示或记录加于试样上使其拉伸直至断脱的最大力以及相应的试样伸长率的装置。在仪器满量程的任意点，指示或记录断裂力的误差应不超过±1%，指示或记录夹钳间距的误差应不超过±1mm。

如果使用数据采集电路和软件获得力和伸长数值，数据采集的频率不小于8次/s。

恒定伸长速率为20mm/min和100mm/min，精度为±10%。

隔距长度为100mm和200mm，精度为±1mm。

仪器两夹钳的中心点应处于拉力轴线上，夹钳的钳口线应与拉力线垂直，夹持面应在同一平面上。夹钳应能握持试样而不使试样打滑，夹钳面应平整，不剪切试样或破坏试样。但如果使用平整夹钳不能防止试样的滑移时，应使用其他形式的夹持器。夹持面上可使用适当的衬垫材料。夹钳宽度不小于60mm。

（2）裁剪试样的器具。

（3）如需进行湿润试验时，应具备用于浸渍试样的器具、三级水、非离子湿润剂。

4. 试验步骤

（1）试样制备。

①通则。根据织物的产品标准规定，或根据有关各方协议取实验室样品。在没有上述要求的情况下，按下列规定取实验室样品。

从每一个实验室样品剪取两组试样，一组为经向或纵向试样，另一组为纬向或横向试样。每组试样至少应包括五块试样，另加预备试样若干。如有更高精度要求，应增加试样数量。试样应具有代表性，应避开折皱、疵点，试样距布边至少150mm，保证试样均匀分布于样品上。例如，对于机织物，两块试样不应包括有相同的经纱或纬纱，具体如图8-3所示。

②尺寸。每块试样的有效宽度应为50mm（不包括毛边），其长度应能满足隔距长度200mm，如果试样的断裂伸长率超过75%，应满足隔距长度为100mm。按有关双方协议，试样也可采用其他宽度，在这种情况下，应在试验报告中说明。

③一般试样。

拆纱条样：用于一般机织物试样。剪取试样的长度方向应平行于织物的经向或纬向，其宽度应根据留有毛边的宽度而定。剪取条样长度方向的两侧拆去数量大致相等的纱线，直至其试样的宽度符合规定的尺寸。毛边的宽度应保证在试验过程中纱线不从毛边中脱出。对一般的机织物，毛边约为5mm或15根纱线的宽度较为合适。对较紧密的机织物，较窄的毛边即可。对稀松的机织物，毛边约为10mm。

剪割条样：用于针织物、非织造布、涂层织物及不易拆边纱的机织物试样。剪取试样的长度方向应平行于织物的纵向或横向，其宽度符合上述②中规定的尺寸。

④湿润试验的试样。如果要求测定织物的湿强力，则剪取的试样长度应为干强试样的两倍（图8-3），每条试样的两端编号后，沿横向剪为两块，一块用于干态的强力测定，另一块

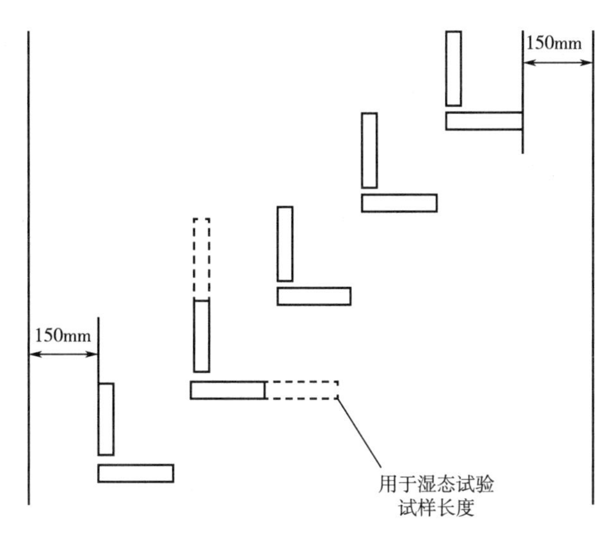

图 8-3　从实验室样品剪取试样示例图（条样法）

用于湿态的强力测定。根据经验或估计浸水后收缩较大的织物，测定湿态强力的试样长度应比干态试样长一些。湿润试验的试样应放在温度（20±2）℃的三级水中浸渍 1h 以上，也可用每升不超过 1g 的非离子湿润剂的水溶液代替三级水。

（2）仪器设定。

①设定隔距长度。对断裂伸长率小于或等于 75%的织物，隔距长度为（200±1）mm；对断裂伸长率大于 75%的织物，隔距长度为（100±1）mm。

②设定拉伸速度。根据织物的断裂伸长或伸长率，按表 8-1 设定拉伸速度。

表 8-1　拉伸速度

隔距长度（mm）	织物的断裂伸长率（%）	拉伸速度（mm/min）
200	<8	20
200	8～75	100
100	>75	100

（3）试样夹持。在夹钳中心位置夹持试样，以保证拉力中心线通过铁钳的中点。试样可在预张力下夹持或松式夹持。当采用预张力夹持试样时，产生的伸长率不大于 2%。如果不能保证，则采用松式夹持，即无张力夹持。对于湿润试验，将试样从液体中取出，放在吸水纸上吸去多余的水后，进行试验。

①采用预张力夹持。根据试样的单位面积质量采用如下的预张力：

≤200g/m^2：2N；

>200g/m^2，≤500g/m^2：5N；

>500g/m^2：10N。

断裂强力低于 20N 时，按概率断裂强力的 1%+0.25%确定预张力。对于湿润试验预张力为上述规定的1/2。

②松式夹持。计算断裂伸长率所需的初始长度应为隔距长度与试样达到预张力的伸长量之和，该伸长量可从强力—伸长曲线图上对应预张力处测得。同一样品的两方向的试样采用相同的隔距长度、拉伸速度和夹持状态，以断裂伸长率大的一方为准。

（4）测定。开启试验仪，拉伸试样至断脱。记录断裂强力、断裂伸长或断裂伸长率。如需要，记录断脱强力及断脱伸长或断脱伸长率。每个方向至少试验五块。

5. 结果计算

（1）分别计算经纬向或纵横向的断裂强力平均值，以N表示，按GB/T 8170—2008修约。如需要可计算断脱强力平均值。计算结果10N及以下，修约至0.1N；大于10N，且小于1000N，修约至1N；1000N及以上，修约至10N。

（2）按式（8-5）和式（8-7）计算每个试样的断裂伸长率，以百分率表示。按式（8-6）和式（8-8）计算断脱伸长率。

预张力夹持试样：

$$断裂伸长率 = \left(\frac{\Delta L}{L_0}\right) \times 100\% \tag{8-5}$$

$$断脱伸长率 = \left(\frac{\Delta L_t}{L_0}\right) \times 100\% \tag{8-6}$$

松式夹持试样：

$$断裂伸长率 = [(\Delta L' - L_0')/(L_0 + L_0')] \times 100\% \tag{8-7}$$

$$断脱伸长率 = [(\Delta L_t' - L_0')/(L_0 + L_0')] \times 100\% \tag{8-8}$$

式中：L_0为隔距长度（mm）；ΔL为预张力夹持试样时的断裂伸长（mm，图8-4）；$\Delta L'$为松式夹持试样时的断裂伸长（mm，图8-5）；ΔL_t为预张力夹持试样时的断脱伸长（mm，图8-4）；$\Delta L_t'$为松式夹持试样时的断脱伸长（mm，图8-5）；L_0'为松式夹持试样达到规定预张力时的伸长（mm，图8-5）。

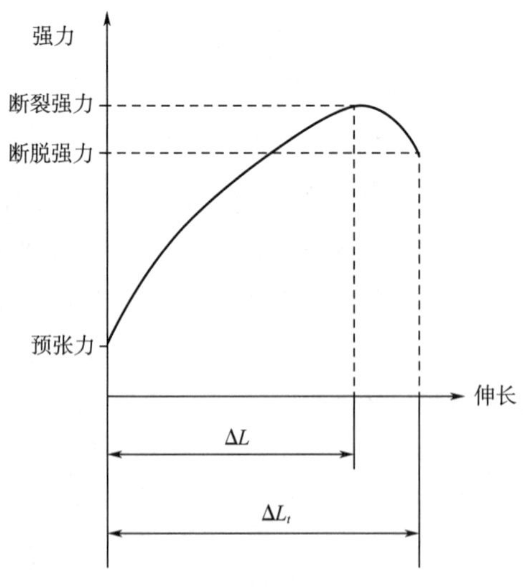

图8-4　预张力夹持试样的拉伸曲线

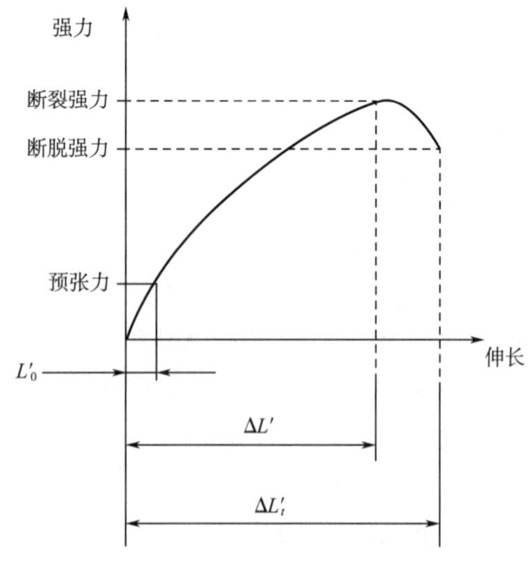

图8-5　松式夹持试样的拉伸曲线

分别计算经纬向或纵横向伸长率平均值，按 GB/T 8170—2008 修约。平均值在 8%及以下时，修约至 0.2%；大于 8%且小于 50%时，修约至 0.5%；50%及以上时，修约至 1%。

（3）计算断裂强力和断裂伸长率的变异系数，修约至 0.1%。

（4）按式（8-9）计算 95%置信区间（平均值±Δ），平均值小于 1000N，修约至 1N；平均值 1000N 及以上，修约至 5N。

$$X - S \times \frac{t}{\sqrt{n}} < \mu < X + S \times \frac{t}{\sqrt{n}} \tag{8-9}$$

式中：μ 为置信区间，X 为平均值；S 为标准差；t 为 t-分布表查得，当 $n=5$。置信度为 95%时，$t=2.776$；n 为试验次数。

6. 注意事项

（1）滑移：如果试样在钳口处滑移不对称或滑移量大于 2mm 时，舍弃该试验结果。

（2）钳口断裂：如果试样在距钳口 5mm 以内断裂，则作为钳口断裂。当五块试样试验完毕，若钳口断裂的值大于最小的“正常值”，可以保留；如果小于最小的“正常值”，则应舍弃，另加试验以得到五个“正常值”；如果所有的试验结果都是钳口断裂，或得不到五个“正常值”，应报告单值。钳口断裂结果应在报告中指出。

（3）在批样检验中，运输中有受潮或受损的匹布不能作为样品。

（4）从批样的每一匹中随机剪取至少 1m 长的全幅作为实验室样品，但离匹端至少 3m。保证样品没有折皱和明显的疵点。

（二）抓样法

抓样试验是指试样宽度方向的中央部位被夹持器夹持的一种织物拉伸试验。本方法规定了采用抓样法测定织物断裂强力，包括试样在试验用标准大气中平衡或湿润两种状态的试验。适用于机织物，也适用于针织物、涂层织物及其他纺织织物。不适用于弹性织物、土工布、玻璃纤维机织物、碳纤维织物及聚烯烃编织带等。试验规定使用等速伸长型（CRE）试验仪。

1. 原理

试样的中央部位夹持在规定尺寸的夹钳中，以规定的拉伸速度拉伸试样至断脱，测定其断裂强力。

2. 环境条件

按照 GB/T 6529—2008 规定进行预调湿、调湿和试验。仲裁试验采用二级标准大气。对于湿润状态下试验不要求预调湿和调湿。

3. 仪器和工具

（1）等速伸长型（CRE）试验仪。

①拉伸试验仪应具有显示或记录加于试样上使其拉伸直至断脱的最大强力的装置。在试验仪全量程的任意一点，显示或记录断裂强力的误差应不超过±1%。

拉伸速度为（50±5）mm/min；隔距长度为（100±1）mm。

②仪器两夹钳的中心应在拉力线上。钳口应与拉力线垂直，夹持面应在同一平面上。夹钳应能握持试样而不使其打滑，不剪切或破坏试样。如试样打滑，夹持面上可使用适当的垫

衬材料。抓样试验夹持试样面积的尺寸应为（25±1）mm×（25±1）mm。可使用下列方法之一达到该尺寸：

a. 一个夹片宽度为25mm，长度至少为40mm。夹片长度方向与拉力线垂直。另一个夹片与前一夹片的尺寸相同，其长度方向与拉力线平行，具体示意如图8-6所示。

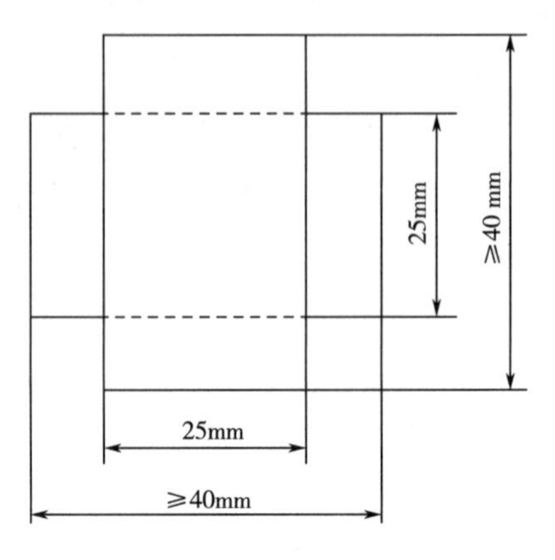

图8-6 试样面积

b. 一个夹片宽度为25mm，长度至少为40mm。夹片长度方向与拉力线垂直。另一个夹片的尺寸为25mm×25mm，具体示意如图8-7所示。

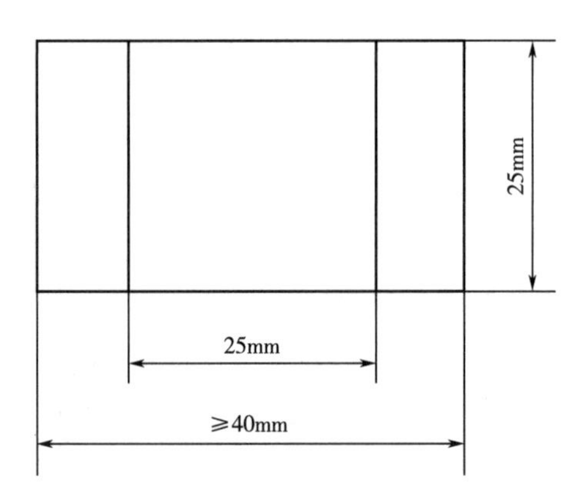

图8-7 试样面积

（2）剪取试样的器具。

（3）如需进行湿润试验时，应具备用于浸润试样的器具、三级水或非离子湿润剂。

4. 试验步骤

（1）试样制备。

①通则。根据织物的产品标准规定，或根据有关各方协议取实验室样品。在没有上述要求的情况下，按下列规定剪取实验室样品。

从每个样品中剪取两组试样，一组为经向或纵向试样，另一组为纬向或横向试样。每组试样至少包括五块，如有更高要求，应增加试样数量。试样应具有代表性，应避开织物的折皱、疵点部位。试样距布边至少 150mm，保证试样均匀分布于样品上，具体示意如图 8-8 所示。

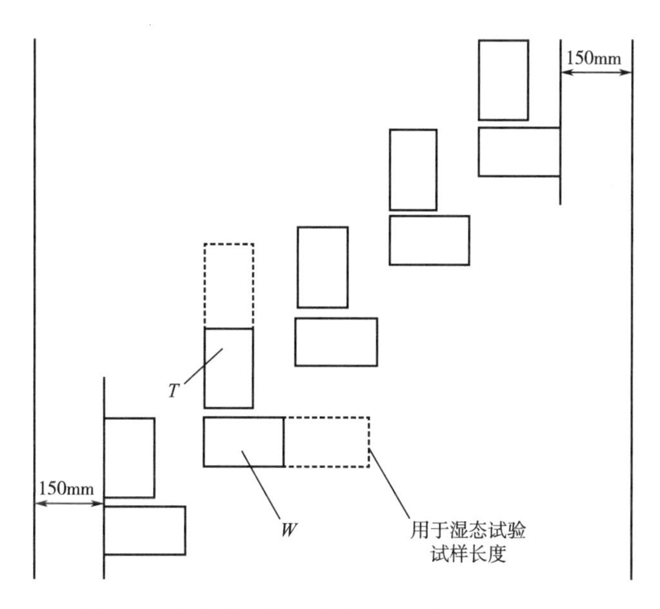

图 8-8 从实验室样品剪取试样示例图（抓样法）

②尺寸。每块试样的宽度为 100mm±2mm，长度至少为 150mm，在每一试样上，距长度方向的一边 37.5mm 处画一条平行于该边的标记线。

③湿润试样。如需测定织物的湿强力，则剪取试样长度为干强力试样的两倍（图 8-8）。将每条试样的两端编号后，沿横向剪为两块，一块用于测定干强力，另一块用于测定湿强力。根据经验或估计浸水后织物的缩水率较大，测定湿强力的试样长度应比测定干强力的试样长一些。湿润试验的试样应放在（20±2）℃的三级水或含有非离子润湿剂的水溶液中浸渍 1h 以上。

（2）仪器设定。

①设定隔距长度为 100mm。如经有关各方协议采用其他隔距，应在试验报告中注明。

②设定拉伸速度为 50mm/min。

③试样夹持。夹持试样的中间部位，保证试样的纵向中心线通过夹钳的中心线，并与夹钳钳口线垂直。将试样上的标记线对齐夹片的一边（图 8-8），关闭上夹钳，靠织物的自重下垂，关闭下夹钳。对于湿润试验，将试样从液体中取出，放在吸水纸上吸去多余的水分后，进行试验。

④测定。启动拉伸试验仪，拉伸试样至断脱，记录断裂强力（单位：N）。如果试样在距钳口 5mm 以内断裂，则作为钳口断裂。当五块试样试验完毕，若钳口断裂数值大于最小的“正常”断裂值，可以保留；若小于最小“正常”断裂值，则舍弃，另加试验量，以得到五个“正常”断裂值。如果所有试验结果均为钳口断裂，或不能得到五个“正常”断裂值，应报告单值。钳口断裂结果应在报告中注明。

5. 结果计算

（1）分别计算经纬向或纵横向的断裂强力平均值，按 GB/T 8170—2008 修约至整数位。

（2）计算断裂强力和断裂伸长率的变异系数，修约至 0.1%。

（3）按式（8-10）计算 95%置信区间（平均值±Δ），修约至整数位。

$$\Delta = S \cdot \frac{t}{\sqrt{n}} \tag{8-10}$$

式中：S 为标准偏差；n 为试验次数；t 为由 t 分布表查得。当 $n=5$，置信度为 95%时，$t=2.776$。

6. 注意事项

（1）钳口断裂：如果试样在距钳口 5mm 以内断裂，则作为钳口断裂。当五块试样试验完毕，若钳口断裂的值大于最小的“正常值”，可以保留；如果小于最小的“正常值”，应舍弃，另加试验以得到五个“正常值”；如果所有的试验结果都是钳口断裂，或得不到五个“正常值”，应当报告单值。钳口断裂结果应当在报告中指出。

（2）在批样检验中，运输中有受潮或受损的匹布不能作为样品。

（3）从批样的每一匹中随机剪取至少 1m 长的全幅作为实验室样品，但离匹端至少 2m。保证样品没有折皱和明显的疵点。

二、顶破强力的测定

顶破强力是以球形顶杆垂直作用于试样平面的方向顶压试样，直至其在被破坏的过程中所测得的最大力，其力值单位为牛顿（N）。根据试验时，试样在试验用标准大气中调湿和在水中浸湿两种状态，顶破强力可分为调湿状态下顶破强力和湿态顶破强力，如不加说明，一般指调湿状态下的顶破强力。

国家标准 GB/T 19976—2005《纺织品顶破强力的测定　钢球法》提供了一种顶破强力的测试方法，也就是钢球法，该标准适用于各类织物，但多用于针织物。目前，针织成品布、棉针织内衣、针织 T 恤衫等产品均采用顶破强力作为一项质量性能考核指标。

（一）原理

将试样夹持在固定基座的圆环试样夹内，圆球形顶杆以恒定的移动速度垂直地顶向试样，使试样变形直至破裂，测得顶破强力。

（二）环境条件

调湿状态下顶破强力：预调湿、调湿和试验用大气按 GB/T 6529—2008 纺织品的调湿和试验用标准大气规定进行。

湿态顶破强力：三级水、应符合 GB/T 6682—2008《分析实验室用水规格和试验方法》的相关规定，试样在温度（20±2）℃［或（23±2）℃，或（27±2）℃］的水中完全润湿。为使试样完全润湿，也可以在水中加入不超过 0.05%的非离子中性湿润剂。

（三）仪器和工具

等速伸长型试验仪（CRE）：测力精度不超过示值的±1%，包括一个试样夹持器和一个球形顶杆组件。在试验过程中，试样夹持器固定，顶杆以恒定的速度移动。

顶破装置：由夹持试样的环形夹持器的钢质球形顶杆组成。环形夹持器内径为（45±0.5）mm，表面应有同心沟槽，以防止试样滑移。顶杆的头端为抛光钢球，球的直径为（25±0.02）mm，或（38±0.02）mm，与试验机连接部分的尺寸应根据试验机夹具的尺寸确定。

进行润湿试验所需的器具以及裁制试样的工具。

（四）试验步骤

1. 试样制备

试样应具有代表性，试验区域应避免折叠、折皱以及断纱等破损性疵点，取样部位一般应离开布边150mm以上。用裁样器裁制试样或用圆形工具划出试样大小，然后用剪刀沿划痕线剪出试样，试样尺寸应满足大于夹持装置面积，试样数量为五块。如果使用的夹持系统不需要裁剪试样即可进行试验，则可不裁成小样。进行湿润试验的试样，需裁剪试样。

2. 仪器安装和设定

按客户要求或产品标准规定选择直径为25mm或38mm的球形顶杆。将球形顶杆和夹持器安装在试验机上，保证环形夹持器的中心在顶杆的轴心线上。

选择力的量程，使测试值在满量程的10%～90%。设定试验机的速度为（300±10）mm/min。

3. 装夹试样

将试样反面朝向顶杆，夹持在夹持器上，保证试样平整、无张力、无折皱。

4. 测试

启动仪器，直至试样被顶破，记录其最大值作为该试样的顶破强力。如果测试过程中出现纱线从环形夹持器中滑出或试样滑脱，应舍弃该试验结果。重复上述试验，至少获得五个测试值。

5. 湿润试验

将试样从液体中取出，放在吸水纸上吸去多余的水后，立即进行试验，具体同上述步骤。

（五）结果的计算和表示

计算顶破强力的平均值，以牛顿（N）为单位，结果修约至整数位。如果需要，计算顶破强力的变异系数 *CV* 值，修约至0.1%。

试验报告应包括：采用标准的编号、试样的描述、夹持器和球形顶杆直径、试样数量和舍弃的试验数量、试样状态（调湿或湿态）、平均顶破强力、顶破强力变异系数 *CV* 值（如果需要）、偏离标准的任何细节。

（六）注意事项

（1）装夹试样时，注意试样的正反面，同时，要夹紧试样，保持夹紧力均匀。

（2）若发现顶破试验时，试样从夹持器钳口处破裂，应舍弃本次试验结果，重新试验。

（3）确保顶杆轴心线与铅垂线一致，不能偏离，且顶杆球形中心与试样中心位置一致。

（4）对于高弹性试样，若接近顶杆最大动程仍未被破坏，应立即停止试验。

三、撕裂强力的测定

织物在使用过程中经常会受到集中负荷的作用，使局部损坏而断裂。织物边缘在一集中负荷作用下被撕开的现象称为撕裂，又称撕破。当衣物被锐物钩住或切割，使纱线受力断裂而形成裂缝，或织物局部被拉伸长，致使织物被撕开等，为典型的撕破。抵抗这种撕裂破坏的能力为织物的撕破性能。下列几种方法是切实可行的测定织物撕破性能的方法。这些方法有：冲击摆锤法、裤形试样（单缝）法、梯形试样法、舌形试样（双缝）法和翼形试样（单缝）法。

（一）冲击摆锤法

1. 原理

试样固定在夹具上，将试样切开一个切口，释放处于最大势能位置的摆锤，可动夹具离开固定夹具时，试样沿切口方向被撕裂，把撕破织物一定长度所做的功换算成撕破力。

2. 环境条件

温度（20±2）℃，相对湿度 65%±4%。

3. 器具和材料

数字式摆锤织物撕裂仪（图 8-9）、钢直尺（精度 1mm）、裁样器。

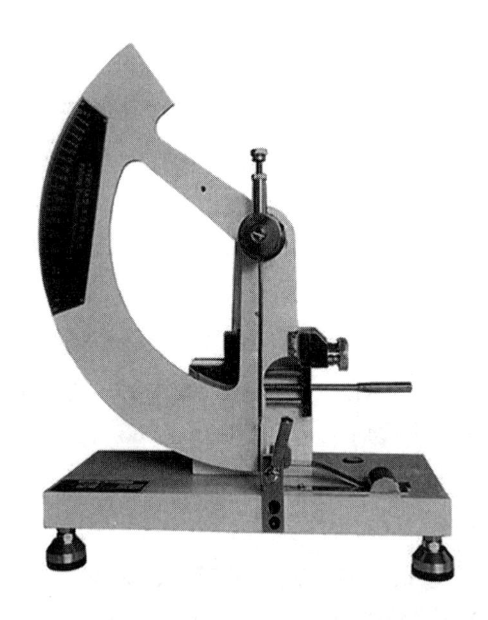

图 8-9 数字式摆锤撕裂仪

4. 试验步骤

（1）试样制备。从实验室样品中剪切试样时应避开折皱、布边及织物的非代表性区域。每个实验室样品应裁取两组试样，一组为经向，另一组为纬向，试样的短边应与经向或纬向平行以保证撕裂沿切口进行。每组至少包含 5 块试样。每两块试样不能包含同一长度或宽度方向的纱线，距布边 150mm 内不得取样。试样短边平行于经向的撕裂方向为“纬向撕裂”，试样短边平行于纬向的撕裂方向为“经向撕裂”。机织物外的样品采用相应的名称来表示方向，例如纵向和横向。试验尺寸如图 8-10 所示。

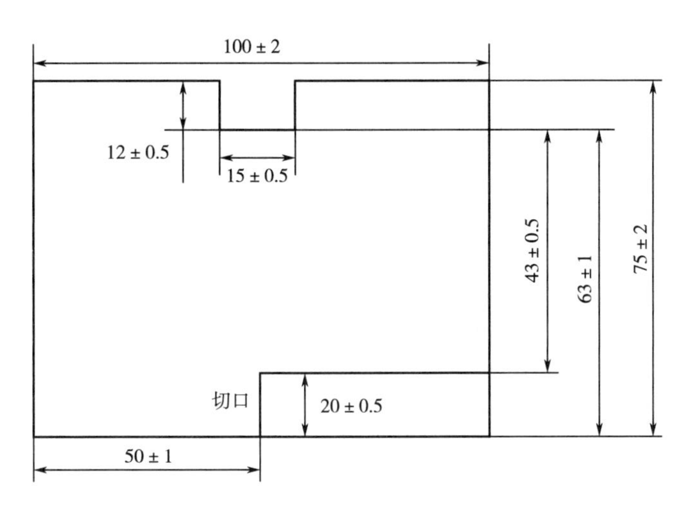

图 8-10 试样尺寸（单位：mm）

（2）仪器量程选取。选择摆锤的质量，使试样的测试结果落在相应标尺满量程的 15%~85%。

（3）试样安装。试样夹在夹具中，使试样长边与夹具的顶边平行。将试样夹在中心位置。将其底边轻轻放至夹具的底部，在凹槽对边用小刀切一个（20±0.5）mm 的切口，余下的撕裂长度为（43±0.5）mm。

（4）测试。按下摆锤停止键，放开摆锤。当摆锤回摆时握住它，以免破坏指针的位置，从测量装置标尺分度值或数字显示器读出撕裂强力。检查结果应落在所用标尺的 15%~85%。每个方向至少重复试验 5 次。

观察撕裂是否沿力的方向进行以及纱线是否从织物上滑移而不是被撕裂。满足以下条件的试验为有效试验：

①纱线未从织物中滑移；

②试样未从夹具中滑移；

③撕裂完全且撕裂一直在 15mm 宽的凹槽内。

不满足以上条件的试验结果应剔除。

如果 5 块试样中有 3 块或 3 块以上被剔除，则此方法不适用。

5. 结果计算

以 N 为单位计算每个试验方向的撕破强力的算术平均值，保留两位有效数字。

如有需要，计算变异系数 *CV*（精确至 0.1%）和 95%的置信区间，保留两位有效数字，单位为 N。

如有需要，记录样品每个方向的最大及最小的撕裂强力。

6. 注意事项

（1）在本试验中，由于仪器的水平与否对测试结果影响较大，故务必保持仪器在水平状态下工作。

(2) 试验过程中仪器的振动是误差的主要来源，所以应尽量避免仪器在试验过程中振动。

(二) 裤形试样 (单缝) 法

1. 原理

夹持裤形试样的两条腿，使试验切口线在上下夹具之间呈直线。开动仪器将拉力施加于切口方向，记录直至撕裂到规定长度内的撕裂强力，并根据自动绘图装置绘出的曲线上的峰值或通过电子装置计算出撕裂强力。

2. 环境条件

预调湿用大气：温度≤50℃，相对湿度 10%~25%；

调湿和试验用大气：温度 (20±2)℃，相对湿度 65%±4%。

3. 器具和材料

等速伸长 (CRE) 试验仪 (图 8-11)、剪刀、裁样板。

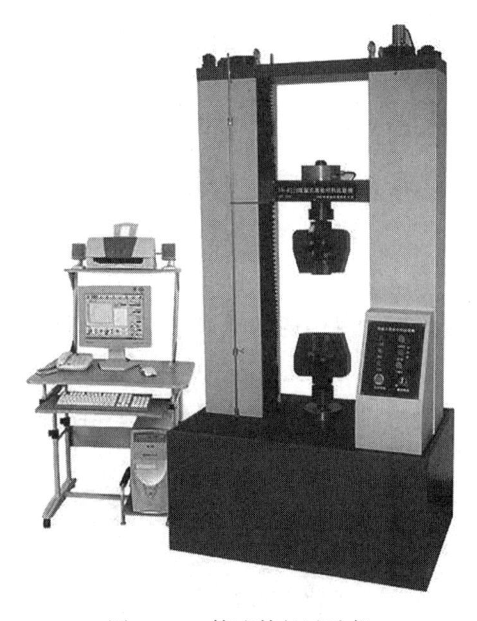

图 8-11　等速伸长试验仪

4. 试验步骤

(1) 试样制备。每块样品裁取两组试样，一组为经向，另一组为纬向。每组试样应至少有 5 块试样。每两块试样不能含有同一根长度或宽度方向的纱线。不能在距布边 150mm 内取样。50mm 宽的试样尺寸如图 8-12 所示。

对机织物，每个试样平行于织物的经向或纬向作为长边裁取。试样长边平行于经向的试样为“纬向”撕裂试样，试样长边平行于纬向的试样为“经向”撕裂试样。

(2) 仪器设定。将等速伸长试验仪的隔距长度设定为 100mm，拉伸速率设为 100mm/min。

(3) 试样安装。将试样的每条裤腿各夹入一只夹具中，切割线与夹具的中心线对齐，试

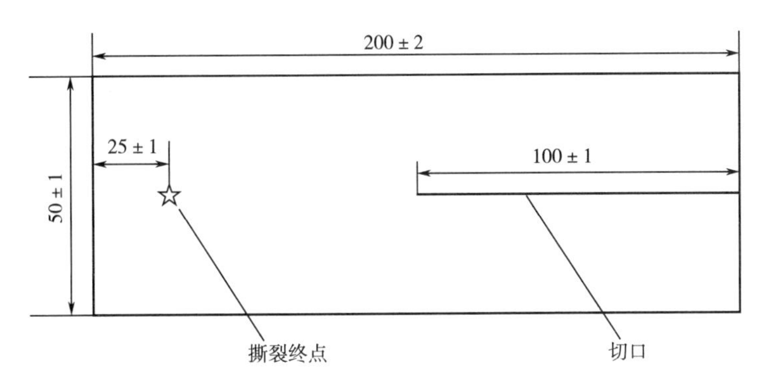

图 8-12　裤形试样尺寸（单位：mm）

样的未切割端位于自由状态。注意保证每条裤腿固定于夹具中，使撕裂开始时是平行于切口且在撕力所施的方向上。试验不用预加张力。

（4）测试。开动仪器，将试样持续撕裂至试样的终点标记处。

记录撕裂强力，如果想要得到试样的撕裂轨迹，可用记录仪或电子记录装置记录每个试样在每一织物方向的撕裂长度和撕裂曲线。

如果是出自高密织物的峰值，应该由人工取数。记录纸的走纸速率与拉伸速率的比值设定为 2∶1。

观察撕裂是否沿所施加力的方向进行以及是否有纱线从织物中滑移而不是撕裂。满足以下条件的试验为有效试验。

①纱线未从织物中滑移。

②试样未从夹具中滑移。

③撕裂完全且撕裂是沿施力方向进行的。

不满足以上条件的试样结果应剔除。

如果 5 个试样中有 3 个或更多个试样的试验结果被剔除，则可认为此方法不适用于该样品。

如果协议增加试样，则最好加倍试样数量，同时也应协议试验结果的报告方式。

注：当窄幅试样不适用或测定特殊抗撕裂织物的抗撕破强力时，可以采用图 8-13 所示的宽幅试样测定撕破强力的方法。操作时试样须沿虚线折起，其余操作步骤同窄幅试样试验。

5. 结果计算和表示

指定两种计算方法：人工计算和电子方式计算。两种方法也许不会得到相同的计算结果，不同方法得到的试验结果不具有可比性。

（1）从记录纸记录的强力—伸长曲线上人工计算撕裂强力。分割峰值曲线，从第一峰开始至最后峰结束等分成四个区域。第一区域舍去不用，其余三个区域每个区域选择并标出两个最高峰和两个最低峰。用于计算的峰值两端的上升力值和下降力值至少为前一个峰下降值或后一个峰上升值的 10%。计算每个试样 12 个峰值的算术平均值，单位为牛顿（N）。

根据每个试样峰值的算术平均值计算同方向试样撕裂强力的算术平均值，保留两位有效

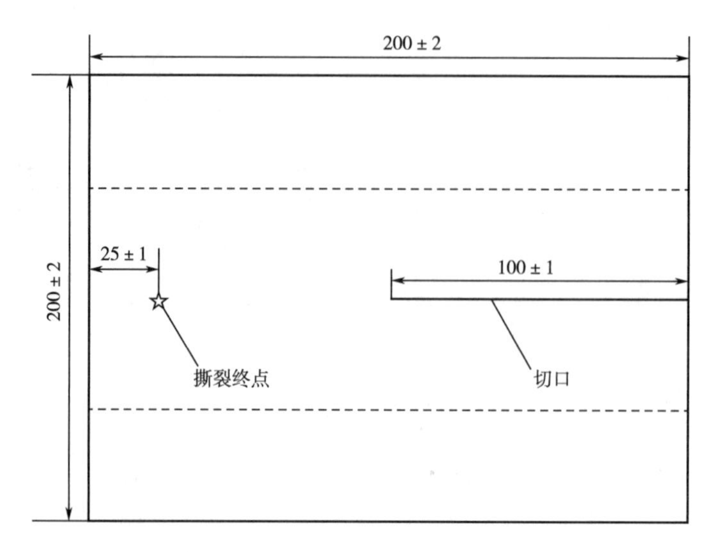

图 8-13 宽幅裤形试样（单位：mm）

数字。

如果需要，计算变异系数 *CV*，精确至 0.1%；并用试样平均值计算 95%置信区间，保留两位有效数字。

如果需要，计算每块试样 6 个最大峰值的平均值。

如果需要，记录每块试样的最大和最小峰值（极差）。

（2）用电子装置计算。将第一个峰和最后一个峰之间等分成四个区域，舍去第一个区域，记录余下三个区域内的所有峰值。用于计算的峰值两端的上升力值和下降力值至少为前一个峰下降值或后一个峰上升值的 10%。用记录的所有峰值计算试样撕裂强力的算术平均值。

以每个试样的平均值计算出所有同方向的撕破强力的总的算术平均值，保留两位有效数字。

如果需要，计算变异系数 *CV*，精确至 0.1%；并用试样平均值计算 95%置信区间，保留两位有效数字。

（三）梯形试样法

1. 原理

在试样上画一个梯形，用强力试验仪的夹钳夹住梯形上两条不平行的边。对试样施加连续增加的力，使撕破沿试样宽度方向传播，测定平均最大撕破力，单位为牛顿（N）。

2. 环境条件

调湿和试验用大气：温度（20±2）℃，相对湿度 65%±4%。

3. 器具和材料

等速伸长（CRE）试验仪或等速牵引（CRT）试验仪、剪刀、裁样板。

4. 试验步骤

（1）试样制备。梯形试样尺寸如图 8-14 所示。经向（纵向）和纬向（横向）各剪 5 块试样，试样不宜取自样品边。用样板在每个试样上画等腰梯形，按图8-14所示剪一切口。如果需要可以根据原始样品比例选择其他尺寸，尤其当样品是非织造布制成的产品时。不同尺寸试样测出的抗撕破强力不具有可比性。

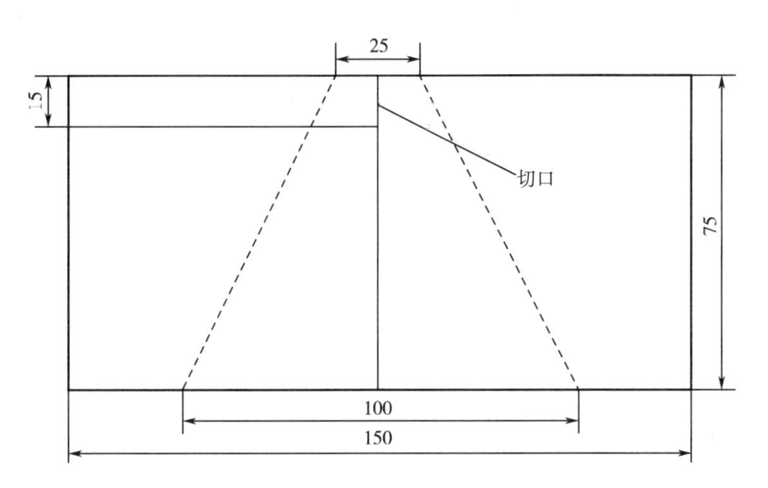

图8-14 梯形试样尺寸（单位：mm）

（2）仪器设定。将拉伸试验仪的隔距长度设定为（25±1）mm，拉伸速率设为100mm/min，选择适宜的负荷范围，使撕破强力落在满量程的10%~90%。

（3）试样安装。沿梯形的不平行两边（如图8-14虚线）夹住试样，使切口位于两夹钳中间，梯形短边保持拉紧，长边处于折皱状态。

（4）测试。启动仪器，将试样持续撕破至梯形长边。如有条件用自动记录仪记录撕破强力。如果撕裂不是沿切口线进行，则不做记录。

5. 结果计算和表示

自动计算记录仪上经向（纵向）和纬向（横向）每块试样一系列有效峰值的平均值。当记录仪上只有一个有效峰值时，这个值应被认定为样品的测试结果。

计算经向（纵向）与纬向（横向）五块试样结果的平均值，保留两位有效数字，并计算变异系数 *CV*，精确至0.1%。

这里所提及的有效峰值是指夹钳隔距25mm至夹钳位移64mm之间出现的峰值。

（四）舌形试样（双缝）法

1. 原理

在矩形试样中，切开两条平行切口，形成舌形试样。将舌形试样夹入拉伸试样仪的夹钳中，试样的其余部分对称地夹入另一个夹钳，保持两个切口线的顺直平行。在切口方向上施加拉力模拟两个平行撕破强力。记录直至撕裂规定长度的撕破强力，并根据自动绘图装置绘出的盐线上的峰值或通过自动电子装置计算出撕破强力。

2. 环境条件

预调湿用大气：温度≤50℃，相对湿度10%~25%；

调湿和试验用大气：温度（20±2）℃，相对湿度65%±4%。

3. 器具和材料

等速伸长（CRE）试验仪、剪刀、裁样板。

夹持装置：仪器两只夹钳的中心点应在拉伸直线内，夹钳端线应与拉伸直线呈直角，夹持面应在同一平面内。夹钳应保证既能夹持住试样而不使其滑移，又不会割破或损坏试样。夹钳有效宽度更适宜采用200mm，但又不应小于测试试样的宽度。

4. 试验步骤

（1）试样制备。每块样品裁取两组试样，一组为经向，另一组为纬向。每组试样应至少有5块试样。每两块试样不能含有相同长度或宽度方向的纱线。不能在距布边150mm内取样。试样尺寸如图8-15所示。

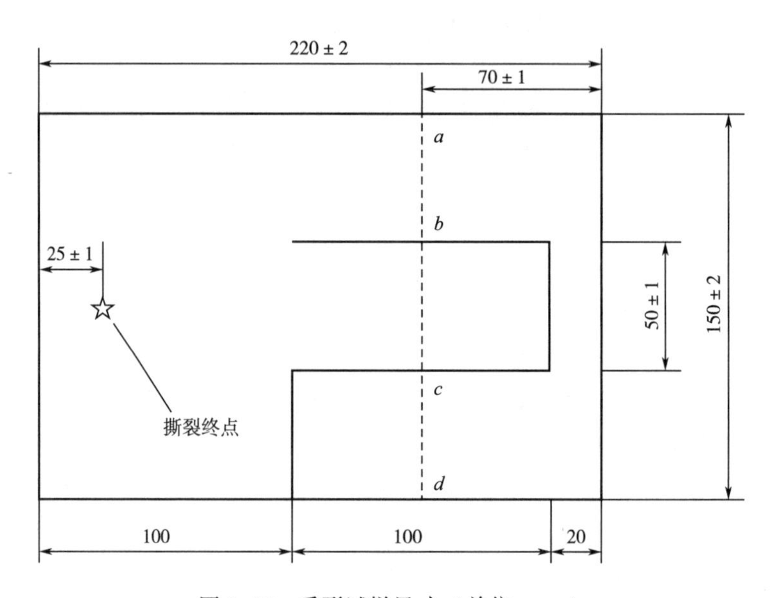

图8-15　舌形试样尺寸（单位：mm）

对机织物，每个试样平行于织物的经向或纬向作为长边裁取。试样长边平行于经向的试样为“纬向”撕裂试样，试样长边平行于纬向的试样为“经向”撕裂试样。

（2）仪器设定。将拉伸试验仪的隔距长度设定为100mm，拉伸速率设为100mm/min。

（3）试样安装。将试样的舌形部分夹在固定夹钳的中心对称，使直线 *bc* 刚好可见。将试样的两条腿对称地夹入仪器的移动夹钳中，使直线 *ab* 和 *cd* 刚好可见，并使试样的两条腿平行于撕力方向。注意：保证每条舌形被固定于夹钳中能使撕裂开始时是平行于撕力所施的方向。试验不用预加张力。

（4）测试。

开动仪器，将试样持续撕破至试样的终点标记处。

记录撕破强力，如果想要得到试样的撕破轨迹，可用记录仪或电子记录装置记录每个试样在每一织物方向的撕破长度和撕破曲线。

如果是出自高密织物的峰值，应该由人工取数。记录纸的走纸速率与拉伸速率的比值设定为2∶1。

观察撕破是否是沿所施加力的方向进行以及是否有纱线从织物中滑移而不是撕裂。满足以下条件的试验为有效试验。

①纱线未从织物中滑移；

②试样未从夹具中滑移；

③撕裂完全且撕裂是沿施力方向进行的。

不满足以上条件的试样结果应剔除。

如果五个试样中有三个或更多个试样的试验结果被剔除，则可认为此方法不适用于该样品。

如果协议增加试样，则最好加倍试样数量，同时也应协议试验结果的报告方式。

如果撕裂不是沿着切口方向进行的或纱线从试样中被拉出而不是被撕裂，则描述织物并未在施力方向上被撕裂。

5. 结果计算和表示

结果的计算和表示同裤形试样（单缝）法。

（五）翼形试样（单缝）法

1. 原理

一端剪成两翼特定形状的试样按两翼倾斜于被撕破纱线的方向进行夹持，施加机械拉力使拉力集中在切口处以使撕裂沿着预想的方向进行。记录至撕裂到规定长度的撕破强力，并根据自动绘图装置绘出曲线上的峰值或通过电子装置计算出撕破强力。

2. 环境条件

预调湿用大气：温度≤50℃，相对湿度 10%~5%；

调湿和试验用大气：温度（20±2）℃，相对湿度 65%±4%。

3. 器具和材料

等速伸长（CRE）试验仪。

夹持（装置）仪器：两只夹钳的中心点应在拉伸直线内，夹钳端线应与拉伸直线呈直角，夹持面应在同一平面内。夹钳应固定在仪器上以避免试验过程中发生偏移，夹钳应保证既能夹持住试样而不使其滑移，又不会割破或损坏试样。夹钳有效宽度宜为 100mm，但不应少于 75mm。

剪刀；裁样板。

4. 试验步骤

（1）试样制备。每块样品裁取两组试样，一组为经向，另一组为纬向。每组试样应至少有 5 块试样。每两块试样不能含有相同长度或宽度方向的纱线。不能在距布边 150mm 内取样。翼形试样尺寸如图 8-16 所示。

对机织物，每个试样平行于织物的经向或纬向作为长边裁取。试样长边平行于经向的试样为“纬向”撕裂试样，试样长边平行于纬向的试样为“经向”撕裂试样。

（2）仪器设定。将拉伸试验仪的隔距长度设定为 100mm，拉伸速率设为 100mm/min。

（3）试样安装。将试样夹在夹钳中心，沿着夹钳端线使标记 55°的直线 ab 和 cd 刚好可

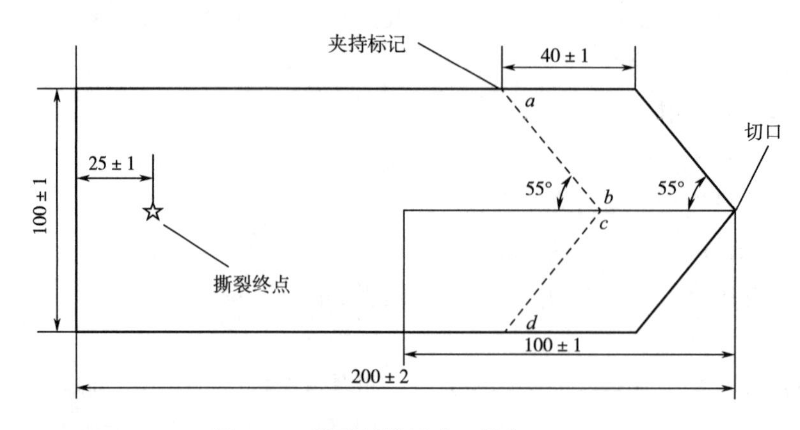

图 8-16 翼形试样尺寸（单位：mm）

见，并使试样两翼相同表面面向同一方向。该试验不用预加张力。

（4）测试。

开动仪器，将试样持续撕破至试样的终点标记处。

记录撕破强力，如果想要得到试样的撕破轨迹，可用记录仪或电子记录装置记录每个试样在每一织物方向的撕破长度和撕破曲线。

如果是出自高密织物的峰值，应该由人工取数。记录纸的走纸速率与拉伸速率的比值设定为 2∶1。

5. 结果计算和表示

结果计算和表示同裤形试样（单缝）法。

第三节 织物耐用性能检测

织物耐用性能测试一般包括两种：耐磨性和起毛起球性。

一、耐磨性

服用和家用织物在正常使用中，最主要的破坏和失效是织物的磨损。磨损是指织物间或与其他物质间反复摩擦，织物逐渐磨损、破损的现象，而耐磨性则是指织物抵抗磨损的特性。以下介绍一种常用的测定织物耐磨性能的方法：马丁代尔法织物耐磨性的测定（试样破损的测定）。

（一）原理

安装在马丁代尔耐磨试验仪试样夹具内的圆形试样，在规定的负荷下，以轨迹为李莎茹（Lissajous）图形的平面运动与磨料（即标准织物）进行摩擦，试样夹具可绕其与水平面垂直的轴自由旋转。根据试样破损的总摩擦次数，确定织物的耐磨性能。

当试样出现下列情形时作为摩擦终点，即为试样破损：

（1）机织物中至少两根独立的纱线完全断裂。

（2）针织物中一根纱线断裂造成外观上的一个破洞。

（3）起绒或割绒织物表面绒毛被磨损至露底或有绒簇脱落。

（4）非织造布上因摩擦造成的孔洞，其直径至少为 0.5mm。

（5）涂层织物的涂层部分被破坏至露出基布或有片状涂层脱落。

（二）环境条件

温度（20±2）℃，相对湿度 65%±5%。

（三）器具和材料

马丁代尔耐磨试验仪（图 8-17）；放大镜或显微镜（如 8 倍放大镜）；标准羊毛磨料；毛毡；泡沫塑料；No. 600 水砂纸标准磨料（测试涂层织物用）。

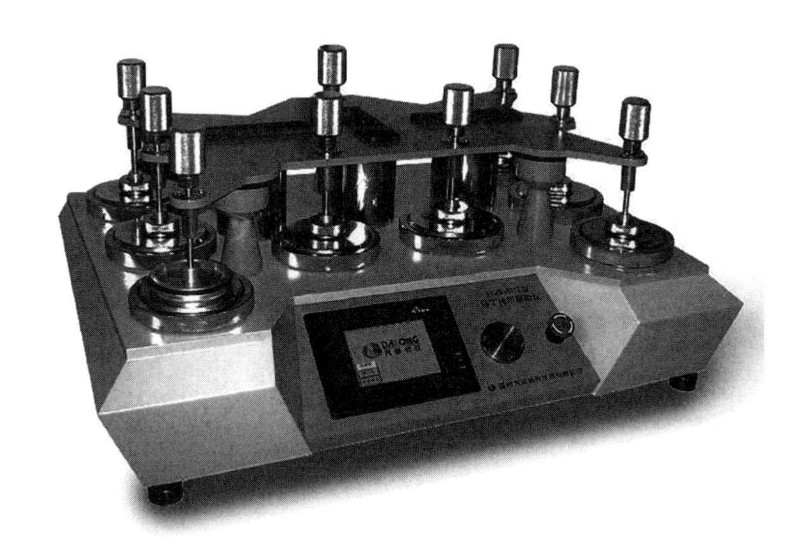

图 8-17　马丁代尔耐磨试验仪

（四）试验步骤

1. 试样制备

取样前将实验室样品在松弛状态下置于光滑的，空气流通的平面上，在调湿和试验用大气中放置至少 18h。

距布边至少 100mm，在整幅实验室样品上剪取足够数量的试样，一般至少 3 块。

对机织物，所取的每块试样应包含不同的经纱和纬纱。

对提花织物或花式组织的织物，应注意试样包含图案各部分的所有特征，保证试样中包括有可能对磨损敏感的花形部位。每个部分分别取样。

试样和夹具泡沫塑料衬垫直径为 38mm；磨料的直径或边长应至少为 140mm；磨料毛毡底衬的直径应为 140mm。

2. 试样安装

将试样夹具压紧螺母放在仪器台的安装装置上，试样摩擦面朝下，居中放在压紧螺母内。

若试样的单位面积质量小于500g/m²时，将泡沫塑料衬垫放在试样上。将试样夹具嵌块放在压紧螺母内，再将试样夹具接套放上后拧紧。在安装试样时，需避免织物弄歪变形，而且要使几个试样耐磨面外露的高度基本一致，形成一个饱满的圆弧面。

3. 磨料安装

移开试样夹具导板，将毛毡放在磨台中央，再把磨料放在毛毡上。放置磨料时，要使磨料织物的经纬向纱线平行于仪器台的边缘。

将质量为（2.5±0.5）kg、直径为（120±10）mm 的重锤压在磨台上的毛毡和磨料上面，拧紧夹持环，固定毛毡和磨料；取下加压重锤。

每次试验需更换新磨料。如在一次磨损试验中，羊毛标准磨料摩擦次数超过50000次，需每50000次更换一次磨料；水砂纸标准磨料摩擦次数超过6000次，需每6000次更换一次磨料。

每次磨损试验后，检查毛毡上的污点和磨损情况。如果有污点或可见磨损，需更换毛毡。毛毡的两面均可使用。

对使用泡沫塑料的磨损试验，每次试验使用一块新的泡沫塑料。

4. 测试

启动仪器，对试样进行连续摩擦，直至达到预先设定的摩擦次数。从仪器上小心地取下装有试样的试样夹具，不要损伤或弄歪纱线，检查整个试样摩擦面内的破损迹象。如果还未出现破损，将试样夹具重新放在仪器上，开始进行下一个检查间隔的试验和评定，直到摩擦终点即观察到试样破损。使用放大镜或显微镜查看试样。检查间隔选择见表8-2。进行以确定破损的确切摩擦次数为目的的试验，当试验接近终点时，可减小间隔，直到终点。

表8-2 检查间隔选择

试验系列	预计试样出现破损时的摩擦次数（次）	检查间隔（次）
0	≤2000	200
a	>2000，且≤5000	1000
b	>5000，且≤20000	2000
c	>20000，且≤40000	5000
d	>40000	10000

（五）结果表示

测定每一个试样发生破损时的总摩擦次数，以试样破损前累积的摩擦次数作为耐磨次数。

如果需要，计算耐磨次数的平均值及平均值的置信区间；如果需要，按 GB/T 250—2008评定试样摩擦区域的变色。

二、起毛起球性

织物在实际穿用与洗涤过程中，不断经受自身和外界的摩擦，使织物表面的纤维端露出于织物，在织物表面产生起毛。再继续穿用中如若绒毛不能及时脱落，就会纠缠成球，形成起球。织物起毛起球后外观明显变差，表面的摩擦、耐磨性和光泽也会发生变化。目前，测定织物起毛起球性能的方法主要有以下四种：圆轨迹法、改型马丁代尔法、起球箱法和随机翻滚法。

（一）圆轨迹法

1. 原理

按规定方法和试验参数，采用尼龙刷和织物磨料或仅用织物磨料，使试样摩擦起毛起球。然后在规定光照条件下，对起毛起球性进行视觉描述评定。

2. 环境条件

温度（20±2）℃，相对湿度 65%±4%。样品一般至少调湿 16h。

3. 器具和材料

圆轨迹起球仪（图 8-18）、泡沫塑料垫片、裁样器、评级箱、全毛华达呢标准织物磨料。

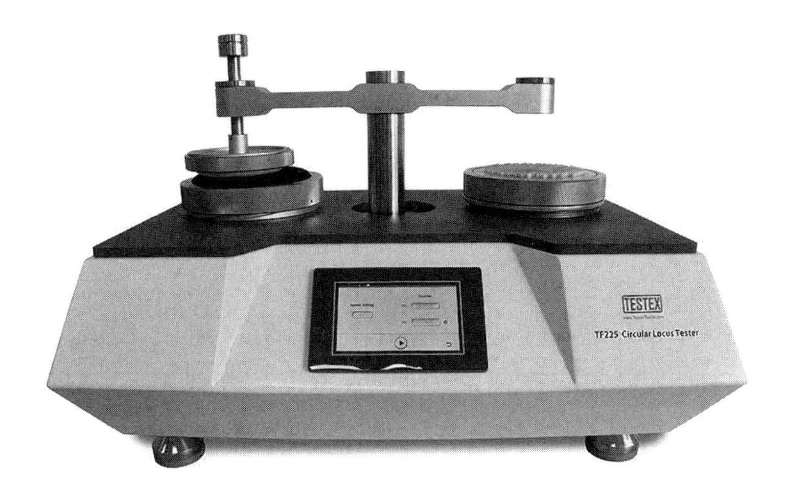

图 8-18　圆轨迹起球仪

4. 试验步骤

（1）试样制备。从样品上截取 5 个圆形试样，每个试样的直径为（113±0.5）mm。在每个试样上标记织物反面。当织物没有明显的正反面时，两面都要进行测试。另截取 1 块评级所需的对比样，尺寸与试样相同。取样时，各试样不应包括相同的经纱和纬纱（纵列和横行）。

（2）仪器准备。试验前仪器应保持水平，尼龙刷保持清洁，可用合适的溶剂（如丙酮）清洁刷子。如有凸出的尼龙丝，可用剪刀剪平，如已松动，则可用夹子夹去。

（3）测试。分别将泡沫塑料垫片、试样和织物磨料装在试验夹头和磨台上，试样应正面朝外安装在仪器摩擦头上。

根据织物类型按表 8-3 规定选取试验参数进行试验。表中未列的其他织物可以参照表中所列类似织物选择参数类别。

表 8-3 试验参数及适用织物类型示例

参数类别	压力（cN）	起毛次数（次）	起球次数（次）	适用织物类型示例
A	590	150	150	工作服面料、运动服装面料、紧密厚重织物等
B	590	50	50	合成纤维长丝外衣织物等
C	490	30	50	军需服（精梳混纺）面料等
D	490	10	50	化纤混纺、交织织物等
E	780	0	600	精梳毛织物、轻起绒织物、短纤纬编针织物、内衣面料等
F	490	0	50	粗梳毛织物、绒类织物、松结构织物等

5. 结果评定

评级箱应放置在暗室中。沿织物经（纵）向将一块已测试样和未测试样并排放置在评级箱的试样板的中间，如果需要，可采用适当方式固定在适宜的位置，已测试试样放置在左边，未测试试样放置在右边。如果测试样在测试前未经过预处理，则对比样应为未预处理的试样；如果测试样在起球测试前经过预处理，则对比样也应为经过预处理的试样。为防止直视灯光，在评级箱的边缘，从试样的前方直接观察每一块试样进行评级。

依据表 8-4 中列出的视觉描述对每一块试样进行评级。如果介于两级之间，记录半级，如 3.5。

表 8-4 视觉描述评级

级数	状态描述
5	无变化
4	表面轻微起毛和（或）轻微起球
3	表面中度起毛和（或）中度起球，不同大小和密度的球覆盖试样的部分表面
2	表面明显起毛和（或）起球，不同大小和密度的球覆盖试样的大部分表面
1	表面严重起毛和（或）起球，不同大小和密度的球覆盖试样的整个表面

由于评定占主观性，建议至少 2 人对试样进行评定。

在有关方的同意下可采用样照，以证明最初描述的评定方法。

可采用另一种评级方式，转动试样至一个合适的位置，使观察到的起球较为严重。这种评定可提供极端情况下的数据。如沿试样表面的平面进行观察的情况。

记录表面外观变化的任何其他状况。

6. 结果表示

记录每一块试样的级数，单个人员的评级结果为其对所有试样评定等级的平均值。样品的试验结果为全部人员评级的平均值，如果平均值不是整数，修约至最近的 0.5 级，并用

“-”表示，如3-4。如单个测试结果与平均值之差超过半级，则应同时记录每一块试样的级数。

（二）改型马丁代尔法

1. 原理

在规定压力下，圆形试样以李莎茹图形的轨迹与相同织物或羊毛织物磨料进行摩擦。试样能够绕与试样平面垂直的中心轴自由转动。经规定的摩擦阶段后，采用视觉描述方式评定试样的起毛和（或）起球等级。

2. 环境条件

温度（20±2）℃，相对湿度65%±4%。

3. 器具和材料

马丁代尔起球试验仪（图8-19）、评级箱、毛毡、羊毛织物磨料。

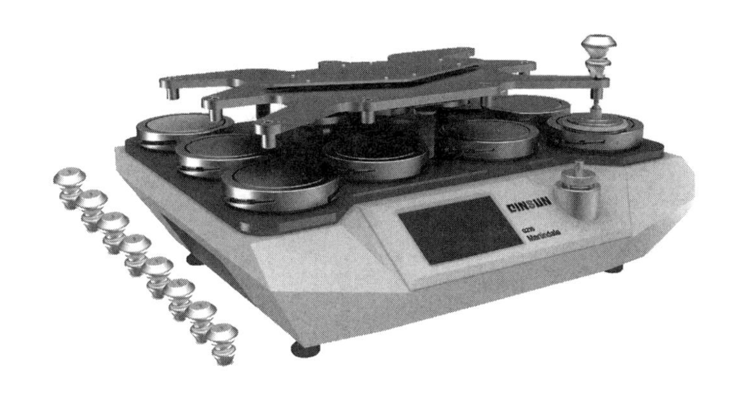

图8-19　马丁代尔起球试验仪

4. 试验步骤

（1）试样制备。取样时，试样之间不应包括相同的经纱和纬纱。试样夹具中的试样为直径140mm的圆形试样。起球台上的试样可以裁剪成直径为140mm的圆形或边长为150mm的方形试样。在取样和试样准备的整个过程中的拉伸应尽可能小，以防织物变形。

至少取3组试样，每组含2块试样，1块安装在试样夹具中，另1块当磨料安装在起球台上。如果起球台上选用羊毛织物磨料，则至少需要3块试样进行测试。另多取1块试样作为评级时的对比样。

取样前在需评级的每块试样背面的同一点做标记，确保评级时沿同一纱线方向评定试样。

（2）试样安装。对于轻薄的针织织物，应特别小心，以保证试样没有明显的伸长。

从试样夹具上移开试样夹具杯和导向轴。将试样安装辅助装置小头朝下放置在平台上。将试样夹具环套在辅助装置上。翻转试样夹具，在试样夹具内部中央放入直径为（90±1）mm的毡垫。将直径为140mm的试样，正面朝上放在毡垫上，允许多余的试样从试样夹具边上延伸出来，以保证试样完全覆盖住试样夹具的凹槽部分。小心地将带有毡垫和试样的试样夹具放置在辅助装置的大头端的凹槽处，保证试样夹具与辅助装置紧密密合在一起，拧紧试样夹具环到试样夹具上，保证试样和毡垫不移动、不变形。

重复上述步骤，安装其他的试样。如果需要，在导板上，试样夹具的凹槽上放置加载块。

（3）起球台上试样的安装。在起球台上放置一块直径为140mm的毛毡，其上放置试样或羊毛织物磨料，试样或羊毛织物磨料的摩擦面向上。放上加压重锤，并用固定环固定。

（4）测试。启动仪器开始测试。测试直到第一个摩擦阶段（表8-5）。根据起毛起球评定要求进行第一次评定。评定时，不取出试样，不清除试样表面。

评定完成后，将试样夹具按取下的位置重新放置在起球台上，继续进行测试。在每一个摩擦阶段都要进行评估，直到达到表8-5中的试验终点。

表8-5 起球试样分类

纺织品种类	磨料	负荷质量（g）	评定阶段	摩擦次数（次）
装饰织物	羊毛织物磨料	415±2	1	500
			2	1000
			3	2000
			4	5000
机织物（除装饰织物以外）	机织物本身（面/面）或羊毛织物磨料	415±2	1	125
			2	500
			3	1000
			4	2000
			5	5000
			6	7000
针织物（除装饰织物以外）	针织物本身（面/面）或羊毛织物磨料	155±1	1	125
			2	500
			3	1000
			4	2000
			5	5000
			6	7000

5. 结果评定和表示

同“圆轨迹法”。

（三）起球箱法

1. 原理

安装在聚氨酯载样管上的试样，在具有恒定转速、衬有软木的木箱内任意翻转。经过规定的翻转次数后，对起毛和（或）起球性能进行视觉描述评定。

2. 环境条件

温度（20±2）℃，相对湿度 65%±4%。样品一般至少调湿 16h。

3. 器具和材料

起球试验箱（图 8-20）、缝纫机、评级箱、聚氨酯载样管、装样器、PVC 胶带（19mm 宽）。

图 8-20　起球试验箱

4. 试验步骤

（1）试样制备。从样品上剪取 4 个试样，每个试样的尺寸为 125mm×125mm。在每个试样上标记织物反面和织物纵向。当织物没有明显的正反面时，两面都要进行测试。另截取 1 块评级所需的对比样，尺寸与试样相同。取样时，各试样不应包括相同的纵列和横行。

取 2 个试样，每个试样正面向内折叠，距边 12mm 缝合，其针迹密度应使接缝均衡，形成试样管，折的方向与织物的纵向一致。另取 2 个试样，分别向内折叠，缝合成试样管，折的方向与织物的横向一致。

（2）试样安装。将缝合试样管的里面翻出，使织物正面成为试样管的外面。在试样管的两端各剪 6mm 端口，以去掉缝纫变形。将准备好的试样管装在聚氨酯载样管上，使试样两端距聚氨酯管边缘的距离相等，保证接缝部位尽可能平整。用 PVC 胶带缠绕每个试样的两端，使试样固定在聚氨酯管上，且聚氨酯管的两端各有 6mm 裸露。固定试样的每条胶带长度应不超过聚氨酯管周长的 1.5 倍。

（3）测试。保证起球箱内干净、无绒毛。把 4 个安装好的试样放入同一起球箱内，盖紧盖子。启动仪器，转动箱子至规定的次数。建议粗纺织物翻转 7200r，精纺织物翻转 14400r。测试完成后从起球试验箱中取出试样并拆除缝合线。

5. 结果评定和表示

同“圆轨迹法”。

（四）随机翻滚法

1. 原理

采用随机翻滚起球箱使织物在铺有软木衬垫，并填有少量灰色短棉的圆筒状试验仓中随意翻滚摩擦。在规定光源条件下，对起毛起球性能进行视觉描述评定。

2. 环境条件

温度（20±2）℃，相对湿度65%±4%。

3. 器具和材料

随机翻滚起球箱（图8-21）、软木圆筒衬垫（使用一个小时后需更换）、空气压缩装置（每个试验仓的空气压力需达到14~21kPa）、胶黏剂、真空除尘器、灰色短棉、评级箱。

图8-21　随机翻滚起球箱

4. 试验步骤

（1）试样制备。每个样品中各取三个试样，尺寸为（105±2）mm×（105±2）mm。在整幅实验室样品中均匀取样或从服装样品的三个不同衣片上剪取试样，避免每两块试样中含有相同的经纱和纬纱，试样应具有代表性，且避开织物的折皱、疵点部位。不要从布边附近剪取样品，距布边的距离不小于幅宽1/10。

在每个试样的一角分别标注“1”“2”或“3”以作区分。使用黏合剂将试样的边缘封住，边缘不可超过3mm。将试样悬挂在架子上直到试样边缘完全干燥为止，干燥时间至少为2h。

（2）测试。同一个样品的试样应分别在不同的试验仓内进行试验。将取自于同一个实验室样品中的三个试样，与重约为25mg、长约为6mm的灰色短棉一起放入试验仓内，每一个试验仓内放入一个试样，盖好试验仓盖，并将试验时间设置为30min。

启动仪器，打开气流阀。在运行的过程中，应经常检查每个试验仓。如果试样缠绕在叶轮上不翻转或卡在试验仓的底部、侧面静止，关闭空气阀，切断气流，停止试验，并将试样移出。记录试验的意外停机或者其他不正常情况。当试样被叶轮卡住时，停止测试，移出试样，并使用清洁液或水清洗叶轮片。待叶轮干燥后，继续试验。

试验结束后取出试样，并用吸尘器清除残留的棉絮。

重复以上过程测试其余试样，并在每次试验时在每个试验仓内重新放入一份重约 25mg 的长度约为 6mm 的灰色短棉。

测试经硅胶处理的试样时，可能会污染软木衬垫从而影响最终的起球结果。实验室处理这类问题时，需采用实验室内部标准织物在已使用过的衬垫表面（已测试过经硅胶处理的试样）再做一次对比试验。如果软木衬垫被污染，那么此次结果与采用实验室内部标准织物在未被污染的衬垫表面所做的试验结果会不相同，分别记录两次测试的结果，并清洁干净或更换新的软木衬垫对其他试样进行测试。

测试含有其他易变黏材料或者未知整理工艺的试样后可能产生与上述相同的问题，在测试结束后应检测衬垫并做相应的处理。

5. 结果评定和表示

同“圆轨迹法”。

第四节　织物色牢度性能检测

印染纺织品在其使用过程中将会受到光照、洗涤、熨烫、汗渍、摩擦、化学药剂等各种外界因素的作用，有些印染纺织品还将经过特殊的加工整理（如树脂整理、阻燃整理、砂洗、磨毛等），这就要求印染纺织品的色泽相对保持一定牢度。通常，我们把印染纺织品经受外界作用而能保持其原来色泽的性能称为色牢度。另外，在纺织品印染加工过程中，由于各种因素的作用，同样也会使纺织品的色泽产生变异。纺织品的色牢度及色差评定与试验方法有关，这就需要在统一试验方法的基础才能作出正确判定。

一、耐水洗色牢度

纺织品在加工和使用过程中经常要受到许多试剂的影响，如水等。为评价纺织品的颜色对这些复杂作用的抵抗力，国家相应制定了耐水洗色牢度标准。该标准通过纺织品自身颜色变色和贴衬织物的沾色程度来反映纺织品耐水洗色牢度质量的优劣，是评价纺织品染色牢度的重要指标。

（一）原理

为了测定纺织材料和纺织品的耐水洗色牢度，纺织品试样与一块或两块规定的标准贴衬织物缝合在一起，置于皂液或肥皂和无水碳酸钠混合液中，在规定时间和温度条件下进行机械搅动，再经清洗和干燥。以原样作为参照样，用灰色样卡或仪器评定试样变色和贴衬织物沾色。

（二）设备和材料

（1）试验设备。快速色牢度仪，该仪器配备两种不同尺寸的水洗罐：75mm×125mm，体积约为550mL；90mm×200mm，体积约为1200mL。不锈钢珠，直径6mm。碳氟化合物垫圈。白色合成橡胶球，直径9～10mm，硬度为70。

（2）试液。三级水。

（3）贴衬织物。多纤维贴衬织物或者是两块单纤维贴衬织物，第一块由与试样同类的纤维制成，第二块单纤维贴衬织物的选择见表8-6。如试样为混纺或交织品，则第一块由主要含量的纤维制成，第二块由次要含量的纤维制成。

表8-6 单纤维贴衬织物选择

如果第一块是	第二块	
	对于40℃、50℃试验	对于60℃、70℃、95℃试验
棉	羊毛	黏胶纤维
羊毛	棉	—
丝	棉	—
麻*（GB有）	羊毛	黏胶纤维
黏胶纤维	羊毛	棉
醋酯纤维	黏胶纤维	黏胶纤维
锦纶	羊毛或棉	棉
涤纶	羊毛或棉	棉
腈纶	羊毛或棉	棉

注 表8-6适用的标准为GB/T 3921—2008、GB/T 12490—2014、ISO 105 C10：2006、ISO 105 C06：2010。

（4）标准洗涤剂：标准洗涤剂见表8-7。

表8-7 标准洗涤剂

标准洗涤剂	AATCC 61	ISO 105 C10 ISO 105 C06	GB/T 3921—2008 GB/T 12490—2014	JIS L0844
	1993 AATCC标准洗涤剂WOB（无磷）或2003AATCC标准洗涤液WOB（无磷） 1993 AATCC标准洗涤剂或2003 AATCC标准洗涤液	C10：肥皂 C06：1993AATCC标准洗涤剂WOB或ECE（不含荧光增白剂，含磷）	3921：肥皂 12490：AATCC标准，洗涤剂WOB或ECE（不含荧光增白剂）	皂粉或合成洗涤剂1、2、3

（5）试样。如果是织物试样，取10cm×4cm试样一块，将它放在两块贴衬织物之间，并沿四周缝合，制成一组合试样。如果试样是纱线，将它编成织物，可以按织物试样处理，或者以平行长度组成一薄层，夹在两块贴衬织物之间，纱线用量约为两块贴衬织物重量的一半，沿四周缝合，将纱线固定，制成一组合试样。如果试样是纤维，取重量约为两块贴衬织物的

一半，将它梳、压成 10cm×4cm 的薄片，夹在两块贴衬织物之间，沿四周缝合，使纤维固定，制成一组合试样。

（三）试验方法

根据实际试验要求，选择合适的试验方法，其对应的试剂配方和试验条件见表 8-8。试验在装有两根旋转轴杆的水浴锅内进行，试验结束后，对试样的变色和每种贴衬的沾色，用灰色卡评出试样的变色级数和贴衬织物与试样接触一面的沾色级数。

表 8-8　纺织品耐水洗色牢度试验方法、试剂配方和试验条件

配方与条件	试剂配方一		试剂配方二		试验条件		
	皂片（g/L）	无水碳酸钠（g/L）	合成洗涤剂（g/L）	无水碳酸钠（g/L）	时间（min）	温度（℃）	钢球（粒）
方法 1	5	—	4	—	30	40	—
方法 2	5	—	4	—	45	50	—
方法 3	5	2	4	1	30	60	—
方法 4	5	2	4	1	30	95	10
方法 5	5	2	4	1	240	95	10

（四）试验步骤

（1）设定水洗牢度机水浴温度。

（2）需将不锈钢杯中的洗液或钢珠预热到规定温度。

（3）将组合试样放入水洗罐内，启动水洗牢度机。

（4）在一定温度下运行一定时间后，取出试样。

（5）在蒸馏水或去离子水的烧杯中清洗。

（6）除去多余的水分，干燥。

（五）评级

用灰色样卡评定试样的变色和贴衬织物的沾色。

（1）评定试样的变色。将试样的原样与测试后试样两者之间以目测对比色差，根据所用标准选用变色灰卡，最为接近的灰卡级数即为试样的变色级数。

（2）评定贴衬织物的沾色。将测试后贴衬织物与未测试贴衬织物两者之间以目测对比，根据标准选用的沾色灰卡，最为接近的灰卡级数即为试样的沾色级数。

（六）报告

（1）报告标准号及测试方法序号。

（2）报告试样颜色变化级数、贴衬织物沾色级数。

（3）如使用多纤维织物，应注明每种纤维沾色级数。

（4）报告所有评级标准物质类型。

（5）报告所用机器类型。

二、耐摩擦色牢度

摩擦脱色是染料的转移，主要是通过摩擦作用，用一块有色织物的表面与另一织物的表面摩擦而进行的。纺织品耐摩擦色牢度试验方法是颜色对摩擦的耐抗力及其他材料的沾色，通过沾色色差评级来反映纺织品耐摩擦色牢度质量的优劣，是纺织品染色牢度的重要指标。有色材料的耐摩擦色牢度主要取决于浮色的多少和染料与纤维结合情况等因素。

（一）原理

将试样分别用一块干摩擦布和一块湿摩擦布摩擦，用灰色样卡评定摩擦布的沾色程度。绒类织物采用方形摩擦头，其他纺织品采用圆形摩擦头。

（二）环境条件

试验前将试样和摩擦布放置在 GB/T 6529—2008 规定的标准大气下调湿至少 4h。对于棉或羊毛等织物可能需要更长的调湿时间。为得到最佳的试验结果，宜在 GB/T 6529 规定的标准大气下进行试验。

（三）设备和材料

耐摩擦色牢度试验仪：摩擦动程为（104±3）mm，摩擦头向下施加压力为（9±0.2）N，运行速度为 1 个往复循环/s。配有直径为（16±0.1）mm 的圆形摩擦头，尺寸为 19mm×25.4mm 的长方形摩擦头。

退浆、漂白、不含整理剂的棉布：符合 GB/T 7568.2—2008《纺织品　色牢度试验　标准贴衬织物　第 2 部分：棉和黏胶纤维》规定的，剪成（50±2）mm×（50±2）mm 的正方形摩擦布适用于圆形摩擦头，剪成（25±2）mm×（100±2）mm 的长方形摩擦布适用于方形摩擦头。

评定沾色用灰卡：符合 GB/T 251—2008。

（四）试验步骤

1. 试样制备

准备两组尺寸不小于 50mm×140mm 的试样，分别用于干摩擦试验和湿摩擦试验。每组各两块试样，其中一块试样的长度方向平行于经纱（或纵向），另一块试样的长度方向平行于纬纱（或横向）。当测试有多种颜色的纺织品时，宜注意取样的位置。如果颜色的面积足够大，可制备多个试样，对单个颜色分别评定；如果颜色面积小且聚集在一起，可参照本条款规定，也可选用 ISO 105-X16 中旋转式装置的试验仪进行试验。

另一种剪取试样的可选方法，是使试样的长度方向与织物的经向和纬向成一定角度。若地毯试样的绒毛层易于辨别，剪取试样时绒毛的顺向和试样长度方向一致。

若被测纺织品是纱线，将其编织成织物，试样尺寸不小于 50mm×140mm。或沿纸板的长度方向将纱线平行缠绕于与试样尺寸相同的纸板上，并使纱线在纸板上均匀地铺成一层。

2. 干摩擦

将调湿后的摩擦布平放在摩擦头上，使摩擦布的经向与摩擦头的运行方向一致，摩擦头在试样上沿规定轨迹做往复直线摩擦（共 10 次）后取下摩擦布。

3. 湿摩擦

称量调湿后的摩擦布，然后将其完全浸入蒸馏水中，调节好轧液装置的压力调整螺钉，将摩擦布通过轧液装置，再次称量，使摩擦布的含水率为95%~100%，然后用与干摩擦一样的方法进行操作，试验后将湿摩擦布晾干。

4. 评定

在评定前先去除摩擦布上可能影响评级的任何多余纤维。评定时，在每个被评摩擦布的背面放置三层摩擦布，入射光源与试样表面约呈45°角，观察方向大致垂直试样表面，按照灰色样卡的级差目测评定原样和试后样之间的色差。

（五）注意事项

（1）需在标准大气条件下进行调湿、试验。

（2）摩擦布经向与摩擦头运行方向一致。

（3）确保湿摩擦布的含水量为95%~100%。

（4）试验前应仔细检查摩擦头的摩擦面是否平滑，否则摩擦布上的沾色会出现内深外浅或内浅外深的不正常现象。

（5）将摩擦布固定在摩擦头上时一定要牢靠，不能松动，否则摩擦出的沾色斑将不呈圆形。

（6）摩擦头的摩擦面与试样表面应始终处于相对平行的接触。当摩擦头安装不当或试样的厚度变化较大时，二者的接触面会改变。此时应根据实际情况适当增减摩擦头上的垫圈以调整摩擦头位置。

（7）摩擦布在摩擦头上固定后，应小心地将摩擦头放到试样上，以免意外增加沾色程度。

（六）国外标准

AATCC 8—2007 耐摩擦色牢度：AATCC 摩擦测试仪法。

与国标相比基本原理、操作步骤均一致，只是湿摩擦布要求含水率为65%±5%。样品大小为50mm×130mm，采用仪器略有不同。

三、耐汗渍色牢度

（一）原理

为了测定纺织材料和纺织品的耐汗渍色牢度，可以将纺织品试样与规定的贴衬织物缝合在一起，放在含有组氨酸的两种不同试液中，分别处理后，去除试液，放在试验装置内两块具有规定压力的平板之间，然后将试样和贴衬织物分别干燥，用灰色卡评定试样的变色和贴衬织物的沾色。

（二）试剂和贴衬

试验用试剂分碱液和酸液两种类型。碱液每升含：L-组氨酸盐酸盐水合物0.5g，氯化钠（NaCl）5g，磷酸氢二钠十二水合物（$Na_2HPO_4 \cdot 12H_2O$）5g或磷酸氢二钠二水合物（$Na_2HPO_4 \cdot 2H_2O$）2.5g，用0.1mol/L氢氧化钠溶液调整试剂pH至8。酸液每升含：L-组氨酸盐酸盐水合物0.5g，氯化钠5g，磷酸二氢钠二水合物2.2g；用0.1N氢氧化钠（NaOH）溶液调整试液pH至5.5。试验用贴衬织物，每个组合试样需两块贴衬织物，尺寸为10cm×

4cm，第一块用试样的同类纤维制成，第二块由表 8-9 规定的纤维制成；如果试样是混纺或交织品，则第一块用主要含量的纤维制成，第二块用次要含量的纤维制成。

表 8-9 耐汗渍色牢度试验用贴衬织物

第一块贴衬织物	第二块贴衬织物	第一块贴衬织物	第二块贴衬织物
棉	羊毛	醋酯纤维	黏胶纤维
羊毛	棉	聚酰胺纤维	羊毛或黏胶纤维
丝	棉	聚酯纤维	羊毛或棉
麻	羊毛	聚丙烯腈纤维	羊毛或棉
黏胶纤维	羊毛		

（三）试样

纺织品耐汗渍色牢度试验用的组合试样制作方法与耐洗色牢度组合试样制作方法基本相同，整个试验需要 2 个组合试样。

（四）实验步骤

（1）将组合试样放在培养皿里，加入新制备的溶液，使其充分润湿。标准 AATCC 15 把检测样品放入直径 9cm、深度 2cm 培养皿中，加入 1.5cm 深的溶液，浸泡（30±2）min，不断搅动和挤压，重量为干重的 2.25±0.05 倍。其他标准：浴比为 50∶1，室温下放置 30min，完全浸湿，必要时加以拨动，ISO 和 GB 等标准无带液量要求。用两根玻璃棒夹去组合试样上过多的试液。

（2）不易润湿的样品：湿水后过轧车，交替进行，直至样品完全湿润。

（3）将组合试样均匀夹在玻璃片或树脂片之间。AATCC 标准要求 21 块板全部放上，ISO 标准要求最多放置 10 块样，11 块板。

（4）放入耐汗渍测试仪的不锈钢样品架，加重物使其受压。AATCC 标准中，要求汗渍仪侧放。ISO、GB 标准根据仪器类型正放或侧放。

（5）拧紧螺丝，除去重物，将组合装置放置于已预热至规定温度的烘箱内确保恒温一定时间；取出组合试样，将试样和贴衬织物拆开，晾干。

（6）汗渍架应尽量分开使用，耐水、耐酸汗、耐碱汗。

（五）评级

用变色灰色样卡评定试样的变色程度；用沾色灰色样卡评定贴衬织物的沾色程度。

（六）注意事项

（1）发现有风干的试样，必须弃去重做。

（2）测试时，酸和碱试验使用的仪器要分开。

（3）尽量保证试样的含水率为 100%，以确保结果的稳定性、可靠性。

（4）试验后无须进行水洗，直接烘干评定即可。

（5）测试织物为聚酰胺织物，不同测试方法中第二块的选择需留意。

四、耐水色牢度

（一）原理

将纺织品试样与规定标准贴衬织物组成的复合试样，放在水中浸湿，挤去水分，置于试验装置的两块平板中间，承受规定压力，干燥试样和贴衬织物，用灰色样卡评定试样变色和贴衬织物沾色。

（二）贴衬织物

第一块是由与试样同类的纤维制成，第二块由表 8-9 规定的纤维制成。如试样为混纺或交织品，则第一块由主要含量的纤维制成，第二块由次要含量的纤维制成。

（三）灰色样卡

用于评定变色和沾色，符合 GB/T 250—2008 和 GB/T 251—2008。

（四）试样准备

取 100mm×40mm 的试样一块，夹于两块 100mm×40mm 单纤维贴衬织物之间，沿一短边缝合；或者取 100mm×40mm 的试样一块，正面与 100mm×40mm 多纤维贴衬织物相接触。

（五）试验步骤

（1）组合试样在室温下置于三级水中，完全湿润，倒入溶液，将组合试样置于两块玻璃或丙烯酸树脂板中间，然后使试样受压 12. 5kPa。

（2）带有组合试样的装置放在恒温箱里，在（37±2）℃的温度下放置 4h。

（3）展开组合试样，悬挂在不超过 60℃的空气中干燥。

（六）评级

用灰色样卡评定试样的变色和贴衬织物与试样接触一面的沾色。

五、耐干洗色牢度

一些纺织品在洗涤过程中不适合水洗，需选用有机溶剂进行去污整理，常见的为干洗过程。纺织品耐干洗色牢度反映了颜色对干洗过程作用的抵抗力，通过纺织品自身的变色和干洗剂的沾色程度来反映纺织品耐干洗色牢度质量的优劣。

（一）原理

纺织品试样和不锈钢片一起放入棉布袋内，置于四氯乙烯内搅动，然后将试样挤压，晾干，用评定变色用灰色样卡评定试样的变色。试验结束，用透射光将过滤后的溶液与空白溶剂对照，用评定沾色用灰色样卡评定溶剂沾色。

（二）设备和材料

耐皂洗色牢度试验仪：由装有一根旋转轴杆的水浴锅构成。旋转轴呈放射形支承着多只容量为（550±50）mL 的不锈钢容器，直径为（75±5）mm，高为（125±10）mm，从轴中心到容器底部的距离为（45±10）mm，轴及容器的转速为（40±2）r/min。

耐腐蚀的不锈钢片：直径为（30±2）mm，厚度为（3±0. 5）mm，光洁无毛边，质量为（20±2）g。

未染色的棉斜纹布：不含整理剂，剪成 120mm×120mm 棉布，缝制成仅剩一个口的

100mm×100mm 的布袋。

评定变色用灰色样卡：符合 GB/T 250；评定沾色用灰卡：符合 GB/T 251。

四氯乙烯；直径为 25mm 的比色管。

（三）试样制备

大小为 100mm×50mm，长边平行于经向或纵向，且要取样 3 块。

取 50mm×50mm 的多纤维贴衬织物（包含醋酯纤维、棉、锦纶、丝、黏胶纤维和羊毛的 No. 1 和 FB 或者包含醋酸纤维、棉、锦纶、涤纶和羊毛的 No. 10/No. 10A 和 FA/FAA）或白棉布，沿试样 50mm 的一边缝合。如果使用多纤维织物，6 种纤维沿 50mm 边分布，羊毛纤维条在右侧，并平行于试样的长度方向。

（四）试验步骤

1. 试样制备

若试样是织物，取 100mm×40mm 试样一块；若试样是纱线，将纱线编成织物，按织物试样制备；或制成平行长度为 100mm、直径约为 5mm 的纱束，扎紧两端。

若试样是散纤维，取足够量，梳压成 100mm×40mm 的薄层。

2. 干洗

将试样与 12 片不锈钢片放入棉布袋内，将袋口缝合。再将布袋放在容器内，加入 200mL 四氯乙烯，在规定装置中，(30±2)℃处理试样 30min。

从溶剂中取出布袋，取出试样，挤压去除多余溶剂，将试样悬挂在温度不超过（60±5)℃的热空气中干燥。

试验结束后，用滤纸过滤留在容器中的溶剂。

3. 评定

（1）用灰色样卡评定试样的变色。将过滤后的溶剂和空白溶剂倒入置于白纸卡前比色管，采用透射光，用评定沾色用灰色样卡比较两者的颜色变化，根据所用标准选用变色灰卡评级。操作示意图如图 8-22 所示。染色牢度用等级来表示，从 1 级到 5 级分为 9 档。变色灰卡所表示的数字即为试样的色牢度等级。5 级最好（试后样与原样之间无色差），1 级最差。

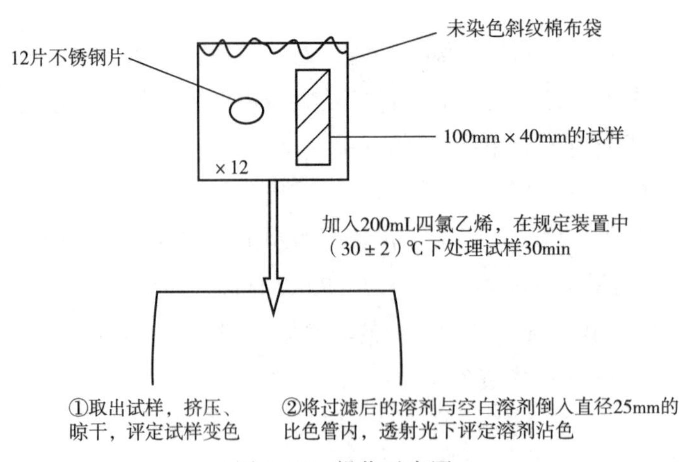

图 8-22 操作示意图

（2）评定贴衬织物的沾色。将测试后贴衬织物与未测试贴衬织物两者之间以目测对比根据标准选用的沾色灰卡评级。染色牢度用等级来表示，从 1 级到 5 级分为 9 档。沾色灰卡所表示的数字即为试样的牢度等级。5 级最好（试后样与原样之间无色差），1 级最差。

（五）注意事项

（1）取出的试样无须水洗，挤压晾干即可。

（2）注意统一比色管与白纸卡间的距离，以保证评级的稳定性。

（3）评定溶剂沾色时，须采用透射光。

（六）国外标准

标准 AATCC 132—2009 耐干洗色牢度与 GB/T 5711—2015 的试验方法基本相同，但在试样制备、结果评定上存在较大差异。

六、耐氯化水色牢度

目前绝大多数的自来水都是用氯气和含氯化合物消毒，并且游泳池中含有较高浓度的氯化水。为评价纺织品的颜色对氯化水作用的抵抗力，通过纺织品自身颜色变色程度来反映纺织品耐氯化水牢度质量的优劣，是纺织品性能评价的有效指标。

（一）原理

为了测定纺织材料和纺织品的颜色耐游泳池水中有效氯作用的方法。纺织品经一定浓度的有效氯溶液处理，然后干燥，评定试样变色。

（二）设备和材料

试验装置：由装有一根旋转轴杆的水浴锅构成。旋转轴呈放射形支承着多只容量为（550±50）mL 的不锈钢容器，直径为（75±5）mm，高为（125±10）mm，从轴中心到容器底部的距离为（45±10）mm，轴及容器的转速为（40±2）r/min。

次氯酸钠，磷酸二氢钾，磷酸氢二钠二水合物/磷酸氢二钠十二水合物，一定浓度有效氯溶液配制（现配现用）：

溶液 1：20. 0mL/L 次氯酸钠；

溶液 2：14. 35g/L 磷酸二氢钾；

溶液 3：20. 05g/L 磷酸氢二钠二水合物或 40. 35g/L 磷酸氢二钠十二水合物。

将过量碘化钾和盐酸加至 25. 0mL 溶液 1 中，以淀粉作指示剂，用 c（$Na_2S_2O_3$）= 0. 1mol/L 硫代硫酸钠滴定游离碘。

设所需硫代硫酸钠溶液为 VmL，则 pH 为 7. 50±0. 05 的每升工作液需要（使用前，用已校正的 pH 计校正 pH）：

100mg/L 有效氯的次氯酸钠水溶液：705. 0/VmL 溶液 1，100mL 溶液 2，500mL 溶液 3，稀释至 1L。

50mg/L 有效氯的次氯酸钠水溶液：705. 0/2VmL 溶液 1，100mL 溶液 2，500mL 溶液 3，稀释至 1L。

20mg/L 有效氯的次氯酸钠水溶液：705. 0/5VmL 溶液 1，100mL 溶液 2，500mL 溶液 3，

稀释至1L。

评定变色用灰色样卡，符合GB/T 250—2008。

（三）试验步骤

（1）试样制备。

若试样是织物，取100mm×40mm试样一块。

若试样是纱线，将它编织成织物，取100mm×40mm试样一块，或制成平行长度100mm、直径5mm的纱线束，两端扎紧。

若试样是散纤维，梳压成100mm×40mm的薄层。称量后缝于一块聚酯或聚丙烯织物上以作支撑。浴比仅以纤维质量为基础计算。

（2）试验。每块试样在机械装置中试验，必须分开容器。将试样浸入次氯酸钠溶液中，浴比100∶1，确保试样完全浸透，关闭容器，在（27±2）℃温度下搅拌1h。

取出试样，挤压或脱水，悬挂在室温柔光下干燥。

（3）评级。将织物取出，室温晾干，观察试验用控制织物变色是否到2~3级或3级，否则该试验视为无效。用灰色样卡评定试样变色。

（四）注意事项

（1）试剂现配现用。

（2）在室温下柔光干燥。

（五）国外标准

标准AATCC 162—2009耐水色牢度：氯化游泳池水。

试样制备：大小为60mm×60mm，总重为（5.0±0.25）g，如果试样不足5.0g，可加入多块试样使总重达到5.0g。

溶液制备：配制硬度浓缩液（8.24g/L无水氯化钙+5.07g/L氯化镁六水合物）；用去离子水稀释51mL硬度浓缩液至5100mL，加入0.5mL的次氯酸钠或等效物，通过0.01mol/L硫代硫酸钠滴定确定实际的有效氯含量，调节到5mg/kg。

测试：在试验机容器中加入5000mL溶液，调温至21℃。

在容器中加入试样和试验用控制织物，关闭容器，运行1h。

七、耐热压色牢度

为保持织物平整挺括，在纺织品加工和日常维护过程中往往对织物采取熨烫（热压）整理。纺织品耐热压色牢度反映了颜色对热压和耐热滚筒加工过程中各种作用的抵抗力，通过纺织品自身的变色和贴衬织物的沾色程度来反映纺织品耐热压色牢度质量的优劣。

（一）原理

对于纺织材料和纺织品的颜色耐热压和耐热滚筒加工能力，可根据最终用途的要求，在干、潮、湿的状态下进行热压试验。

（二）环境条件

经受过任何加热和干燥处理的试样，必须在GB/T 6529—2008规定的标准大气中调湿。

（三）设备和材料

加热装置：由一对光滑的平行板组成，装有能精确控制的电加热系统，并赋予试样以(4±1)kPa 压力。

羊毛法兰绒衬垫（3mm，单位面积质量 260g/m^2），3~6mm 平滑石棉板、棉贴衬织物。

评定变色用灰色样卡，符合 GB/T 250—2008；评定沾色用灰卡，符合 GB/T 251—2008。

（四）试验步骤

1. 试样制备

若试样是织物，取 100mm×40mm 试样一块。

若试样是纱线，将纱线编成织物，按织物试样制备；或将纱线紧密地绕在一块 100mm×40mm 薄的热惰性材料上，形成一个仅及纱线厚度的薄层。

若试样是散纤维，取足够量，梳压成 100mm×40mm 的薄层，并缝在一块棉贴衬织物上，以作支撑。

2. 热压测试

试验加压温度可根据纤维类型、织物或服装的组织结构选择（110±2）℃、（150±2）℃、(200±2)℃，必要时可以使用其他温度。

干压：把干试样置于覆盖在羊毛法兰绒衬垫的棉布上，放下加热装置的上平板，使试样在规定温度受压 15s。

潮压：把干试样置于覆盖在羊毛法兰绒衬垫的棉布上，取一块 100mm×40mm 含水量为 100%的棉贴衬，放在干试样上面，放下加热装置的上平板，使试样在规定温度受压 15s。

湿压：把含水量为 100%湿试样置于覆盖在羊毛法兰绒衬垫的棉布上，取一块 100mm×40mm 含水量为 100%的棉贴衬，放在湿试样上面，放下加热装置的上平板，使试样在规定温度受压 15s。

3. 评级

立即用相应的灰色样卡评定试样的变色程度，并在标准大气中调湿 4h 后再做一次评定。用评定沾色用灰色样卡评定棉贴衬织物的沾色程度（要用棉贴衬织物沾色较重的一面评定）。

（五）注意事项

（1）湿的试样和贴衬布须浸渍均匀，以获得较好的测试结果。

（2）测试顺序应为干压—潮压—湿压，在两次试验过程中，石棉板必须冷却，湿的羊毛衬垫必须烘干。

（3）评定棉布沾色时，应评定沾色较重的一面，而不一定是与织物接触面。

（六）国外标准

标准 AATCC 133—2009 耐热压色牢度，与国标的耐热压色牢度试验方法相同。

八、耐干热色牢度（除热压外）

（一）原理

纺织品试样与一块或二块规定的贴衬织物相贴，紧密接触一个加热至所需温度的中间体而受热，用灰色样卡评定试样的变色和贴衬织物的沾色。

（二）设备和材料

（1）加热装置，由精确控制电加热系统的两块金属加热板组成，可使组合试样平坦地放置，在选定而均匀的温度下受压（4±1）kPa 。

（2）贴衬织物（按 GB/T 6151—1997《纺织品　色牢度试验　试验通则》，8.4）：一块符合于 GB/T 7568.7—2008《纺织品　色牢度试验　标准贴衬织物　第 7 部分：多纤维》的多纤维贴衬织物。两块符合于 GB/T 7568 相应章节的单纤维贴衬织物。每块尺寸要适合加热装置的要求。第一块由试样同类纤维制成如试样为混纺品，则由其中主要的纤维制成；第二块由聚酯纤维制成。或另作规定。如需要，用一块染不上色的织物。

（3）评定变色用灰色样卡，符合于 GB/T 250—2008；评定沾色用灰色样卡，符合于 GB/T 251—2008。

（三）试样准备

（1）如样品是织物，按下述方法之一制备试样。

①取适合于加热装置尺寸的试样一块，正面与一块同尺寸的多纤维贴衬织物相接触，沿一短边缝合，形成一个组合试样。

②取适合于加热装置尺寸的试样一块，夹于两块同尺寸单纤维贴衬织物之间，沿一短边缝合，形成一个组合试样。

（2）如样品是纱线或散纤维，取其量约等于贴衬织物总质量的一半，按下述方法之一准备试样。

①放置一块适合于加热装置尺寸的多纤维贴衬织物和一块同尺寸染不上色的织物之间，沿四边缝合（按 GB/T 6151—1997 中的 9.3.3.4 执行），形成一个组合试样。

②夹于两块适合于加热装置尺寸的单纤维贴衬织物之间，沿四边缝合，形成一个组合试样。

（四）试验步骤

（1）将组合试样放置于加热装置中，按下列温度之一处理 30s：（150±2）℃、（180±2）℃、（210±2）℃。如需要，也可使用其他温度，试验报告中应注明。试样所受压力必须达到（4±1）kPa。

（2）取出组合试样，在 GB/T 6529—2008 规定的温带标准大气中放置 4h；即温度（20±2）℃，相对湿度 65%±2%。

（3）用灰色样卡评定试样的变色，以及对照未放试样而做同样处理的贴衬织物，评定贴衬织物的沾色。

九、耐日晒色牢度

（一）定义

耐光色牢度又称为耐晒牢度或日晒牢度。耐光褪色的机理至今没有统一的理论解释，一般认为有色纺织品在日晒时，其中的染料吸收光能，并对染料产生一定的光氧化作用，破坏了染料的发色体系，使染料颜色变浅甚至失去颜色。

（二）影响日晒褪色的因素

影响日晒褪色的主要因素，包括光照强度（光照强度越强，染料褪色越严重）、光照时间（光照时间越长，褪色越严重）、染料本身的结构（一般分子中含有金属原子的染料耐光牢度好）及染料在纤维上的状态（如聚集态染料比单分子状态染料的耐光色度高）四项。

除此之外，纤维性质、织物上的整理剂等也会对耐光色牢度产生不同程度的影响。

（三）测试原理

纺织品试样与一组蓝色羊毛标准一起在人造光源下按规定条件暴晒，然后将试样与蓝色羊毛标准进行变色比对，评定色牢度。白色纺织品，是将试样的白度变化与蓝色羊毛标准对比，评定色牢度。

（四）标准材料和设备

（1）标准蓝色羊毛布。

①蓝色羊毛标准 1~8，用已知染料染成的蓝色羊毛织物 1 级最差，8 级最好。

②蓝色羊毛标准 L2~L9（美标用）。

两组不同的蓝色羊毛标准，所用染料不同，所得的结果并不完全相同，不可互换。在报告中应注明。

（2）湿度控制标样。湿度控制标样是一种用红色偶氮染料染色的棉织物，其对湿度和光的敏感性均已知。这种红色偶氮染料染色织物作为一种标准材料，以确保有效湿度符合要求。

（3）氙弧灯光源；辐射计，用于测量 320~400nm 或某个规定波长（如 420nm）的暴晒辐射；滤光片。

（4）评定变色用灰卡、白纸卡、遮盖物。

（5）评级光源、评级箱、评级遮框。

（6）温度传感器。该温度检测装置由一块黑板构成，该装置有一传感器，用来估计样品在曝光期间所能达到的最高温度。黑板温度计（BPT）或标准黑板温度计（BST），用来吸收大部分光能。黑板温度计的测量温度要比标准黑板温度计低 5℃。

（7）遮盖物。遮盖物为薄的不透光材料，例如优质钢、薄铝片或用铝箔覆盖的硬卡纸，用于遮盖试样和蓝色羊毛标样的一部分。遮盖物不应与试样发生反应或对试验条件产生影响，且不应使试样或标样变色。

（8）白卡纸。应不含荧光增白剂。

（五）暴晒条件

耐光色牢度测试时的暴晒条件见表 8-10。

表 8-10　暴晒条件

条件	暴晒循环 A_1	暴晒循环 A_2	暴晒循环 A_3	暴晒循环 B[a]
	通常条件	低湿极限条件	高湿极限条件	—
对应气候条件	温带	干旱	亚热带	—

续表

条件	暴晒循环 A_1	暴晒循环 A_2	暴晒循环 A_3	暴晒循环 B[a]
	通常条件	低湿极限条件	高湿极限条件	—
蓝色羊毛标样	1~8			L_2~L_9
黑标温度[b]	(47±3)℃	(62±3)℃	(42±3)℃	(65±3)℃
黑板温度[b]	(45±3)℃	(60±3)℃	(40±3)℃	(63±3)℃
有效湿度[c]	大约 40% 有效湿度（注：当蓝色羊毛标样 5 的变色达到灰色样卡 4 级时，可实现该有效湿度）	低于 15% 有效湿度（注：当蓝色羊毛标样 6 的变色达到灰色样卡 3~4 级时，可实现该有效湿度）	大约 85% 有效湿度（注：当蓝色羊毛标样 3 的变色达到灰色样卡 4 级时，可实现该有效湿度）	低湿（湿度控制标样的色牢度为 L6~L7）
仓内相对湿度	符合有效湿度要求			30%±5%
辐照度[d]	当辐照度可控时，辐照度应控制为（42±2）W/m^2（波长在 300~400nm）或（1.10±0.02）$W/(m^2 \cdot nm)$（波长在 420nm）			

a 该试验条件的仓内空气温度为（43±2）℃。

b 由于试验仓空气温度与黑标温度和黑板温度不同，所以不宜采用试验仓空气温度控制。

c 当暴晒的湿度控制标样变色达到灰色样卡 4 级时，评定蓝色羊毛标样的变色，据此确定有效湿度。

d 宽波段（300~400nm）和窄波段（420nm）的辐照度控制值是基于通常设置，但不表明在所有类型设备中均等效。咨询设备制造商其他控制波段的等效辐照度。

（六）试样

试样的尺寸可以变动，按试样数量和设备的试样夹形状和尺寸而定。

（1）空冷式设备：如在同一块试样上进行逐段分期暴晒，通常使用的试样面积不小于 45mm×10mm。每一暴晒面积和未暴晒面积不小于 10mm×8mm。织物紧附于硬卡上；纱线紧密缠绕于硬卡上。

（2）水冷式设备：试样约 70mm×120mm，不同尺寸的试样可选用与试样相配的试样夹。

（3）试样的尺寸和形状必须与蓝色羊毛标准相同。

（4）对于绒头织物，可在蓝色羊毛标准下衬垫硬卡，使光源到试样的距离和到蓝色羊毛标准的距离相等。

（七）操作步骤

1. 湿度的调节

①检查设备是否处于良好的运行状态。

②将一块不小于 45mm×10mm 的湿度控制标样与蓝色羊毛标准一起装在硬卡上，并尽可能使之置于试样夹的中部。

③将装好的试样夹安放于设备的试样架上，呈垂直状排列。试样架上的所有空挡，都要用没有试样而装着硬卡的试样夹填满。

④开启氙灯，将部分遮盖的湿度控制标样与蓝色羊毛标准同时进行暴晒，直到湿度控制

标样上暴晒和未暴晒部分间的色差达到变色灰卡 4 级。

⑤每天进行检查。

2. 暴晒方法（有 5 种试验方法）

方法 1~方法 4 用试样或参考织物变色评价来确定终点，而方法 5 是根据辐照量确定终点，不能中间查看。

方法 1~方法 4 要使用试样和参考标准一同暴晒至少 2 个阶段。

方法 5 可以只暴晒一个阶段，也可以不用蓝色羊毛标准。当试样暴晒到一定程度褪色时，将试样与蓝色羊毛标准进行比较，评定试样的耐光等级数。

（1）方法 1：争议时采用。通过检查试样变色控制暴晒周期。

试样和一组 8 块蓝色羊毛标准一同暴晒。用遮盖物 1 遮盖试样和蓝色羊毛标准中间的三分之一不暴晒，不时地提起遮盖物，检查试样的光照效果，直到试样的暴晒部分和未暴晒部分的色差达到灰卡的 4 级。这个阶段注意光致变色现象。

再用遮盖物 2 盖住左边的 1/3，继续暴晒，直到试样的暴晒部分和未暴晒部分的色差达到灰卡的 3 级。

如果蓝色羊毛标准 7 或 L7 的褪色比试样先达到灰卡的 4 级，暴晒终止。

白色纺织品，继续暴晒，直到试样的暴晒和未暴晒部分的色差达到灰卡的 4 级。

（2）方法 2。适用于大量试样同时暴晒。特别适用于染色工业。通过检查蓝色羊毛标准来控制暴晒周期。

试样和蓝色羊毛标准按图所示排列。用遮盖物 ABCD 遮盖试样和蓝色羊毛标准总长的四分之一，进行暴晒，不时地提起遮盖物检查蓝色羊毛标准的光照效果。当能观察出蓝色羊毛标准 2 暴晒色差达到变色灰卡的 3 级，并对照在蓝色羊毛标准 1、2、3 所呈现的变色情况，评定试样的耐光色牢度（初评，注意光致变色可能性）。

将遮盖物 ABCD 重新准确地放在原先的位置，继续暴晒，直到蓝标 4 变色达到变色灰卡的 4 级。

放上遮盖物 AEFD，继续暴晒，直到蓝标 6 变色达到变色灰卡的 4 级。

放上遮盖物 AGHD，继续暴晒，直到下列任何一种情况出现为止：在蓝色羊毛标准 7 产生的色差达到变色灰卡的 4 级；在最耐光的试样上产生的色差达到变色灰卡的 3 级；白色纺织品，在最耐光的试样上产生的色差达到灰卡的 4 级。

（3）方法 3：适用于核对试样是否达到某一耐光等级，是最经济、最常用的试验方法。过程类似方法 1。

试样与三块蓝色羊毛标准一起暴晒，一块是标准要求的蓝色羊毛标准，一块是低一级的蓝色羊毛标准，第三块是低两级的蓝色羊毛标准。

遮盖试样和蓝色羊毛标准的第一部分，连续暴晒，直到标准要求的蓝标分段面上的色差达到灰卡的 4 级（注意光致变色）。

遮盖试样和蓝色羊毛标准的第二部分，继续暴晒，直到标准要求的蓝标分段面上的色差达到灰卡的 3 级。

白色纺织品晒到最低允许蓝色羊毛标准的变色达到灰卡的 4 级。

（4）方法 4：适用于检验是否符合某一商定的参比样。过程类似方法 1。

（5）方法 5：适用于核对是否符合认可的辐射能值，可将试样单独暴晒，或与蓝色羊毛标准一起暴晒，直到达到规定的辐射量为止，然后和蓝色羊毛标准一同取出，进行评定。

（八）耐光色牢度的评定

（1）为避免光致变色导致的误评，评级前将试样在接近室温的条件下避光调湿 24h 以上。最终结果基于试样达到变色灰卡 4 级和 3 级时评定。如果是白色试样，最终结果基于试样或参考标准达到灰卡 4 级变化时评定。

（2）对于有不同暴晒界面的试样，可借助样罩将试样的暴晒对照部分框出来进行评级。如果试样的耐光色牢度即为显示相似变色蓝色羊毛标准的号数，试样的变色所显示的变色更近于两个相邻蓝色羊毛标准的中间级数，而不是近似于两个相邻蓝色羊毛标准中的一个，则应给出一个中间级数。方法 5 只有一个评级结果，即试样最终结果；方法 1～方法 4，有多个评级结果，如果不同阶段的色差上得出了不同的评定，则取其算数平均值作为试样耐光色牢度，以最接近的半级或整级数来表示。

（3）如果试样变色比蓝色羊毛标准布 1 的变色还差，报“差于 1/L2”。

（4）对于方法 1 和方法 2，如耐光色牢度等于或高于 4 和 L3，初评结果需写到最终结果后面的括号中。

（5）如试样具有光致变色性，则光致变色结果需写到最终结果后面的括号中，并冠以“P”。

（6）术语变色包含了色调、色度、色光以及这些颜色特征的综合信息。

（7）对于方法 3，试样与要求的蓝色羊毛标准的变色进行比较评级，如果试样的变色不大于规定的蓝色羊毛标准，则按照评级方法计算结果，并附加声明为“满意”，否则评定结果的同时声明为“不满意”。

（8）对于方法 4，试样与要求的商定参考物质的变色进行比较评级，如果试样的变色不大于参考物质的变色，则声明为“满意”，否则声明为“不满意”。

（9）方法 5 用变色灰卡或用蓝色羊毛标准对比试样变色进行评级。

十、色牢度评级

（一）目光评级

（1）评定试样的变色。将试样的原样与测试后试样两者之间以目测对比色差根据所用标准选用变色灰卡评级。染色牢度用等级来表示，从 1 级到 5 级分为 9 档。变色灰卡所表示的数字即为试样的牢度等级。5 级最好（试后样与原样之间无色差），1 级最差。

（2）评定贴衬织物的沾色。将测试后贴衬织物与未测试贴衬织物两者之间以目测对比根据标准选用的沾色灰卡评级。染色牢度用等级来表示，从 1 级到 5 级分为 9 档。沾色灰卡所表示的数字即为试样的牢度等级。5 级最好（试后样与原样之间无色差），1 级最差。

（二）评级灯箱

评级时需 D65 光源，对色箱内绝不能放其他杂物。

（三）评级环境

（1）辨色时背景颜色的要求：观测颜色是一种主观感觉，所以在不同背景下比对颜色，也可以产生不同的结果。故此，所有背景颜色都被规定为中性灰（neutral gray）。

（2）辨色时周围环境的要求：所有将有机会照射灯箱里的外来光线须尽量避免，如窗户在视野范围内，也应装上灰色窗帘以遮蔽之，所以在黑房使用光源箱是最理想的。还有一点是经常被忽略的，就是对色灯箱内绝不可放置其他杂物。

（3）灯光源使用时间的要求：为保证灯光源的品质在可接受误差范围内，通常要在一定时间内作更换，一般为2000工作小时或一年。

（四）灰卡的使用要求

（1）灰卡中的小卡片不能触碰，要求保持干净，无污染，且不要折叠，不用时放在暗处；

（2）当发现灰卡小卡片上起毛、划痕、破损或沾上水渍、污渍、色渍时停止使用；

（3）当样卡发生扭曲、歪斜、不平整时，停止使用；

（4）由于灰卡样卡在存储或使用中会发生变化，各级各档的色度数据会偏离标准范围，应注意定期核查和更换。

课后思考题

1. 什么是织物缩水率？什么是织物尺寸变化率？
2. 简述水洗尺寸变化率的测试步骤。
3. 比较条样法和抓样法的拉伸试验。
4. 如何对拉伸强力机进行校准？
5. 织物接缝性能中，滑移量法的测试结果是什么单位？
6. 影响接缝性能测试的因素有哪些？
7. 在撕破试验中，如何定义经向撕破和纬向撕破？
8. 测试织物起毛起球性能的方法有哪几种？分别是什么原理？
9. 马丁代尔起毛起球方法中设备是按照什么轨迹做摩擦运动的？
10. 随机翻滚法评级中，和其他起毛起球方法不同的评级要求是什么？
11. 四氯乙烯干洗色牢度测试安全性要求有哪些？
12. 耐热压色牢度分哪三种？操作中测试样品准备要求有哪些不同？
13. 如何准备耐皂洗色牢度检测的组合试样？
14. 耐皂洗色牢度的检测步骤有哪些？
15. 耐汗渍色牢度检测方法分哪几种情况？
16. 色牢度评级有几个级别？几个档？分别是哪些？
17. 什么是蓝色羊毛标准？
18. 检测耐光色牢度有哪几种检测方法？分别适用于何种情况？

第九章　成品质量检测

第一节　成品类别及质量标准

一、成品类别

成品类别按用途分为内衣和外衣。内衣是贴身的衣着，直接与人体皮肤接触，主要起保护身体、保暖、塑型等作用，如文胸、睡衣、泳装等；外衣就是人身体最外面的衣服，外衣因穿着者年龄不同、穿着场所不同、穿着部位不同可分为室内服、日常服、社交服、职业服、运动服、舞台服等。成衣可具体分为内衣、睡衣、泳装、童装、外套、裤装、裙装、礼服、工作装与制服、运动休闲装等。

二、成品检验及标准

（一）成品检验的概念

成衣检验是指借助一定的仪器设备、工具、方法等，按照相关技术标准对成衣各项质量指标项目进行检验、测试，并将检验结果同质量标准要求或合同规定进行对比，由此作出合格（优劣）与否的判断过程。

（二）成品质量指标

成品质量是指服装适合一定用途、满足消费者使用需要所具备的特性。成品质量指标是反映产品质量的特征值，具体包括以下几项指标。

（1）性能指标。性能指标是就用途而言成品所具有的技术特征，它反映成衣的合用程度，决定成衣的可用性，是产品最基本的一项指标。

（2）寿命和可靠性指标。成品的寿命是指产品能够按规定的功能正常工作的期限。成品的可靠性是指在规定的时间内和条件下，能完成规定功能的能力。

（3）安全性指标。安全性指标是反映成品使用过程对使用者及周围环境安全、卫生的保证程度。

（4）经济性指标。经济性指标是反映成衣使用过程中所花费的经济代价的大小（包括生产率、使用成本、寿命期、总成本等）。

（5）结构合理性指标。结构合理性指标是反映成衣结构合理的程度。

（三）成品的质量标准

常见的服装质量标准包括以下内容：

GB/T 2664—2017《男西服、大衣》

GB/T 2665—2017《女西服、大衣》

GB/T 2660—2017《衬衫》

GB/T 2666—2017《西裤》

GB/T 8878—2014《棉针织内衣》

FZ/T 81004—2012《连衣裙、裙套》

FZ/T 81006—2017《牛仔服装》

第二节　成品检测项目

一、衬衫的质量检验

（一）衬衫的技术条件与质量要求

以纺织织物（非针织）为原料，成批生产的男女衬衫、棉衬衫或衬衫类的时装产品，其号型设置 GB/T 1335.1—2008《服装号型　男子》和 GB/T 1335.2—2008《服装号型　女子》规定选用。成品主要部位规格按 GB/T 2667—2017《男女衬衫规格》，或按 GB/T 1335.1—2008 和 GB/T 1335.2—2008 有关规定自行设计。衬衫的技术要求包括下列内容。

1. 原材料规定

按有关纺织面料标准选用适于衬衫的面料；采用与面料性能、色泽相适应的里料；使用适合面料的衬布，其收缩率应与面料相适应；选用适合所用衣料质量的缝线，缝线的色泽色调应与面料色泽色调相适应，色差允许程度为-0.5、+1.0 级（印花、条格、色织原料应以主色为准，装饰线例外），钉扣线与扣的色泽相适应；扣子的厚度和色泽应适当，无残次，不因洗涤和整烫而变色、变形；钉商标线应与商标底色相适应；填充科质量应符合其产品标准的规定，收缩牢应与面料相适宜。

2. 经纬纱向技术规定

前身顺翘（不允许例翘），后身、袖子允斜程度按标准规定。

3. 对格对条规定

面料有明显条、格在 1cm 以上者，应按表 9-1 规定对条对格；倒顺绒原料全身绒向要一致；特殊固案，以主图为准，全身方向一致。

表 9-1　对条对格规定

部位名称	对条对格规定	备注
左右前身	条料对中心条、格料对差不大于 0.3cm	格子大小不一致时，以前身 1/3 上部为准
袋与前身	条料对条、格料对格互差不大于 0.2cm	格子大小不一致时，以袋前部的中心为准
斜料双袋	左右对称，互差不大于 0.3cm	以明显条为主（阴阳条不考核）
左右领尖	条格对称，互差不大于 0.2cm	阴阳条格以明显条格为主

续表

部位名称	对条对格规定	备注
袖头	左右袖头条格顺直，以直条对称，互差不大于0.2cm	以明显条为主
后过肩	条料顺直，两头对比互差不大于0.4cm	—
长袖	条格顺直，以袖山为准，两袖对称，互差不大于1.0cm	3.0cm以下格料不对横，1.5cm以下条料不对条
短袖	条格质直，以袖口为准，两袖对称，互差不大于0.5cm	2.0cm以下格料不对横，1.5cm以下条料不对条

4. 拼接

全件产品不允许拼接，装饰性的拼接除外。

5. 色差规定

领面、过肩、口袋、袖头面与大身色差高于4级；其他部位色差允许4级；衬布影响或多层料造成的包差不低于3~4级。

6. 外观疵点规定

外观疵点包括粗于一倍粗纱2根，粗于两倍粗纱3根，粗于三倍粗纱4根，双经双纬，小跳花，经缩，纬密不均，颗粒状粗纱，经缩波纹，断经断纬1根，搔损，浅油纱，色档和轻微色斑（污渍）等外观疵点，其具体规定见表9-2。

表9-2　外观疵点规定

疵点名称	各部位允许存在程度			
	0号部位	1号部位	2号部位	3号部位
粗于一倍粗纱2根	不允许	长3cm以内	不影响外观	长不限
粗于两倍粗纱3根	不允许	长1.5cm以内	长4cm以内	长6cm以内
粗于三倍粗纱4根	不允许	不允许	长2.5cm以内	长4cm以内
双经双纬	不允许	不允许	不影响外观	长不限
小跳花	不允许	2个	6个	不影响外观
经缩	不允许	不允许	长4cm，宽1cm以内	不明显
纬密不均	不允许	不允许	不明显	不影响外观
颗粒状粗纱	不允许	不允许	不允许	不允许
经缩波纹	不允许	不允许	不允许	不允许
断经断纬1根	不允许	不允许	不允许	不允许
搔损	不允许	不允许	不允许	轻微

续表

疵点名称	各部位允许存在程度			
	0 号部位	1 号部位	2 号部位	3 号部位
浅油纱	不允许	长 1.5cm 以内	长 2.5cm 以内	长 4cm 以内
色档	不允许	不允许	轻微	不影响外观
轻微色斑（污渍）	不允许	不允许	$(0.2\times0.2)\mathrm{cm}^2$ 以内	不影响外观

7. 理化性能要求

理化性能要求包括成品主要部位收缩率指标、成品主要部位起皱级差指标、成品主要部位缝口纰裂程度和成品衬衫释放甲醛含量指标四项。

8. 缝制规定

针距密度应符合技术要求表 9-3 的规定；各部位缝制线路整齐、牢固、平服；上下线松紧适宜，无跳线、断线，起落针处应有回针；0 部位不允许跳针、接线，其他部位 30cm 针、接线，其他部位 30cm 内不得两处有单跳针（链式线迹各部位不允许跳线）；领子平服、领面松紧适宜，不反翘、不起泡、不渗胶；袖、袖头及口袋和衣片的缝合部位均匀、平整、无歪斜；商标位置端正，号型标志清晰正确；锁眼位置准确，一头封口上下回转四次以上，无锭线；扣与眼位相对，钉扣每眼不低于 6 根线。

表 9-3 针距密度的规定

项目	针距密度	备注
明暗线	不少于 12 针/3cm	—
缩缝线	不少于 9 针/3cm	—
包缝线	不少于 12 针/3cm	包括锁缝（链式线）
锁眼	不少于 12 针/1cm	—

9. 成品主要部位规格极限偏差

领大、衣长、袖长、胸围、肩宽等主要部位规格的极限偏差按表 9-4 规定。

表 9-4 产品主要部位尺寸偏差规定

部位名称		技术要求
领大		±0.6cm
衣长		±1.0cm
长袖长		±1.2cm
		±0.8cm

续表

部位名称	技术要求
短袖长	±0.6cm
胸围	±2.0cm
总肩宽	±0.8cm

10. 整烫外观

成品内外熨烫平服、整洁；领角左右对称一致，折叠端正、平挺；一批产品的整烫折叠规格应保持一致。

11. 理化性能

衬衫成品的理化性能按表9-5规定。

表9-5　衬衫的理化性能

项目			分等要求		
			优等品	一等品	二等品
纤维含量（%）			符合GB/T 29863—2013《服装制图》规定		
甲醛含量（mg/kg）			符合GB 18401—2010中B类规定		
pH值					
可分解致癌芳香胺染料（mg/kg）					
异味					
水洗（干洗）尺寸变化率[a]（%）		领大	≥-1.0	≥-1.5	≥-2.0
		胸围[b]	≥-1.5	≥-2.0	≥-2.5
		衣长	≥-2.0	≥-2.5	≥-3.0
色牢度/级	耐皂洗[c]	变色	≥4	≥3~4	≥3
		沾色	≥4	≥3~4	≥3
	耐干洗[d]	变色	≥4~5	≥4	≥3~4
		沾色	≥4~5	≥4	≥3~4
	耐干摩擦	沾色	≥4	≥3~4	≥3
	耐湿摩擦[e]	沾色	≥4	≥3~4	≥3
	耐光	变色	≥4	≥3	
	耐汗渍（酸、碱）	变色	≥4	≥3	
		沾色	≥4	≥3	
	耐水	变色	≥4	≥3	
		沾色	≥4	≥3	

续表

项目			分等要求		
			优等品	一等品	二等品
缝子纰裂程度[f]（cm）			≤0.6		
撕破强力（N）			≥7		
洗涤前起皱级差（级）		领子	≥4.5		
		口袋	≥4.5		
		袖头	≥4.5		
		门襟	≥4.5		
		摆缝	≥4.0		
		底边	≥4.0		
洗涤后外观	洗涤后起皱级差[g]（级）	领子	>4.0	≥4.0	>3.0
		口袋	>3.5	≥3.5	>3.0
		袖头	>4.0	≥4.0	>3.0
		门襟	>3.5	≥3.5	>3.0
		摆缝	>3.5	≥3.5	>3.0
		底边	>3.5	≥3.5	>3.0
	洗涤干燥后，黏合衬部位不允许出现脱胶、起泡，其他部位不允许出现破损、脱落、变形、明显扭曲和严重变色，缝口不允许脱散				

注　按GB/T 4841.3—2006《染料染色标准深度色卡2/1、1/3、1/6、1/12、1/25》规定，颜色深于1/12染料染色标准深度色卡为深色，颜色不深于1/12染料染色标准深度为浅色

a 洗涤后的尺寸变化率根据成品使用说明标注内容进行考核。

b 纬向弹性产品不考核胸围的洗涤后尺寸变化率。

c 耐皂洗色牢度不考核使用说明中标注不可水洗的产品。

d 耐干洗色牢度不考核使用说明中标注不可干洗的产品。

e 耐湿摩擦色牢度允许程度，起绒、植绒类面料及深色面料的一等品和合格品可以比本标准规定低半级。

f 缝缝纰裂程度试验结果出现滑脱、织物撕裂、缝线断裂判定为不符合要求。

g 当原料为全棉、全毛、全麻、棉麻混纺时洗涤后起皱级差允许比本标准降低0.5级。

（二）衬衫成品的检验方法

1. 检验工具

（1）钢卷尺或直尺，分度值为1mm。

（2）评定变色用灰色样卡（GB/T 250—2008）。

（3）1/12染料染色标准深度色卡（GB/T 4841.3—2006）。

（4）衬衫外观疵点标准样照（GSB 16-2951—2012）。

（5）衬衫外观缝制起皱五级标准样照（GSB 16-2952—2012）。

2. 衬衫成品的规格规定

衬衫成品的规格测量方法按表 9-6 和图 9-1 规定执行，成品主要部位规格可对照 GB/T 2667—2017《男女衬衫规格》、GB/T 1335.1—2008《服装号型　男子》以及 GB/T 1335.2—2008《服装号型　女子》的有关规定。

表 9-6　衬衫规格测量方法

部位名称		测量方法
领大		领子平摊横量，立领量上口，其他领量下口
衣长		男：前后身底边拉齐，由领侧最高点垂直量至底边 女：由前身肩缝最高点垂直量至底边 圆摆：由后领窝中点垂直量至底边
袖长	长袖	由袖子最高点量至袖头边
	短袖	由袖子最高点量至袖头边
胸围		扣好纽扣，前后身放平（后折拉开），在袖底缝处横量（周围计算）
肩宽		男：由过肩两端、后领窝向下 2.0~5.0cm 处为定点水平测量 女：由肩缝交叉处，解开纽扣放平量

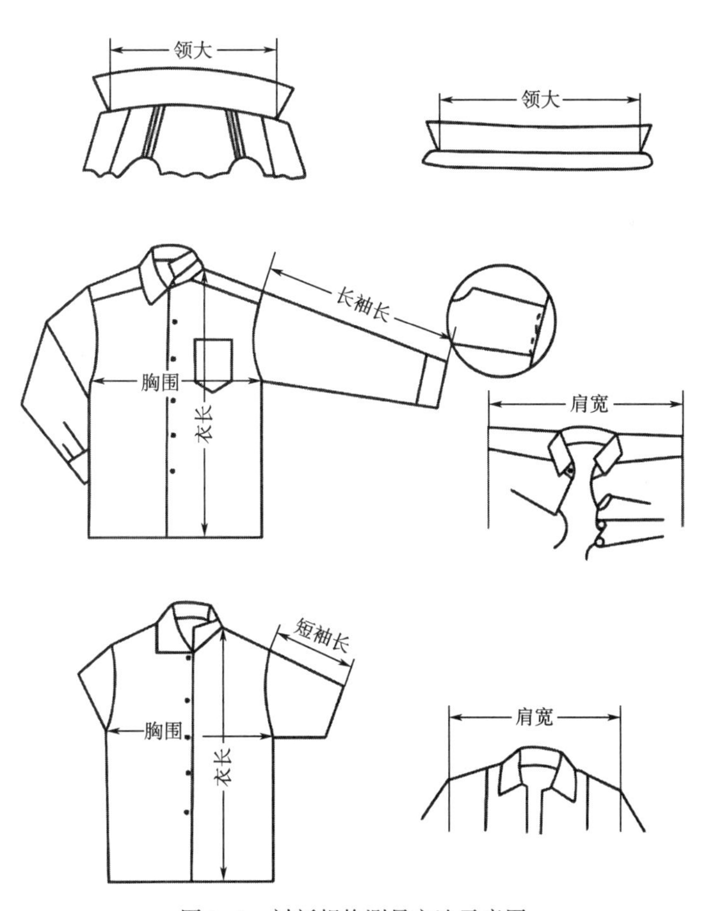

图 9-1　衬衫规格测量方法示意图

3. 衬衫成品主要性能质量测定

（1）成品收缩率和成品起皱洗涤方法。成品收缩率、成品起皱洗涤方法按 GB/T 8629—2017《纺织品　试验用家庭洗涤和干燥程序》规定，在批量中随机取 3 件成品测试，试验结果以 3 件平均值为准，并对照技术要求的规定进行评定。

（2）成品主要部位缝口脱开程度。成品主要部位缝口脱开程度按 GB/T 2660—2017《衬衫》附录 A 规定的测试方法进行，在批量中随机取 3 件成品测试，试验结果以 3 件平均值为准，并与技术要求的有关规定进行对比。

（3）成品衬衫释放甲醛含量。成品衬衫释放甲醛含量按 GB/T 2912. 1—2009《纺织品　甲醛的测定　第 1 部分：游离和水解的甲醛（水萃取法）》进行测定。

（4）成品衬衫缝制质量检验。按照产品标准对成品缝制质量的技术要求，做全面评定。针距按规定在成品上任取 3cm 测定（厚薄部位除外），纬斜率按式（9-1）计算。

$$纬斜率 = \frac{纬纱(条格)倾斜与水平的最大距离}{衣片宽} \times 100\% \tag{9-1}$$

（5）衬衫外观检验：

①直横向纱线歪斜程度测定按 GB/T 14801—2009 规定，根据式（9-2）计算结果。

$$S = \frac{100d}{W} \tag{9-2}$$

式中：S 为直向或横向纱线歪斜程度，%；d 为经纱或纬纱与直尺最大垂直距离（mm）；W 为测量部位宽度（mm）。

②评定色差程度时，被评部位应纱向一致。入射光与织物表面约呈 45°角，观察方向应垂直于织物表面，距离 60cm 目测，与 GB/T 250—2008 样卡对比。

③外观疵点允许存在程度测定时，距离 60cm 目测，并与 GSB 16-2951—2012 对比，必要时采用钢卷尺进行测量。

④针距密度在成品缝纫线迹上任取 3cm 测量（厚薄部位除外）。

（三）检验规则

1. 检验分类

（1）成品检验分为出厂检验和型式检验。型式检验时机根据生产厂实际情况或合同协议规定，一般在转产、停产后复产、原料或工艺有重大改变时进行。

（2）成品出厂检验规则按 FZ/T 80004—2014《服装成品出厂检验规则》规定。

2. 外观质量等级和缺陷划分规则

（1）外观质量等级划分。成品外观质量等级划分以缺陷是否存在及其轻重程度为依据。抽样样本中的单件产品以缺陷的数量及其轻重程度划分等级，批等级以抽样样本中单件产品的品等数量划分。

（2）外观缺陷划分。单件产品不符合本标准所规定的要求即构成缺陷。

按照产品不符合标准要求和对产品性能、外观的影响程度，缺陷分成三类：

①严重缺陷：严重降低产品的使用性能，严重影响产品外观的缺陷，称为严重缺陷。

②重缺陷：不严重降低产品的使用性能，不严重影响产品外观，但较严重不符合标准要求的缺陷，称为重缺陷。

③轻缺陷：不符合标准要求，但对产品的使用性能和外观有较小影响的缺陷，称为轻缺陷。

（3）外观质量缺陷判定。依据外观质量缺陷判定，具体可查看标准 GB/T 2660—2017《衬衫》5.2.3 中的表格。

3. 抽样规定

外观质量检验抽样数量按产品批量：500 件（套）及以下抽验 10 件（套），500 件（套）以上至 1000 件（套）［含 1000 件（套）］抽验 20 件（套），1000 件（套）以上抽验 30 件（套）。

理化性能检验抽样根据试验需要，一般不少于 4 件（套）。

4. 判定规则

（1）单件（样本）外观判定：单件（样本）外观判定按照表 9-7 规定。

表 9-7　单件（样本）外观判定

等级	严重缺陷数	重缺陷数	轻缺陷数
优等品	0	0	≤3
一等品	0	0	≤5
	0	≤1	≤3
合格品	0	0	≤8
	0	≤1	≤4

（2）批等级判定：

①优等品批：外观检验样本中的优等品数≥90%，一等品和合格品数≤10%（不含不合格品），各项理化性能测试均达到优等品指标要求。

②一等品批：外观检验样本中的一等品及以上的产品数≥90%，合格品数≤10%（不含不合格品），各项理化性能测试均达到一等品及以上指标要求。

③合格品批：外观检验样本中的合格品及以上的产品数≥90%，不合格品数≤10%（不含严重缺陷不合格品）各项理化性能均达到合格品及以上指标要求。当外观缝制质量判定和理化性能判定不一致时，按低等级判定。

（3）合格判定。抽验中各批量判定数符合批等级中的相应等级规定，判定为合格批。否则判定该批产品不合格。

（4）复验规定。抽验中各批量判定数不符合本标准规定或交收双方对检验结果有异议时，可进行第二次抽验，抽验数量应增加一倍。以复验结果为最终判定结果。

二、男西服、大衣的质量检验

（一）男西服、大衣的技术要求

以毛、毛混纺、毛型化学纤维等织物为原料，成批生产的男西服、大衣等毛呢类服装，其号型设置按 GB/T 1335. 1—2008《服装号型　男子》规定选用，成品主要部位规格按 GB/T 1335. 1—2008 有关规定自行设计。男西服、大衣的技术要求包括下列内容。

1. 原材料规定

面料按 FZ/T 24002—2006《精梳毛织品》、FZ/T 24003—2006《粗梳毛织品》或其他面料的产品标准选用。里料应与面料性能、色泽相适合，特殊需要除外。衬布采用适合所用面料的衬布，其收缩率应与面料相适宜。垫肩采用棉或化纤等材料。采用适合所用面料、辅料、里料质量的缝线，钉扣线应与扣的色泽相适应；钉商标线应与商标底色相适宜（装饰线除外）。采用适合所用面料的纽扣（装饰扣除外）及附件，纽扣、附件经洗涤和熨烫后不变形、不变色。

2. 工艺结构规定

（1）西服工艺结构：一层全衬加挺胸衬，下节衬（黏合工艺除外），两个里袋、垫肩。

（2）大衣工艺结构：一层全衬加挺胸衬，下节衬（黏合工艺除外），两个里袋、耳朵皮、垫肩（特殊设计除外），挂面沿滚条。

3. 经、纬纱向技术规定

前身经纱以领口宽线为准，不允斜。后身经纱以腰节下背中线为准，西服倾斜不大于 0. 5cm，大衣倾斜不大于 1. 0cm，条格料不允斜。袖子经纱以前袖缝为准，大袖片倾斜不大于 1. 0cm，小袖片倾斜不大于 1. 5cm（特殊工艺除外）。领面纬纱倾斜不大于 0. 5cm，条格料不允斜。袋盖与大身纱向一致，斜料左右对称。挂面以驳头止口处经纱为准，不允斜。

4. 对条对格规定

面料有明显条、格在 1. 0cm 以上的，应按技术要求规定对条对格。面料有明显条、格在 0. 5cm 以上的，手巾袋与前身料应对条对格，互差不大于 0. 1cm。倒顺毛、阴阳格原料全身顺向应一致（长毛原料，全身上下的顺向保持一致）。特殊图案面料以主图为准，全身顺向一致。

5. 拼接规定

大衣挂面允许两接一拼，在下 1～2 档扣眼之间，避开扣眼位，在两扣眼之间拼接。西服、大衣耳朵皮允许两接一拼，其他部位不允许拼接。

6. 色差规定

袖缝、摆缝色差不低于 4 级，其他表面部位高于 4 级。套装中上装与下装的色差不低于 4 级。

7. 外观疵点规定

成品各部位疵点允许存在程度按表 9-8 规定。成品各部位划分见图 9-2。优等品前领面及驳头不允许出现疵点，其他部位只允许一种允许存在程度内的疵点。未列入本标准的疵点按其形态，参照表 9-8 中相似疵点规定。

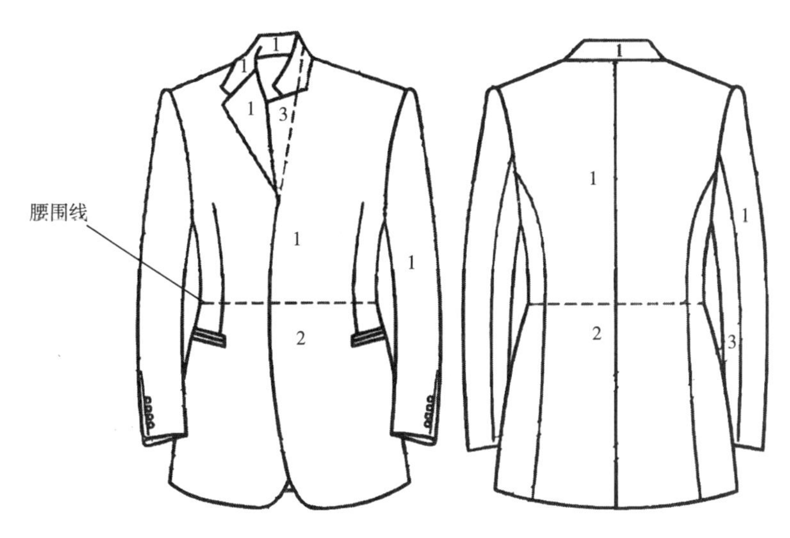

图 9-2　成品各部位划分

表 9-8　成品外观疵点

疵点名称	各部位允许存在程度		
	1 号部位	2 号部位	3 号部位
纱疵	不允许	轻微，总长度 1.0cm 或总面积 0.3cm^{2}以下；明显不允许	轻微，总长度 1.5cm 或总面积 0.5cm^{2}以下；明显不允许
毛粒	1 个	3 个	5 个
条印、折痕	不允许	轻微，总长度 1.5cm 或总面积 1.0cm^{2}以下；明显不允许	轻微，总长度 2.0cm 或总面积 1.5cm^{2}以下；明显不允许
斑疵、油污、锈斑、色斑、水渍等	不允许	轻微，总面积不大于 0.3cm^2；明显不允许	轻微，总面积不大于 0.5cm^2；明显不允许
破洞、磨损、蛛网	不允许	不允许	不允许

注　疵点程度描述：

轻微：疵点在直观上不明显，通过仔细辨认才可以看出；明显：不影响总体效果，但能明显感觉到疵点的存在。

8. 缝制规定

（1）针距密度按表 9-9 规定，特殊设计除外。

表 9-9　针距密度

项目	针距密度	备注
明暗线	不少于 11 针/3cm	—
包缝线	不少于 11 针/3cm	—

续表

项目		针距密度	备注
手工针		不少于7针/3cm	肩缝、袖窿、领子不低于9针/3cm
手拱止口/机拱止口		不少于5针/3cm	—
三角针		不少于5针/3cm	以单面计算
锁眼	细线	不少于12针/1cm	—
	粗线	不少于9针/1cm	—

注　细线指20tex及以下缝纫线，粗线指20tex以上缝纫线。

（2）各部位缝制线路顺直、整齐、牢固。主要表面部位缝制皱缩按男西服外观起皱样照规定，不低于4级。

（3）缝份宽度不小于0.8cm（开袋、领止口、门襟止口缝份等除外）。滚条、压条要平服，宽窄一致。起落针处应有回针。

（4）上下线松紧适宜，无跳线、断线、脱线、连根线头。底线不得外露。各部位明线和链式线迹不允许跳针，明线不允许接线，其他缝纫线迹30cm内不得有连续跳针或一处以上单跳针。

（5）领面平服，松紧适宜，领窝圆顺，左右领尖不翘。驳头串口、驳口顺直，左右驳头宽窄、领嘴大小对称，领翘适宜。

（6）袖圆顺，吃势均匀，两袖前后、长短一致。

（7）前身胸部挺括、对称，面、里、衬服帖，省道顺直。

（8）左右袋及袋盖高、低、前、后对称，袋盖与袋口宽相适应，袋盖与大身的花纹一致（若使用斜料，则应左右对称）。袋布及其垫料应采取折光边或包缝等工艺，以保证边缘纱线不滑脱。袋口两端牢固，可采用套结机或平缝机（暗线）回针。

（9）后背平服。

（10）肩部平服，表面没有褶，肩缝顺直，左右对称。

（11）袖窿、袖缝、底边、袖口、挂面里口、大衣摆缝等部位叠针牢固。

（12）锁眼定位准确，大小适宜，扣与眼对位，整齐牢固。纽脚高低适宜，线结不外露。

（13）商标和耐久性标签位置端正、平服。

9. 规格尺寸允差

成品主要部位规格尺寸允许偏差按表9-10规定。

表9-10　规格尺寸允许偏差

部位名称	规格尺寸允许偏差
领大	±0.6
总肩宽	±0.6

续表

部位名称		规格尺寸允许偏差
胸宽		±2.0
衣长	西服	±1.0
	大衣	±1.5
袖长	圆袖	±0.7
	连肩袖	±1.2

10. 整烫

（1）各部位熨烫平服、整洁，无烫黄、水渍、亮光。

（2）覆黏合衬部位不允许有脱胶、渗胶、起皱及起泡，各部位表面不允许有黏胶。

11. 理化性能要求

成品的理化性能需要检测的项目有：纤维含量、甲醛含量、pH 值、可分解致癌芳香胺染料、异味、尺寸变化率、面料色牢度、里料色牢度、装饰件和绣花色牢度、覆黏合衬部位剥离强力、面料起毛起球、接缝性能、面料撕破强力、洗涤后外观，见表 9-11。

表 9-11　理化性能要求

项目			分等要求		
			优等品	一等品	合格品
纤维含量（%）			符合 GB/T 29862—2013 规定		
甲醛含量（mg/kg）			符合 GB 18401—2010 规定		
pH 值					
可分解致癌芳香胺染料（mg/kg）					
异味					
尺寸变化率（%）	水洗[a]	胸围	-1.0~+1.0		
		衣长	-1.5~+1.5		
	干洗[a]	胸围	-0.8~+0.8		
		衣长	-1.0~+1.0		
面料色牢度（级）≥	耐皂洗[a]	变色	4	3~4	3~4
		沾色	4	3~4	3
	耐干洗[a]	变色	4~5	4	3~4
		沾色	4~5	4	3~4
	耐水	变色	4	4	3~4
		沾色	4	3~4	3

续表

项目			分等要求		
			优等品	一等品	合格品
面料色牢度（级） ≥	耐汗渍（酸、碱）	变色	4	3~4	3
		沾色	4	3~4	3
	耐摩擦	干摩擦	4	3~4	3
		湿摩擦	3~4	3	2~3
	耐光	浅色	4	3	3
		深色	4	4	3
里料色牢度（级）	耐皂洗[a]	沾色	4	3~4	3
	耐干洗[a]	沾色	4	4	3~4
	耐水	变色	4	3~4	3
		沾色	4	3~4	3
	耐汗渍（酸、碱）	变色	3~4	3	3
		沾色	3~4	3	3
	耐干摩擦		4	3~4	3~4
装饰件和绣花色牢度（级）≥	耐皂洗[a]	沾色	3~4		
	耐干洗[a]	沾色	3~4		
覆黏合衬部位剥离强力[b]（N） ≥			6		
面料起毛起球（级） ≥		精梳（绒面）	3~4	3	3
		棉梳（光面）	4	3~4	3~4
		粗梳	3~4	3	3
接缝性能[c]		精梳面料	缝缝纰裂程度≤0.6cm		
		粗梳面料	缝缝纰裂程度≤0.7cm		
		里料	缝缝纰裂程度≤0.6cm		
面料撕破强力（N） ≥			10		
洗涤后外观[a]		干洗后起皱级差（级）	>4	≥4	≥3
		其他	样品经洗涤（包括水洗、干洗）后应符合GB/T 21295—2014外观质量规定		

注 按GB/T 4841.3—2016规定，颜色深于1/12染料染色标准深度为深色，颜色不深于1/12染料染色标准深度为浅色。

a 水洗尺寸变化率、耐皂洗色牢度、耐湿摩擦色牢度和水洗后外观不考核使用说明注明不可水洗产品；水洗尺寸变化率、耐干洗色牢度和干洗后外观不考核使用说明注明不可水洗产品。

b 仅考核领子和大身部位，粗梳面料产品不考核。非织造布黏合衬如在剥离强力试验中无法剥离，则不考核此项目。

c 袖窿缝不考核里料，纰裂试验结果出现纱线滑脱、织物撕破或缝线断裂现象判定接缝性能不符合要求。

（二）检验方法

1. 检验工具

（1）钢卷尺或直尺，分度值为 1mm。

（2）评定变色用灰色样卡（GB/T 250—2008）。

（3）男西服外观起皱样照。

（4）男女毛呢服装外观疵点样照。

（5）粗梳毛织品起球标准样照（GSB 16-2921—2012）、精梳毛织品（光面）起球标准样照（GSB 16-2924—2012）、精梳毛织品（绒面）起球标准样照（GSB 16-2925—2012）。

（6）胸架（或人体模型）。

2. 成品规格检验方法

成品主要部位规格测量方法按表 9-12 和图 9-3 的规定。

表 9-12　男西服、大衣成品主要部位规格测量方法

部位名称		测量方法
衣长		由前身左襟肩缝最高点垂直量至底边，或由后领中垂直量至底边
胸围		扣上纽扣（或合上拉链），前后身摊平，沿袖窿底缝水平横量（周围计算）
领大		领子摊平横量，立领量上口，其他领量下口（搭门除外）
总肩宽		由肩袖缝的交叉点摊平横量
袖长	绱袖	由肩袖缝的交叉点量至袖口边中间
	连肩袖	由后领中沿肩袖缝的交叉点量至袖口中间

3. 成品理化性能指标测定方法

成品干洗后缩率测试方法按 FZ/T 80007. 3—2006《使用黏合衬服装耐干洗测试方法》；成品干洗后起皱级差、男西服外观起皱与样照对比评定；成品覆黏合衬部位剥离强度测试方法按 FZ/T 80007. 1—2006 规定；成品耐干摩擦色牢度、耐干洗色牢度测试方法分别按规定 GB/T 3920—2008《纺织品　色牢度试验　耐摩擦色牢度》、GB/T 5711—2015《纺织品　色牢度试验　耐干洗色牢度》规定；成品摩擦起毛起球测试方法按 GB/T 4802. 1—2008《纺织品　织物起毛起球性能的测定　第 1 部分：圆轨迹法》规定，与起球样照对比评定；成品缝缝纰裂程度测试方法按 GB/T 2664—2017《男西服、大衣》附录 A 规定；成品释放甲醛含量测试方法按 GB/T 2912. 1—2009《纺织品　甲醛的测定　第 1 部分：游离和水解的甲醛（水萃取法）》规定；成品所用原料的成分和含量测试方法按 GB/T 2910. 1—2009《纺织品　定量化学分析　第 1 部分：实验通则》、GB/T 2910. 2—2009《纺织品　定量化学分析　第 2 部分：三组分纤维混合物》等规定。

4. 缝制质量评定方法

缝制质量根据 GB/T 2664—2017《男西服、大衣》标准对缝制质量要求的规定进行评定。针距密度测定按技术要求规定，在成品上任取 3cm（厚薄部位除外）计量。

图 9-3　男西服、大衣主要部位规格测量方法示意图

5. 外观质量评定方法

外观疵点检验：样卡上的箭头必须要顺着光线射入方向，按标准对外观疵点的规定，参照疵点样照测定。男西服、大衣的等级划分规则，抽样规则和判定规则按 GB/T 2664—2017 有关规定执行。

课后思考题

1. 名词解释：成品收缩率、纬斜率、轻缺陷、重缺陷和严重缺陷。
2. 衬衫的技术要求包括哪些内容？说明衬衫成品的规格测量方法。
3. 男西服、大衣的技术要求包括哪些内容？说明男西服、大衣成品的规格测量方法。

参考文献

［1］蒋耀兴. 纺织品检验学［M］. 3版. 北京：中国纺织出版社，2017.

［2］王明葵. 纺织品检验实用教程［M］. 厦门：厦门大学出版社，2011.

［3］上海出入境检验检疫局编写组. 进出口纺织品检验技术手册［M］. 北京：中国标准出版社，中国质检出版社，2012.

［4］霍红，陈化飞. 纺织品检验学［M］. 2版. 北京：中国财富出版社，2014.

［5］郭晓玲. 进出口纺织品检验检疫实务［M］. 北京：中国纺织出版社，2007.

［6］李廷，陆维民. 检验检疫概论与进出口纺织品检验［M］. 2版. 上海：中国纺织大学出版社，2005.

［7］付成彦. 纺织品检验实用手册［M］. 北京：中国标准出版社，2008.

［8］仲德昌. 出入境纺织品检验检疫500问［M］. 北京：中国纺织出版社，2008.

［9］王义宪. 纺织品商品与检验［M］. 北京：中国轻工业出版社，1994.

［10］广东省质量技术监督局. 纺织品检验基础知识［M］. 广州：花城出版社，2012.

［11］翁毅. 纺织品检测实务［M］. 2版. 北京：中国纺织出版社，2018.

［12］范尧明. 纺织品检测［M］. 北京：中国纺织出版社，2014.

［13］翁毅. 纺织品检测实务［M］. 3版. 北京：中国纺织出版社，2022.

［14］张海霞，孔繁荣. 纺织品检测技术［M］. 上海：东华大学出版社，2021.

［15］翁毅，杨乐芳，蒋艳凤. 纺织品检测实务［M］. 北京：中国纺织出版社，2012.

［16］杨慧彤，林丽霞. 纺织品检测实务［M］. 上海：东华大学出版社，2016.

［17］张红霞. 纺织品检测实务［M］. 北京：中国纺织出版社，2007.

［18］吴坚，李淳. 家用纺织品检测手册［M］. 北京：中国纺织出版社，2004.

［19］洪杰. 纺织品服用性能检测［M］. 北京：中国纺织出版社，2019.

［20］李南. 纺织品检测实训［M］. 北京：中国纺织出版社，2010.

［21］何方容，包振华. 纺织品外贸检测实务［M］. 北京：中国纺织出版社，2016.

［22］曾林泉. 纺织品贸易检测精讲［M］. 北京：化学工业出版社，2012.

［23］张红霞. 纺织品检测技术及管理［M］. 北京：中国纺织出版社，2007.

［24］中国标准出版社第一编辑室. 纺织品基本安全要求及其检测方法标准汇编［M］. 北京：中国标准出版社，2008.